AIGC 高效办公

ChatGPT+AutoGPT 让 Office 办公更简单

未蓝文化 编著

中国青年出版社

图书在版编目（CIP）数据

AIGC 高效办公：ChatGPT+ AutoGPT 让 Office 办公更简单 / 未蓝文化编著．— 北京：中国青年出版社，2024.8
ISBN 978-7-5153-7303-4

I. ① A… II. ①未 … III. ① 办公自动化 —应用软件 IV. ① TP317.1

中国国家版本馆 CIP 数据核字（2024）第 099370 号

AIGC 高效办公：
ChatGPT+ AutoGPT 让 Office 办公更简单
编　　著：未蓝文化

出版发行：中国青年出版社
地　　址：北京市东城区东四十二条 21 号
网　　址：www.cyp.com.cn
电　　话：010-59231565
传　　真：010-59231381
编辑制作：北京中青雄狮数码传媒科技有限公司
责任编辑：张君娜
策划编辑：张鹏 张沣
封面设计：乌兰

印　　刷：北京博海升彩色印刷有限公司
开　　本：787mm x 1092mm 1/16
印　　张：13.5
字　　数：382 千字
版　　次：2024 年 8 月北京第 1 版
印　　次：2024 年 8 月第 1 次印刷
书　　号：ISBN 978-7-5153-7303-4
定　　价：79.90 元

本书如有印装质量等问题，请与本社联系
电话：010-59231565
读者来信：reader@cypmedia.com
投稿邮箱：author@cypmedia.com

前言

在数字化浪潮席卷全球的这个时代，人工智能（AI）已经不再是一个遥不可及的科技概念，而是已经逐渐渗透到了我们生活和工作的方方面面。尤其在办公领域，AI的应用正日益广泛，并以其高效、智能的特性改变着传统的办公方式，极大地提高了工作效率，为企业带来了前所未有的成本优化和竞争优势。

本书正是在这样的背景下应运而生。在这个日新月异的时代，对于AI办公的了解和掌握已经成为职场人士不可或缺的一项技能。因此，本书的初衷就是提供一个全面、系统地了解AI办公应用的窗口，帮助广大读者快速掌握相关知识和技能，从而更好地适应和应对未来办公环境的变革。

在本书中，我们将深入探讨AI在办公领域中各个方面的应用，包括但不限于自动化办公、智能数据分析、语音识别与合成、图像识别与处理等。我们会通过丰富的案例，展示AI技术是如何在实际办公场景中发挥作用，并提高职场人士的工作效率。

此外，本书还注重实用性和可操作性。我们不仅会介绍AI办公的基本原理和技术，还会提供详细的操作指南和实践建议，帮助读者将所学知识应用到实际工作中。通过本书的学习，读者不仅能够提升个人的职业技能和竞争力，还能够为企业创造更多的价值。

（1）本书内容

本书是一本专门为职场人士编写的AI工具应用教程，精选了38款实用的AI工具，通过精心设计的案例来讲解如何运用这些工具实现高效办公的目的。

扫描二维码看
本书配套教学视频

第1章：主要介绍AIGC和ChatGPT的理论知识，包括AIGC的发展和关键技术能力、AIGC领域的代表企业、ChatGPT的诞生和发展、ChatGPT的应用场景、ChatGPT在办公中的应用等。

第2章：主要介绍AutoGPT的基本知识，包括AutoGPT的概念、核心的功能，以及AutoGPT与ChatGPT之间的联系和区别等。

第3章：主要介绍ChatGPT的基本操作，包括ChatGPT的注册和登录、初次与ChatGPT对话、使用提示词的技巧和ChatGPT办公应用实践等。

第4章：主要介绍了5款文案生成的AI工具，分别为Notion AI、CopyAI、文心一言、讯飞星火、Kimi Chat。

第5章：主要介绍AI工具在Excel中的应用。介绍了3款处理数据的AI工具，分别为智能处理表格工具、智能公式助手工具、智能图表生成工具。还介绍了7款智能处理Excel的AI工具，分别为ChatExcel、Ajelix、GTPExcel、Formularizer、ChartCube、ChatGPT和办公小浣熊。

第6章：主要介绍了5款AI工具在PowerPoint中的应用，分别为ChatPPT、Gamma、Tome、AIPPT和讯飞智文。这5款工具可以根据提供的主题，快速生成更具有说服力的演示文稿。

第7章：主要介绍了8款AI工具在绘画方面的应用，分别为Midjourney、Dreamina、文心一格、Artbreeder、Pixian.AI、remove.bg、Remini和Bigjpg。使用这8款工具可以进行图像生成、创意合成、智能抠图以及图像修复等。

第8章：主要介绍了9款AI工具在影音方面的应用，分别为Udio、Suno、天工SkyMusic、NaturalReader、讯飞智作、Stable Video、一帧秒创、D-ID和Sora。使用这9款工具可以根据文本生成语音、音乐和视频等。

第9章：主要介绍了两款AI工具在编程方面的应用，分别为通义灵码和代码小浣熊，这两种工具都可以通过对话的方式理解自然语言，从而生成指定的编程语言。而且它们还有代码解释、优化和添加注释等功能。

第10章：主要通过综合性案例，介绍AI工具在工作中的应用。案例中将使用以下AI工具：文心一言、文心一格、Kimi、remove.bg、ChatPPT和canva等。

（2）本书特色

本书力求简单实用，能让读者快速上手。书中首先介绍AIGC和ChatGPT的理论知识，其中并没有晦涩难懂的模型、框架等理论，目的是让读者快速学会AI工具并应用到工作和生活中。然后分别从办公、绘图、音视频和编程等几方面介绍AI工具的应用。以图文结合的形式讲解理论知识和实际操作，也方便读者理解。本书的整体特点如下：

◎ 易上手：本书从零开始，由浅入深，读者没有相关的背景知识也可以学习。

◎ 形式丰富：本书除了文字描述外，还有图片、代码等多种表达形式，使读者更容易理解。

◎ 实战性：本书包含50多个实战演练，能引导读者轻松、快速地完成每个AI工具的应用操作。

◎ 前沿性：本书紧跟人工智能领域的技术发展，及时介绍最新的工具。

（3）内容结构

本书的内容安排与知识结构如下。

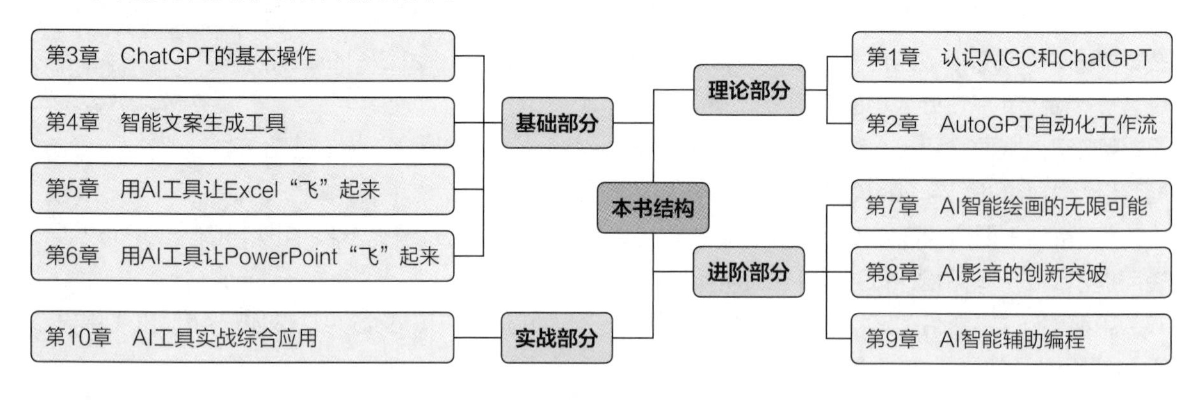

总的来说，本书旨在打开一扇通往AI办公新世界的大门，引领读者走进充满机遇和挑战的领域。我们期待读者能够通过对本书的学习，不断提升自己的能力和水平，在未来的职业生涯中取得更加辉煌的成就。

由于AI技术更新和升级的速度很快，加之编者水平有限，本书难免有不足之处，恳请广大读者批评指正。

编者

目 录

第1章 认识AIGC和ChatGPT

第2章 AutoGPT自动化工作流

第3章 ChatGPT的基本操作

第4章 智能文案生成工具

第5章 用AI工具让Excel“飞”起来

第6章 用AI工具让PowerPoint“飞”起来

第7章 AI智能绘画的无限可能

第8章 AI影音的创新突破

第9章 AI智能辅助编程

第10章 AI工具实战综合应用

第 1 章
认识 AIGC 和 ChatGPT

AIGC和ChatGPT是两种不同的人工智能技术，AIGC主要关注图像处理和图形计算，ChatGPT则专注于自然语言处理。虽然这两种技术的应用领域有所不同，但都代表了人工智能技术发展的新趋势，并在各自的领域内发挥着重要作用。

本章将介绍AIGC和ChatGPT的基本知识，包括AIGC的发展、关键技术能力，以及国内外相关技术的代表，还介绍了ChatGPT的诞生、发展、应用场景和其在办公中的应用。

1.1　AIGC的发展

AIGC，全称为Artificial Intelligence Generated Content，意为人工智能生成内容。AIGC是一种利用人工智能技术自动产生各种形式和风格的内容的技术，可以生成文本、图像、音频和视频等。

2018年10月25日，在佳士得拍卖会上，世界上首幅由AI创作的人物肖像《埃德蒙·贝拉米画像》（*Portrait of Edmond Belamy*）以43.25万美元的价格拍卖并成交，如图1-1所示。这是艺术史上第一幅在大型拍卖会上被成功拍卖的AI画作，引发了各界关注。随着人工智能越来越多地应用于内容创作，AIGC的概念也悄然兴起。不过，真正让AIGC成为大众焦点的是在2022年出现的文本生成图像工具Midjourney和对话机器人ChatGPT。

图1-1　AI创作的人物肖像《埃德蒙·贝拉米画像》

2022年，OpenAI让公众开始试用ChatGPT，发布仅5天，其用户数量就突破了100万，发布两个月后，用户数量突破了1亿。ChatGPT成为有史以来用户数量增长最快的产品。

本节将介绍AIGC的发展历程以及关键技术能力。

20世纪50年代，被誉为“计算机科学之父”和“人工智能先驱”的艾伦·图灵在发表的论文《计算机与智能》中提出了机器智能的可能性和测试方法——后被称为“图灵测试”。人们早期的尝试侧重于通过让计算机生成照片和音乐来模仿人类的创造力，但是生成的内容无法达到高水平的真实感。结合人工智能的演进改革，AIGC的发展可以大致分为以下三个阶段。

（1）早期萌芽阶段：1950—1990

1956年，“人工智能”（AI）这一术语首次被提出，标志着这门新学科的正式诞生。受限于当时的科技水平，AIGC仅限于小范围实验。

1957年，莱杰伦·希勒（Lejaren Hiller）和伦纳德·艾萨克森（Leonard Isaacson）通过将计算机程序中的控制变量改为音符，让程序进行符合规则的作曲，完成了历史上第一部由计算机创作的音乐作品——弦乐四重奏《依利亚克组曲》（*Illiac Suite*）。

1966年，约瑟夫·韦岑鲍姆（Joseph Weizenbaum）和肯尼斯·科尔比（Kenneth Colbv）共同开发了世界上第一个聊天机器人“伊莉莎（Eliza）”，该机器人能针对特定的关键词和短语做出回应。通过模拟人类对话的方式，实现了计算机与人之间的自然语言交互。与“伊莉莎（Eliza）”进行聊天的效果，如图1-2所示。

```
Welcome to
                    EEEEEE  LL      IIII  ZZZZZZZ   AAAAA
                    EE      LL       II       ZZ   AA   AA
                    EEEEE   LL       II     ZZZ    AAAAAAA
                    EE      LL       II    ZZ      AA   AA
                    EEEEEE  LLLLLL  IIII  ZZZZZZZ  AA   AA

 Eliza is a mock Rogerian psychotherapist.
 The original program was described by Joseph Weizenbaum in 1966.
 This implementation by Norbert Landsteiner 2005.

ELIZA: Is something troubling you ?
YOU:   Men are all alike.
ELIZA: What is the connection, do you suppose ?
YOU:   They're always bugging us about something or other.
ELIZA: Can you think of a specific example ?
YOU:   Well, my boyfriend made me come here.
ELIZA: Is it important to you that your boyfriend made you come here ?
YOU:   He says I'm depressed much of the time.
ELIZA: I am sorry to hear that you are depressed.
YOU:   It's true. I am unhappy.
ELIZA: Can you explain what made you unhappy ?
YOU:
```

图1-2　第一个聊天机器人“伊莉莎（Eliza）”

20世纪80年代中期，IBM基于隐马尔可夫链模型创造了语音控制打字机“坦戈拉（Tangora）”，该打字机能够处理两万个单词。这是早期语音识别技术应于实际的例子。

在该阶段，由于高昂的系统成本，而且无法带来可观的商业化收益，因此人工智能领域的投入持续减少。

（2）沉积积累阶段：1990—2010

在该阶段，AIGC从实验向实用逐渐转变，但算法仍陷于瓶颈，无法直接生成内容，因此应用范围很有限。2006年，深度学习算法、图形处理单元（GPU）、张量处理器（TPU）和训练数据规模等取得了重大突破，而且互联网兴起，数据规模快速膨胀，使得人工智能的发展取得了显著的进步。

2007年，纽约大学人工智能研究员罗斯·古德温（Ross Goodwin）装配的人工智能系统通过对公路旅行中的所见所闻进行记录，撰写了世界上第一部完全由人工智能创作的小说*1 The Road*，但整体可读性不强。*1 The Road*小说如图1-3所示。

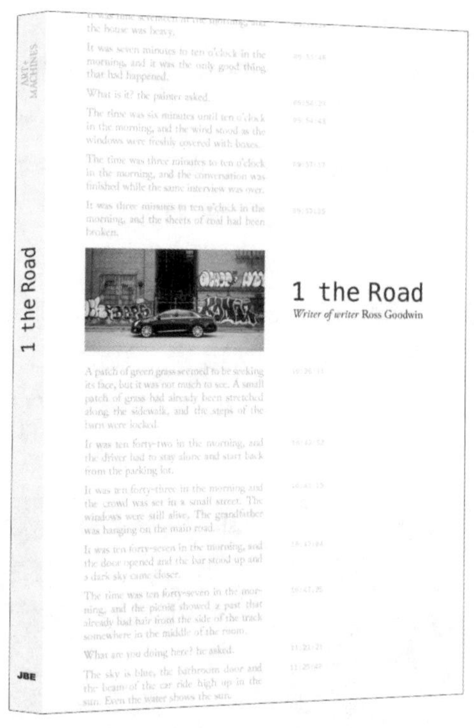

图 1-3　*1 The Road* 小说

2012年，微软公开展示了一个全自动同声传译系统，通过深度神经网络（DNN）可以自动将英文演讲者的演讲内容通过语音识别、语言翻译、语音合成等技术生成中文语音。

（3）快速发展阶段：2010—至今

随着深度学习模型的不断迭代，AIGC取得突破性进展，在内容生成、智能创作等方面取得了显著进步。同时，越来越多的创业公司和投资机构开始关注AIGC领域，推动了其进一步的发展壮大。在2022年，算法获得井喷式发展，底层技术的突破也使得AIGC商业落地成为可能。下面列举一些具有代表性的算法模型，主要集中在AI绘画领域。

2014年6月，生成对抗网络（Generative Adversarial Network，GAN）被提出。

2018年，英伟达发布的StyleGAN模型可以自动生成图片。

2019年，DeepMind发布了DVD—GAN模型用以生成连续视频，在草地、广场等明确场景表现突出。

2021年2月，OpenAI推出了CLIP（Contrastive Language-Image Pre-Training）多模态预训练模型。

2022年，扩散模型Diffusion Model逐渐替代GAN。

2022年OpenAI推出的ChatGPT—4让世界沸腾。

1.2　AIGC的关键技术能力

让AIGC更加智能化、实用化的三大要素：数据、算力、算法，如图1-4所示。这三个要素同时满足能加速人工智能的发展。

图 1-4　AIGC 的三要素

（1）数据

数据可以用于训练AI，AI算法通过大量的数据去学习AI中算法的参数与配置，使得AI的预测结果与实际的情况相吻合。用于训练AI的数据越多，AI的算法能力就越强。数据在人工智能中是不可或缺的，是培养和训练机器深度学习模型的关键资源。这里的数据是指经过标注的数据，不是杂乱的数据。

AIGC的核心基础包括以下内容。

◎ 存储：集中式数据库、分布式数据库、云原生数据库、向量数据库。

◎ 来源：用户数据、公开域数据、私有域数据。

◎ 形态：结构化数据、非结构化数据。

◎ 处理：筛选、标注、处理、增强等。

（2）算力

算力是指计算机的处理能力，深度学习的算法涉及的参数非常多，因此需要的计算量很大，就需要高性能计算机来实现。同时，神经网络的算法可以并行计算，采用支持并行计算的处理器训练AI是有优势的。算力成为推动人工智能技术进步的重要因素之一。

为AIGC提供基础算力的平台包括半导体（CPU、GPU、DPU、TPU、NPU）、服务器、大模型算力集群、基于IaaS搭建分布式训练环境、自建数据中心部署。

（3）算法

通过模型设计、模型训练、模型推理、模型部署，可以完成从机器学习平台、模型训练平台到自动建模平台的构建，从而实现对实际业务的支撑与覆盖。

人工智能中使用了许多不同的算法，常见的算法包括机器学习算法、深度学习算法、强化学习算法和生成对抗网络等。

数据、算力和算法三个要素在人工智能中缺一不可，如果没有合适的算法，理论上不能解决问题；如果没有大量的数据，则无法训练神经网络；如果没有高性能的算力，则训练过程将会极度缓慢或无法进行。

1.3　AIGC领域的代表企业

在AIGC领域，有一些代表性的企业展现出了强大的技术实力和市场竞争力。这些企业不仅推动了AIGC技术的发展，还在多个应用场景中实现了商业化落地。

1.3.1　国外的代表企业

在AIGC领域，国外涌现出了一批具有代表性的企业，这些企业通过不断创新和技术突破，推动了AIGC技术的发展和应用。

（1）OpenAI

2015年12月，OpenAI公司创立，该公司的宗旨是通过研究和开发人工智能技术，推动其普及和应用，以造福全人类。在研究方向上，OpenAI涉及人工智能的多个领域，包括自然语言处理、计算机视觉、强化学习、机器学习和深度学习等。其研究团队致力于探索和开发新的人工智能技术，以解决现实世界中的各种问题。

OpenAI的代表性产品是ChatGPT，这是一款大型语言模型聊天机器人。ChatGPT基于GPT—3.5模型，经过大量的对话数据训练来生成逼真连贯的对话，能理解用户的意图并回复。ChatGPT成功引爆了全世界对AIGC的热情。

DALL—E是OpenAI公司于2021年1月推出的一款AI图像生成工具，DALL—E2是其升级版。2023年9月发布的DALL—E3与DALL—E2最大的区别是，DALL—E3可以利用ChatGPT生成提示，模型会根据该提示生成图像，同时该图像质量更高。

Sora是OpenAI公司于2024年2月正式发布的人工智能文生视频大模型。Sora背后的技术是在OpenAI的文本到图像生成模型DALL—E基础上开发而成的。Sora可以根据用户的文本提示创建时长最长1分钟的逼真视频，该模型了解这些物体在物理世界中的存在方式，可以深度模拟真实物理世界，能生成具有多个角色、包含特定运动的复杂场景。Sora继承了DALL—E3的画质和遵循指令能力，能理解用户在提示中提出的要求。下页图1-5是Sora生成视频中的图像。

（2）谷歌

谷歌公司作为科技巨头，在AIGC领域也展现出了强大的实力。谷歌利用其在搜索、云计算等领域的优势，结合人工智能技术，推出了多种AIGC产品和服务，为用户提供个性化的内容推荐和智能化体验。

Gemini（双子座）是于2023年12月推出的一款全新的人工智能模型，如下页图1-6所示。“双子座”具有原生“多感官”的特点，可识别文本、图像、视频、音频和编程代码，具备更强的理解和推理能力，该模型还在“大规模多任务语言理解”测试中首次超越人类专家。

图 1-5 Sora 生成视频中的图像

图 1-6 Gemini

（3）Stability AI

2020年底，埃马德·莫斯塔克（Emad Mostaque）创立了Stability AI公司。该公司鼓励用户共享数据和算力，以支持去中心化AI训练。这种方式不仅可以提速模型的优化，还为大型模型训练提供服务，为AI行业的发展提供有力支持。该公司推出了一系列创新的AI产品和服务，如Stable Diffusion、Stable Video和Creative Upscaler等。

Stable Diffusion是一种由Stability AI公司推出的AI绘画生成工具，包括文生图、图生图、模型合并、训练以及多种设置和扩展选项。图1-7是由Stable Diffusion的基础模型生成的图像。

（4）Midjourney

Midjourney公司是一家位于美国加州旧金山的人工智能图像生成器公司，由大卫·霍尔茨（David Holz）创立。该公司专注于开发创新的人工智能技术，旨在延伸人类想象力并生成高质量的艺术作品。

Midjourney公司于2022年7月推出一款与公司同名的AI绘画工具。使用Midjourney进行绘画时，无论是多么夸张或抽象的想法，只需输入简短的描述文字或相关提示词，便可以将人们的想象快速转化为现实。图1-8为使用Midjourney生成的图片。

图 1-7 Stable Diffusion 生成的图像

图 1-8 Midjourney 生成的图片

提示 Midjourney和Stable Diffusion的简要说明

Midjourney 和 Stable Diffusion 在生成图像的原理、训练策略和生成质量等方面存在一些差异，但它们都能有效生成高质量图像。这两种工具各有优缺点，上面的内容只简单介绍了Midjourney和Stable Diffusion的相关信息，在之后的章节中会详细介绍它们的具体使用方法。

1.3.2　国内的代表企业

在国内，AIGC领域的代表企业众多，下面列举了一些知名的企业，并介绍相关产品。

（1）百度

百度是拥有强大互联网基础的领先AI公司。百度的愿景是：成为最懂用户，并能帮助人们成长的全球顶级高科技公司。

文心一格是百度于2022年8月发布的文本生成图片模型。该模型是百度依托飞桨、文心大模型的技术创新推出的AI艺术和创意辅助平台。此外，文心一格还支持用户输入图片的可控生成，根据图片的动作或线稿等生成新图片，使图片生成的结果更可控。图1-9为文心一格首页。单击右上角“立即创作”按钮，在打开的页面中输入对生成图像的描述，即可生成图片。用户还可以选择画面的类型、比例和数量等。

图1-9　文心一格的首页

文心一言是百度于2023年2月推出的类ChatGPT对话机器人，于3月16日正式发布。该机器人能够与人对话互动、回答问题、协助创作，也能高效便捷地帮助人们获取信息、知识和灵感。文心一言还积极与各行业合作伙伴进行深度合作，共同探索AIGC技术在不同领域的应用。图1-10为文心一言官网的首页。

图1-10　文心一言官网的首页

（2）科大讯飞

科大讯飞成立于1999年，是亚太地区知名的智能语音和人工智能上市企业。科大讯飞一直从事智能语音、自然语言理解、计算机视觉等核心技术的研究并保持了国际前沿技术水平。该企业积极推动人工智能产品和行业应用落地，致力于让机器“能听会说，能理解会思考”，用人工智能建设美好世界。

科大讯飞在人工智能领域取得了重要突破，特别是在机器翻译、语音识别等方面甚至达到了专业译员的水平。同时，公司还积极发起“讯飞超脑2030”计划，致力于推动人工智能技术的进一步发展，让机器人走进每个家庭。

2023年5月，科大讯飞正式发布讯飞星火认知大模型并开始不断迭代。讯飞星火认知大模型具有7大核心能力，即文本生成、语言理解、知识问答、逻辑推理、数学能力、代码能力、多模交互。图1-11是讯飞星火官网的首页。

图 1-11　讯飞星火官网的首页

提示　我国其他优秀企业

除了上述介绍的两个企业之外，我国还有很多在AIGC领域表现突出的企业，例如腾讯科技、华为技术有限公司、小米科技、字节跳动等。

1.4 ChatGPT的诞生和发展

随着数字化时代的到来，人们对信息的需求越来越高。ChatGPT的问世引发了全球关注，那么ChatGPT到底是什么，它能为人类做些什么等问题，在接下来的章节中有详细介绍。本节将主要介绍ChatGPT的诞生和发展的历程。

1.4.1　ChatGPT的诞生

ChatGPT（Chat Generative Pre-trained Transformer），是美国OpenAI公司研发的一款人工智能聊天机器人程序，于2022年11月发布。ChatGPT是人工智能技术驱动的自然语言处理工具，能够基于在预训练阶段所见的模式和统计规律对提出的问题生成回答。该机器人程序会提供一个对话界面，用户可以使用自然语言提问，例如，让ChatGPT介绍自己，如图1-12所示。

通过与用户进行交互，ChatGPT可以不断学习和完善对话技能，它会采用多轮对话的方式，通过不断积累上下文信息来优化对话内容，生成更加准确和个性化的回答。

ChatGPT的应用领域非常广泛，包括社交媒体、客户服务、教育、医疗等。在客户服务中，ChatGPT可以代替人工客服，为用户提供更快速、更高效的服务；在教育培训中，ChatGPT可以作为学习辅助工具，帮助学生解答问题、梳理知识点。

除此之外，ChatGPT还能完成撰写论文、邮件、脚本、文案、翻译、代码等任务。图1-13是ChatGPT生成的一篇300字的文案。在2023年7月，OpenAI还给它增加了一个名为Custom instructions的新功能，该功能可以在系统层面给聊天机器人定制指令，使其更具个性化特色，并更好地贴近用户的需求。

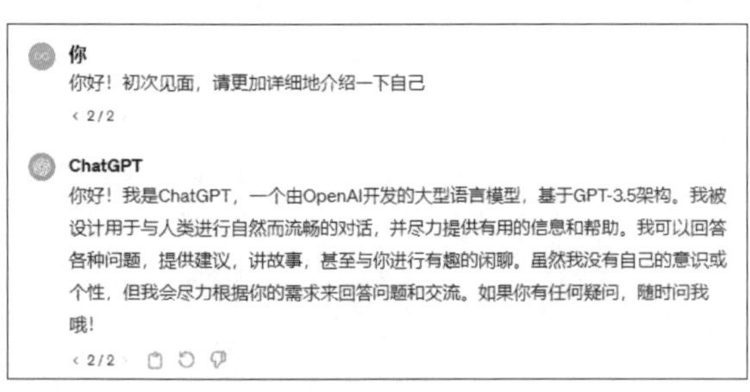

图1-12　与ChatGPT进行对话

你
你能帮我写一篇温馨的童话故事吗？字数限制在300字

ChatGPT
当然可以！以下是一个温馨的童话故事：

《月亮的礼物》

在一个小村庄的山脚下，住着一位叫做小明的男孩。小明是村庄里最勤奋、最善良的孩子，他每天都会帮助村民们干活。

有一天，小明在山上玩耍时，发现了一只小月亮被卡在了树枝上。小明把月亮从树枝上解救下来，月亮感激不尽，决定送给小明一个礼物以表示感谢。

于是，月亮告诉小明，在满月的夜晚，他可以许一个愿望，月亮会尽力实现他的愿望。

小明很高兴地接受了月亮的礼物，他决定等到下一个满月的夜晚许愿。

在满月的夜晚，小明闭上眼睛，默默地许下了一个愿望。第二天一早，他就发现愿望已经实现了！他的庄稼长得比以往更茂盛，他的家人更加健康，村庄里的人们也变得更加团结友爱。

从那天起，小明每个月都会在满月的夜晚许愿，而月亮也每次都会尽力实现他的愿望。小明成为了村里的英雄，他的善良和勇气感染了所有的人。

故事结束

月亮的礼物不仅带来了幸福，也教会了小明和村庄的人们，善良和希望的力量是无穷无尽的。

图1-13　使用ChatGPT生成文案

ChatGPT是目前发展势头最迅猛的应用之一，发布短短5天，其用户数量就达到了100万，发布仅仅2个月，用户数量就达到了1亿。ChatGPT成为历史上用户数量增长最快的应用程序。ChatGPT是一个请求数量大、性能优秀的聊天机器人，并且受到越来越多的用户的欢迎和认可。

1.4.2　ChatGPT的发展

ChatGPT的历史可以追溯到2018年6月，OpenAI公司发布了第一个版本的GPT，目前的最新版本是GPT—4，共5个版本。从这5个版本可以了解到ChatGPT是如何逐渐成长，其功能是如何完善的。

（1）GPT—1

GPT—1是由OpenAI于2018年推出的第一代生成式预训练模型。GPT—1采用Transformer模型为核心结构，可以对大量的文本数据进行预训练，从而学会语言的语法和主义特征。GPT—1只是一个不错的语言理解工具，而非对话式AI，且GPT—1使用的模型规模和数据量都比较小，这也促使了GPT—2的诞生。

（2）GPT—2

GPT—2是2019年推出的第二代生成式预训练模型，同样基于Transformer模型。相比GPT—1，GPT—2采用了更大的模型规模，GPT—1的参数量为1.17亿，GPT—2的参数量增至了15亿。而且GPT—2拥有更大的语料库，GPT—1的数据量为5GB，GPT—2的数据量增至了40GB。GPT—2是一个更加强大的语言模型，具有更多的参数和更高的预测能力。GPT—2能够生成更加自然、连贯的文本，但其发布受到了一定限制，以防止滥用。

（3）GPT—3

GPT—3是2020年推出的，采用了Transformer的神经网络结构，这种结构在自然语言处理中表现出了极大的优越性。GPT—3在GPT—2的基础上增加了参数量，达到了1750亿个参数，是GPT—2的117倍。此外，GPT—3使用了多层的神经网络结构，使得模型可以从不同的层次理解文本，更好地模拟人类的思维过程。

GPT—3的训练数据集经过了预处理，其中包含了书籍、新闻文章、网页和其他形式的文本数据。GPT—3使用了无监督学习的方法，并不依赖人工标注的数据。从GPT—3开始，其模型就不再完全公开了，只能通过API进行访问。

（4）GPT—3.5

GPT—3.5是2022年推出的，是GPT—3微调出来的版本，使用与GPT—3不同的训练方式，比GPT—3更强大。GPT—3.5模型采用了人工标注数据和强化学习相结合的方式进行推理和生成。这意味着模型在基于大规模人工标注的训练数据的基础上，进一步利用强化学习来增强预训练模型的能力。

GPT—3.5在多个任务上表现得都很出色，包括问答、翻译、摘要生成、对话系统等。GPT—3.5能够理解和生成自然语言的文本，并可以根据给定的上下文进行有意义的回复和生成复杂的语言结构。

相比GPT—3，GPT—3.5在一些特定的对话生成任务上表现更加出色，同时更容易部署，这使得它成为许多公司和开发者构建智能聊天机器人和其他自然语言处理应用程序的首选。

（5）GPT—4

GPT—4是2023年3月正式发布的，是OpenAI在扩展深度学习领域的最新里程碑，它能够接受图像输入并理解图像内容，可以处理超过25000个单词的文本，且对于英语以外的语种有更多优化。相比GPT—3.5，GPT—4回答问题的准确度更高，虽然在一般对话中的差距不明显，但若面对复杂的任务，两者的差距就会体现出来。

GPT—4在各种职业和学术考试上的表现水平与人类水平相当，比如在律师模拟考试中，GPT—4的分数超过了90%的人类考生。

在下一章中将介绍ChatGPT注册、登录和其他基本的操作。

1.5　ChatGPT的应用场景

ChatGPT针对个人、公司和不同行业有不同的应用场景，下面将列举几类ChatGPT的应用场景。

1.5.1　文本编辑

ChatGPT在文本方面的应用主要体现在内容创作、机器翻译和聊天机器人3方面。下面进行具体介绍。

◎ 内容创作：ChatGPT可以快速生成大量的文章草稿、新闻稿、产品描述和广告文案等内容，极大地提高了写作效率，为内容创作者提供了强大的支持。图1-14为ChatGPT生成的短篇小说的写作大纲。

◎ 机器翻译：ChatGPT可以用来进行语言翻译，包括机器翻译和同声传译。ChatGPT还能构建翻译应用程序，帮助使用不同语言的人们进行交流。

◎ 聊天机器人：ChatGPT用大量的交流对话数据进行训练，可以自动回答各类问题，提供个性化的问答服务。对于用户提出的任何问题，ChatGPT都可以作出流畅和连贯的回答。ChatGPT也可以用于客户服务、销售或支持，还能做虚拟助理。

你
写一篇以一战德国士兵为主角的短篇小说的写作大纲

ChatGPT
标题：孤独的战士

大纲：

1. 引子
   - 描述一战爆发时期的德国社会氛围，人们充满了爱国情绪和对战争的期待。
2. 介绍主角
   - 主角是一名年轻的德国士兵，名叫路德维希。他来自普鲁士一个小镇，自幼就被灌输了对祖国的忠诚和军人的责任感。
3. 入伍
   - 路德维希自愿加入德军，怀着对荣誉和冒险的憧憬。他与其他士兵一起接受严格的训练，培养出顽强的意志和战斗的技能。
4. 前线
   - 描述路德维希在前线的生活，他经历了战争的残酷和无情。战场上的种种场景、战友的牺牲，让他开始怀疑战争的意义和自己的信念。
5. 孤独
   - 路德维希在战争中感到越来越孤独，他与家人的联系变得稀少，与战友之间也存在隔阂。他开始反思自己的选择，思考生命的意义。
6. 人性的光辉
   - 在战争中，路德维希遇到了一名受伤的敌方士兵。面对这个伤痛的敌人，他内心发生了变化，体味到了人性的光辉和战争带来的伤害。
7. 决定
   - 经过一段时间的思考，路德维希决定放下武器，拒绝继续参与战争。他愿意冒着被视为叛徒的风险，寻找和平的途径。
8. 结局
   - 描述路德维希离开前线，开始了他的求和之旅。他经历了困难和挑战，但最终找到了一条回归人道和和平的道路。
9. 总结
   - 总结主角的成长和变化，强调对和平的向往和对战争的反思。表达对所有战争中的受害者的同情和祈愿。

通过这个故事，展现了战争带来的痛苦和无谓，以及一个士兵在战火中追寻人性光辉的故事。

图 1-14　ChatGPT 生成短篇小说的写作大纲

1.5.2 编程辅助

ChatGPT在代码方面有着广泛的应用，可以帮助程序员编写代码、调试和重构等，从而提高程序员的工作效率。但是ChatGPT并不能完全替代程序员，因此，生成的代码还是需要程序员进一步审查和验证。

◎ 编写代码：ChatGPT可以为简单或重复的任务编写代码，如文件I/O操作、数据库查询和数据操作。然而，ChatGPT编写代码的能力有限，生成的代码并不总是准确的。图1-15为ChatGPT使用VBA语言生成的2024年1季度产品销售额折线图代码。

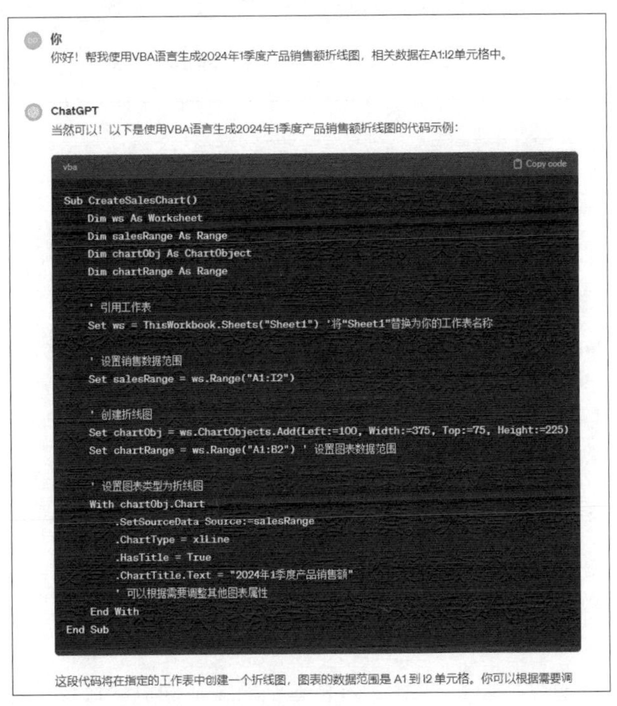

图 1-15 ChatGPT 生成的 VBA 代码

◎ 代码调试：ChatGPT在代码调试过程中可以作为辅助工具，帮助程序员更快地定位问题并提供解决问题的思路。

◎ 代码完成：ChatGPT可以根据上下文和当前代码预测后续代码行或代码段，从而帮助完成代码。在程序员开始编写代码时，可以向ChatGPT描述想要实现的功能，ChatGPT就可以根据描述，提供一些可能的代码段或解决文案。除此之外，当遇到不太理解的逻辑时，也可以向ChatGPT询问，就能了解代码的功能、变量和逻辑流程，有助于程序员完成代码。

◎ 代码重构：ChatGPT可以作为代码重构的辅助工具，以提高代码的可维护性、可读性和可扩展性。ChatGPT可以根据开发者的描述，提供一些重构的策略或建议。

◎ 代码文档生成：程序员将代码输入ChatGPT后，ChatGPT可以根据编程语言和被记录的代码类型给出合适的文档模板。

◎ 代码片段生成：ChatGPT可以根据用户输入的信息和需求生成多种编程语言的代码片段。代码片段可以帮助说明如何在代码中执行特定任务或解决问题，并且可以作为更复杂的编程项目的基础。

1.5.3 教育辅助

ChatGPT在教育方面的应用非常广泛，以下从学生和教师两方面来介绍ChatGPT的具体应用。对于学生而言，ChatGPT有以下应用。

◎ 学习辅助：ChatGPT可以用作学习辅助工具，回答学生的问题、提供解释和指导，并及时提供反馈。例如，用户向ChatGPT提问圆周长的计算方法，如图1-16所示。

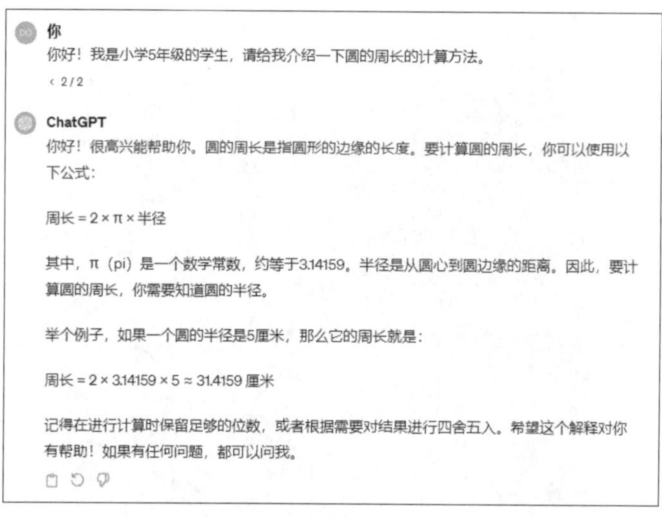

图1-16 ChatGPT 学习辅助方面的应用

◎ 个性化学习：ChatGPT可以根据学生的需求和进度，提供个性化的学习资源和路径，帮助学生更好地理解和掌握课程内容。

◎ 语言学习：ChatGPT在语言学习领域也有着广泛的应用。ChatGPT可以模拟真实的语言环境，帮助学生更好地学习和掌握语言知识和技能。同时，ChatGPT还可以根据学生的学习情况和反馈，及时调整教学策略和内容，提高学生的学习效果和质量。

对于教师而言，ChatGPT有以下应用。

◎ 设计课程：ChatGPT可以为教师的课程设计提供创意思路，协助检索和整理文献资料，生成完整的课程材料，包括教学大纲、课程计划和阅读材料。例如，用户以初一英语老师的角色，让ChatGPT生成一份关于过去式的教学大纲，如下页图1-17所示。

◎ 协助备课：ChatGPT还能够参与到教研备课中，给老师起步的计划，提供通识性和常态化的内容，帮助教师节省初始头脑风暴时间。例如，进行知识搜索、生成教学内容、进行课堂模拟和语言翻译。

◎ 学习管理：教师可以通过ChatGPT安排任务、测试和课程作业，以更好地管理课程内容，确保学生按时完成任务。此外，ChatGPT还可以生成自定义测试，帮助教师更好地评估学生的学习成果。

◎ 作业测评：ChatGPT可以参与学生评估，生成作业测验和考试，观察学习进度。

◎ 学生成绩分析：ChatGPT可以帮助教师分析学生的课程表现。通过ChatGPT，教师可以查看学生的成绩记录，并以图表的形式呈现。这有助于教师更好地了解学生的课程表现，然后根据这些信息制定更好的教学策略。

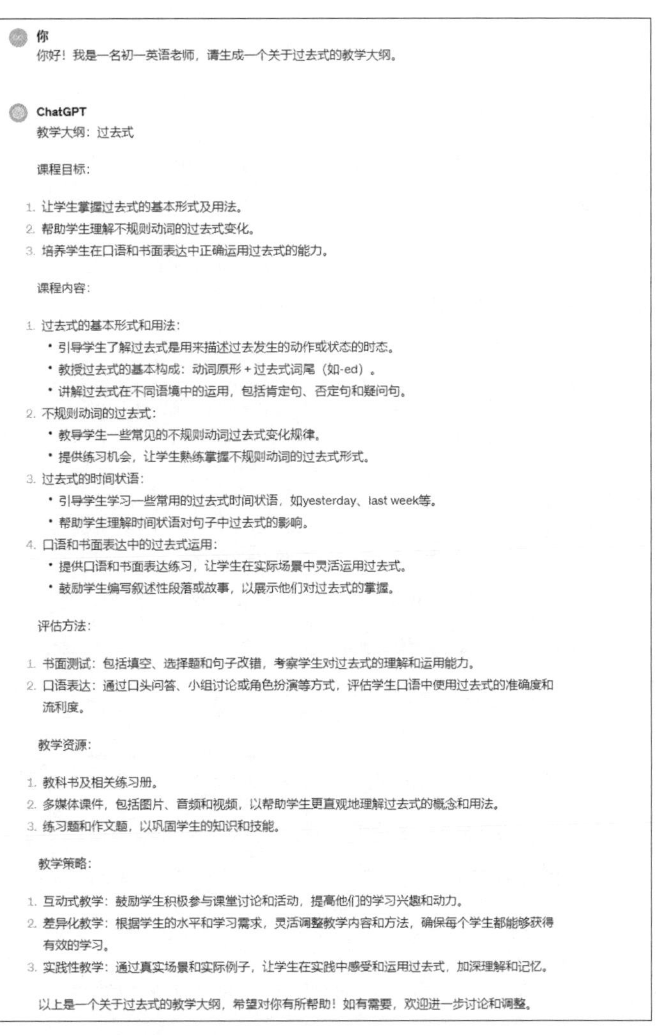

图 1-17　生成教学大纲

除了以上的应用场景之外，ChatGPT还有其他更广泛的商业应用，此处不再详细介绍。总之，ChatGPT这一人工智能语言生成模型具有广泛的应用前景，可以帮助用户在很多场景下实现自动化并高效地完成任务，提高工作质量。

本书重点介绍人工智能在办公中的应用，下一节中，讨论的就是ChatGPT在办公中的应用。

1.6　ChatGPT在办公中的应用

随着人工智能技术的迅猛发展，越来越多的企业和个人开始关注如何利用这些技术提高工作效率。作为一款技术领先的语言模型，ChatGPT可以帮助用户实现自动化办公，具体包括以下几方面的应用。

1.6.1　自动化写作

对于许多职场用户而言，写报告往往是一项既耗时又费力的工作，因为这需要花费大量时间去调研、分析和写作，同时还要确保文章的准确性。

ChatGPT可以针对各种指定的话题进行“头脑风暴”，帮助职场用户启发灵感和思路，还可以纠正文本中的语法错误，对文本进行校对和润色。除此之外，ChatGPT还可以帮助职场用户生成高质量的文章或分析报告。职场用户只需要输入基本信息和要求，例如主题、关键词、产品、目标受众等，ChatGPT便会快速自动生成一篇高质量的文章和分析报告。这样不仅可以减少职场用户的时间和精力的耗费，还能提升文章准确性。

例如，用户假设ChatGPT是人力资源部的，现在要求制作关于员工对企业办公环境的调查问卷。给出具体要求后，ChatGPT会快速地生成一份调查问卷，如图1-18所示。

图 1-18　ChatGPT 生成的调查问卷

1.6.2　生成图像

AI绘画已经成为热门应用领域。利用人工智能技术，用户可以输入一些有创意的想法，让AI自动生成艺术画作。

ChatGPT是一个自然语言处理模型，本身并不具备绘画或作图能力，但是它可以与其他AI绘图工具结合使用，例如Midjourney，这样就会带来令人惊喜的成果。在制作画作的过程中，ChatGPT的主要功能是生成大量的提示词，然后通过提示词使用AI绘图工具生成作品。图1-19是ChatGPT根据要求生成的花海中的少女的提示词。

你

按照我给你的想法，用详细的描述创造一个富有创意（或指定风格）的画面。用逗号分隔描述中的修饰词并把描述翻译成英文。想法: 花海中的少女

ChatGPT

在这个富有创意的画面中，我们看到一位少女，她身处于一片茂盛的花海之中。,In this creative scene, we see a girl standing amidst a lush sea of flowers. 她的长发如瀑布般飘落在肩上，与周围的花朵相映成辉。,Her cascading hair falls over her shoulders, shining brightly against the surrounding blossoms. 少女身穿一袭轻盈的白色长裙，宛若一朵优雅的百合花。,The girl wears a flowing white gown, resembling an elegant lily. 她的眼睛清澈明亮，如同春天清晨的湖水，洋溢着生机和活力。,Her eyes are clear and bright, like a spring morning's lake, brimming with vitality and energy. 她的笑容温暖如阳光，给花海带来了一丝温馨和欢乐。,Her smile is warm as sunlight, bringing a touch of warmth and joy to the flower sea. 她的手指轻轻触摸着花瓣，仿佛与大自然进行了柔情的对话。,Her fingers delicately brush against the petals, engaging in a tender conversation with nature. 这个场景充满了和谐与美好，令人心旷神怡。,The scene is filled with harmony and beauty, bringing a sense of peace and tranquility.

图 1-19　使用 ChatGPT 生成提示词

接着根据提取的提示词，由AI绘图工具生成图像，效果如图1-20所示。

图 1-20　根据提示词通过 AI 绘图工具生成的图像

1.6.3 生成代码

尽管ChatGPT的主要功能是理解和生成自然语言文本，但是它还是有助于生成代码的，从而自动创建代码，以提高工作效率。用户只需向ChatGPT提供关于代码的需求或问题，它就可以尝试生成相应的代码片段或提供有关代码的指导和建议。这种方法不仅能节省程序员的时间和精力，还能提高代码的质量和可读性。

ChatGPT支持的编程语言丰富多样，包括Python、Java、JavaScript、C++、C#、Ruby和PHP等。例如，使用ChatGPT，让其用Python编写爬虫程序，爬取百度网站首页信息，如图1-21所示。

图 1-21 使用 ChatGPT 编写爬虫程序，以爬取信息

然而，需要注意的是，ChatGPT生成的代码可能不是完全准确或优化过的，所以需要根据具体的需求和上下文进行调整和修改。ChatGPT的代码生成能力基于其训练数据和算法，它并没有直接执行或测试代码的能力，因此生成的代码需要进行进一步的验证和调试。

第 2 章 AutoGPT 自动化工作流

继2023年前后火爆全球的ChatGPT之后，一款名为AutoGPT的GPT—4再度火爆。之前的ChatGPT、Midjourney等人工智能，用户对其提问的内容和方式决定了生成内容的质量，因此提示词尤为重要。然而，对于AutoGPT，只需要输入用户想要实现的目标，它就可以自我提示，全程自动解决复杂任务。

本章主要介绍AutoGPT的概念、核心的功能，以及AutoGPT和ChatGPT之间的联系和区别，最后介绍AutoGPT本地部署的方法。

2.1 AutoGPT概述

AutoGPT作为一款基于GPT模型的自动化文本处理工具，以其强大的语言理解和生成能力，为用户提供了高效、智能的文本处理解决方案。AutoGPT的出现将进一步推动人工智能在自然语言处理领域的发展，为用户带来更加便捷、高效的工作体验。

2.1.1 AutoGPT的概念

AutoGPT是英国的游戏开发者Significant gravitas开发，并于2023年3月在GitHub上发布的一个实验性的开源应用程序，用于展示GPT—4语言模型的功能。AutoGPT能够自主实现用户设定的目标，它可以“自我提示”，无需用户每一步都进行提示，实现了人工智能代理的概念。

AutoGPT本质上是一个自主的AI代理，极大可能成为下一个强大的AI工具。AutoGPT的出色之处在于它不仅能够理解并回应人类的语言，而且能够主动利用互联网、记忆、文件等资源，应对各种类型和领域的任务。这种跨领域、跨平台的能力使得AutoGPT成为一个真正的全能型助手。

在互联网资源方面，AutoGPT能够自主地进行信息检索和筛选，为用户提供准确、及时的数据支持。无论是科研论文的撰写，还是商业信息的搜集，AutoGPT都能够凭借其强大的数据处理能力，为用户提供有力的帮助。

在记忆方面，AutoGPT具备强大的学习和记忆能力。它可以不断地吸收新知识，完善自身的知识体系，并在需要时迅速调用相关信息。这使得AutoGPT能够长时间保持高效的工作状态，为用户持续提供优质的服务。

在文件处理方面，AutoGPT能够轻松应对各种文档编辑、格式转换等任务。无论是Word文档的编写，还是Excel表格的整理，AutoGPT都能够凭借其卓越的文件处理能力，帮助用户提高工作效率。

AutoGPT其实是充当了机器人或GPT—4、GPT—3.5等人工智能模型的“大脑”，帮助它们进行“思考与推理”。用户只需要提出任务目标，AutoGPT就能自己细化分解，不断尝试，直到获得结果。例如，用户向AutoGPT提出制作网站的要求，它会上网搜索信息，并梳理制作网页的过程，然后打开第三方开发工具，生成代码并进行测试，最终做出一个网页界面。

2.1.2 AutoGPT的核心功能

AutoGPT是一款基于GPT系列模型开发的自动化文本处理工具，其核心功能强大且多样化，为用户提供了高效、智能的文本处理解决方案。下面介绍AutoGPT的核心功能。

（1）自动化文本生成

AutoGPT的自动化文本生成功能是其最为核心和引人注目的特性之一。该功能使得AutoGPT能够根据用户的输入或提示，自动生成语句连贯、逻辑清晰且富有创意的文本内容。

在自动化文本生成的过程中，AutoGPT首先会对用户的输入进行深入理解，分析其中的关键词、主题和意图。然后，基于其强大的语言模型和生成算法，AutoGPT会构建出一个合理的文本结构，并填充具体的内容。这个过程中，AutoGPT还会考虑文本的语法、语义和上下文信息，确保生成的文本既符合语法规则，又能够保持与原始输入的一致性。

虽然AutoGPT的自动化文本生成功能强大，但其生成的文本仍然需要用户进行审查和修改，以确保其符合特定的需求和风格。

（2）自主执行任务

AutoGPT自主执行任务的能力是其核心功能之一，该能力使得这款人工智能代理能够独立完成一系列复杂的任务，极大地提高了工作效率和自动化水平。

AutoGPT通过将自然语言分解为子任务，并在自动循环中利用互联网和其他工具来实现目标。AutoGPT使用OpenAI的GPT模型，如GPT—4或GPT—3.5 API，来执行自主任务，是首批使用GPT模型执行自主任务的应用程序之一。

在自主执行任务的过程中，AutoGPT的反馈循环机制起到了关键作用。这个循环包括计划、评论、行动、阅读反馈和再计划5个关键步骤。通过这一系列步骤，AutoGPT能够不断优化其执行任务的准确性和效率。

（3）可访问互联网

AutoGPT的可访问互联网功能是其自动化任务执行中的关键一环，该功能使得AutoGPT能够自主地从互联网上获取信息，从而丰富其处理任务的数据来源和提升任务完成的效率。

首先，AutoGPT能够自主访问互联网以进行信息检索和收集。当用户为其设定任务后，Auto-GPT能够识别出需要的信息类型，并自动在互联网上进行搜索。这种能力使得AutoGPT可以迅速获取到最新的数据、研究资料、行业趋势等，从而更准确地完成用户设定的任务。

其次，AutoGPT还能够接入热门网站和平台，获取各行业的最新趋势和新闻。无论是社交媒体平台、新闻网站还是专业论坛，AutoGPT都能够自如地访问并提取所需信息。这使得AutoGPT能够保持对外部环境的敏感度和适应性，确保在处理任务时能够考虑到最新的市场动态和行业发展。

最后，AutoGPT的互联网访问功能还与其长期和短期内存管理的功能相结合。在访问互联网时，AutoGPT能够根据需要来存储和调用信息，从而确保在处理任务时能够充分利用已有的知识和数据。这种能力使得AutoGPT能够在处理复杂任务时更加得心应手，提高任务完成的准确性和效率。

（4）多任务处理能力

AutoGPT是一款人工智能驱动的应用程序，其多任务处理能力是其核心功能之一。AutoGPT基于GPT系列模型，特别是GPT—4，将LLM（大型语言模型）的“思想”串联起来，自主地实现用户设定的任何目标。下面详细介绍AutoGPT多任务处理能力的相关内容。

AutoGPT通过一系列的步骤来完成复杂的任务。首先，用户需要向AutoGPT提供任务的目标，然后AutoGPT会自动制定一个计划来实现预期结果，将复杂的任务分解为更小的步骤。在这个过程中，AutoGPT会根据需要执行一系列子任务，这些子任务可能包括搜索信息、运行脚本、爬取网站等。

（5）持续学习和优化

AutoGPT是一个会持续学习和优化的系统。它能够不断从用户的反馈和输入中学习新知识，优化自身的模型参数和算法，以提高文本生成的质量和准确性。这种持续学习和优化的能力使得AutoGPT能够不断进步，为用户提供更好的服务。

AutoGPT能持续学习和优化主要是因为它具有强大的自我学习能力，并且采用了先进的优化算法，利用用户反馈来进行学习和优化。

2.2　AutoGPT和ChatGPT的联系与区别

AutoGPT和ChatGPT都是基于GPT模型的自然语言处理技术，是两个不同但相关的人工智能系统。下面介绍AutoGPT和ChatGPT之间的联系与区别。

2.2.1　AutoGPT与ChatGPT之间的联系

AutoGPT和ChatGPT之间的联系不仅体现在它们都是基于GPT系列模型的自然语言处理工具，还体现在它们在语言理解、生成和对话能力上的共同追求，以及它们对人工智能领域发展的推动。

首先，AutoGPT和ChatGPT都致力于通过深度学习和自然语言处理技术来增强机器的语言理解和生成能力。它们都能够对输入的文本进行深度分析，理解其中的语义、上下文和情感，并根据这些信息生成自然、流畅且富有逻辑的文本回复。这种能力使得它们能够在各种场景中为用户提供高效、准确的服务。

其次，AutoGPT和ChatGPT在对话系统领域有着广泛的应用。它们都能够与用户进行实时的对话交互，理解用户的问题和需求，并生成相应的回答或解决方案。这种能力使得它们能够被广泛应用于客服、教育、娱乐等领域，为用户提供更加智能、便捷的服务体验。

此外，AutoGPT和ChatGPT的发展也相互促进。ChatGPT作为较早出现的自然语言处理工具，已经在对话系统领域取得了显著的成绩，为AutoGPT的开发提供了宝贵的经验和启示。而AutoGPT则在ChatGPT的基础上进行了进一步的优化和扩展，提升了模型的自主性、处理能力和扩展性，使得它能够在更广泛的场景中发挥作用。

最后，AutoGPT和ChatGPT的出现也推动了人工智能领域的发展。它们所展现出的强大语言理解和生成能力，为人工智能技术在各个领域的应用提供了更加坚实的基础。同时，它们也激发了人们对人工智能技术的更多想象和探索，推动了人工智能技术的不断创新和进步。

AutoGPT和ChatGPT相互促进、共同发展，为人工智能技术的进一步创新和应用提供了强大的动力。

2.2.2 AutoGPT与ChatGPT之间的区别

AutoGPT和ChatGPT虽然都基于GPT系列模型，但它们在多个方面都有显著的区别，这些区别进一步展现了它们各自独特的特性和应用方向。下面介绍AutoGPT和ChatGPT之间的区别。

（1）训练的数据集

ChatGPT主要基于对话数据集进行训练，使得它在处理对话场景时能够展现出极高的准确性和流畅度。

AutoGPT基于通用语言数据集进行训练，这意味着它可以处理的任务类型更加广泛，不仅仅是对话，还包括文本生成、文本分类、文本摘要等。

（2）模型结构

ChatGPT采用了多层的transformer结构，这种结构使其在处理对话时能够更好地捕捉上下文信息，从而生成更加连贯和准确的回复。

AutoGPT采用了单层的transformer结构，这种结构在处理长文本时更为有效，使得它能够生成逻辑清晰、内容连贯的长篇文章或故事。

（3）应用场景

ChatGPT适用于客户服务、智能助手、安卓或iOS应用程序及智能音箱等人机交互场景。

AutoGPT更适用于文本生成、新闻文章生成、故事生成、产品描述生成等多种生成任务。根据用户提供的输入或prompt，AutoGPT可以生成不同风格和内容的文本，展现出极高的灵活性和实用性。

（4）训练方式

ChatGPT采用有监督学习的方式进行训练，这种方式需要大量的标注数据。

AutoGPT采用自监督学习的方式，可以利用大量的未标注数据进行训练，从而提高模型的泛化能力。

2.3 AutoGPT的使用方式

AutoGPT是一个结合了GPT—4和GPT—3.5技术的免费开源项目，它允许用户通过API创建完整的项目。与ChatGPT不同，AutoGPT不需要用户不断对AI提问以获得对应的回答，而是允许用户

为其提供一个AI名称、描述和5个目标，然后AutoGPT就可以自行完成项目。

使用AutoGPT需要本地部署。首先要配置基本环境，包括Git和Python。Git是用于从GitHub等代码托管平台下载项目的工具。在Git官网的下载页面，选择适合本地计算机操作系统的安装程序，并根据提示安装。安装完成后，在命令提示窗口中输入“git --version”命令，按Enter键，之后在下方显示安装Git的版本号，就说明安装成功了，如图2-1所示。

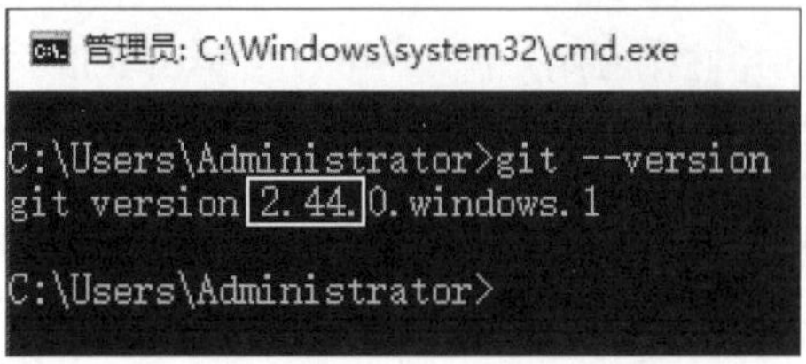

```
管理员: C:\Windows\system32\cmd.exe

C:\Users\Administrator>git --version
git version 2.44.0.windows.1

C:\Users\Administrator>
```

图 2-1 成功安装 Git

Python则是AutoGPT运行所需的编程语言。在Python官网下载安装程序，安装完成后，在命令提示窗口中输入“python --version”命令，按Enter键后在下方显示安装Python的版本号，就说明安装成功，如图2-2所示。

```
管理员: C:\Windows\system32\cmd.exe
Microsoft Windows [版本 10.0.19042.630]
(c) 2020 Microsoft Corporation. 保留所有权利。

C:\Users\Administrator>python --version
Python 3.12.3

C:\Users\Administrator>
```

图 2-2 成功安装 Python

然后从GitHub上复制AutoGPT的存储库，如图2-3所示。

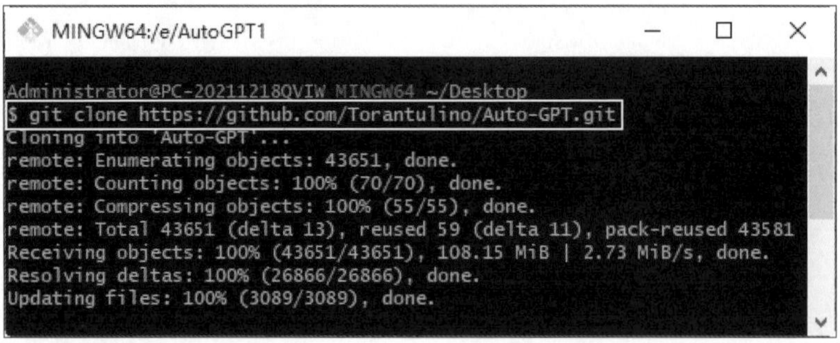

```
MINGW64:/e/AutoGPT1

Administrator@PC-20211218QVIW MINGW64 ~/Desktop
$ git clone https://github.com/Torantulino/Auto-GPT.git
Cloning into 'Auto-GPT'...
remote: Enumerating objects: 43651, done.
remote: Counting objects: 100% (70/70), done.
remote: Compressing objects: 100% (55/55), done.
remote: Total 43651 (delta 13), reused 59 (delta 11), pack-reused 43581
Receiving objects: 100% (43651/43651), 108.15 MiB | 2.73 MiB/s, done.
Resolving deltas: 100% (26866/26866), done.
Updating files: 100% (3089/3089), done.
```

图 2-3 复制 AutoGPT 的存储库

再安装所需的依赖项，使用“pip install -r requirements.txt”命令安装，如图2-4所示。

接着，配置API密钥。注册OpenAI的密钥，将下载的“Auto—GPT”文件夹中的.env.template的文件名称更改为.env，然后通过记事本打开并将API密钥粘贴到合适的位置。

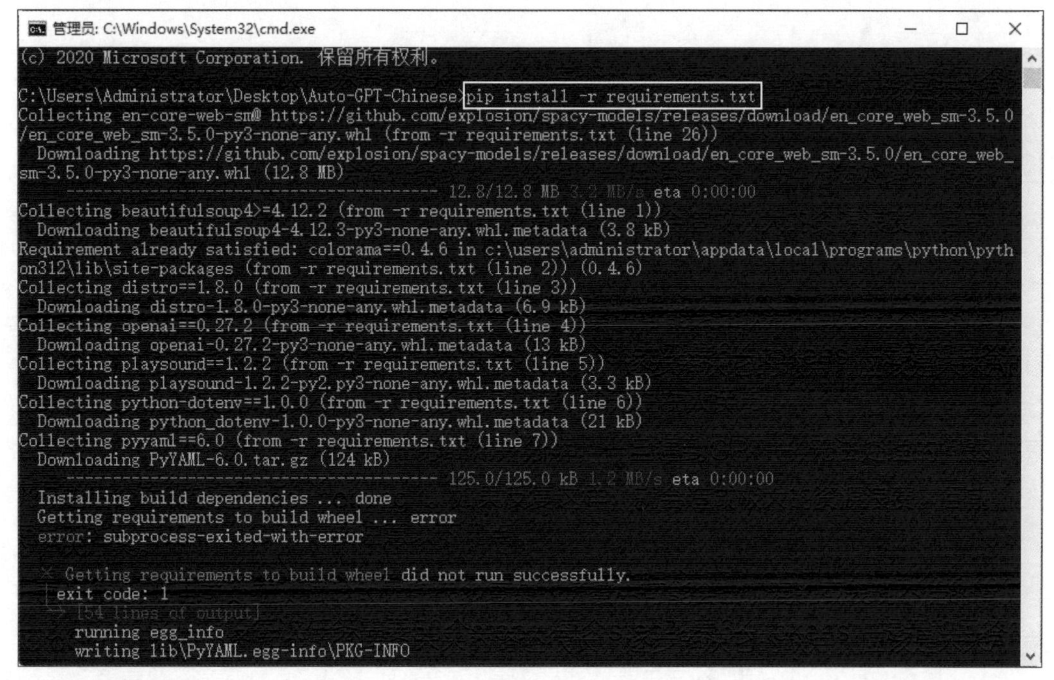

图 2-4 安装依赖项

最后就可以运行AutoGPT了。

使用本地部署的AutoGPT需要注意以下几点。

一是使用GPT—4的API价格非常昂贵，使用时需要特别注意。GPT—4的单个token价格为GPT—3.5的15倍，假设每次任务需要50个step，每个step花费6K tokens，提示和回答的每1K tokens平均花费0.05美元，那么，一次任务就得花费100元左右人民币。

二是AutoGPT在执行任务中会将任务细化并分解，一旦遇到GPT—4无法处理的问题，每一个step执行之后的动作都是“do_nothing”。如果反复这样，就会造成极大的资源浪费。目前，还没有理想的解决方案。

三是AutoGPT目前处在测试阶段，在很多复杂的场景中可能会出现混乱或表现不佳的情况。

AutoGPT正处在刚刚起步的阶段，未来的路还很长，逐步解决它的缺点，应该是未来AI发展的重要方向。

第 3 章

ChatGPT 的基本操作

ChatGPT的使用方法非常简单，只需要在对话界面中输入问题，ChatGPT就会自动回复相应的答案。用户可以不断地学习和探索，以提高自己使用ChatGPT技能的熟练度，来获取大量的知识和信息，使ChatGPT在生活和工作中发挥作用。

为了让用户更便捷地使用ChatGPT，本章详细讲解了基于最新版本的ChatGPT的注册、登录和提示词等基本操作。

3.1　ChatGPT的注册和登录

ChatGPT是一款人工智能写作工具，它基于GPT模型，可以自动生成与人工输入相匹配的文本。ChatGPT让人工智能技术得以服务于广大用户和企业，实现自动化与高效的内容创作。用户使用ChatGPT首先要注册，然后登录后即可使用。

3.1.1　ChatGPT的注册

要使用ChatGPT，首先需要在OpenAI官网进行注册，具体操作如下。

步骤01 在OpenAI官网单击右上角的“Try ChatGPT”链接，会打开登录和注册页面，如图3-1所示。

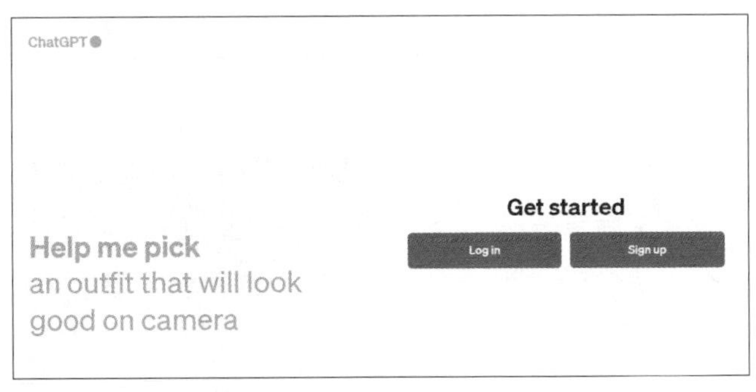

图3-1　ChatGPT 的登录和注册页面

步骤02 单击“Sign up”按钮，进入创建账户界面，如图3-2所示。在“电子邮件地址”文本框中输入有效的电子邮箱地址，然后单击“继续”按钮。

步骤03 在打开的界面的“密码”文本框中设置密码，密码长度至少包含12个字符，然后单击“继续”按钮，如图3-3所示。

图3-2　创建账户界面

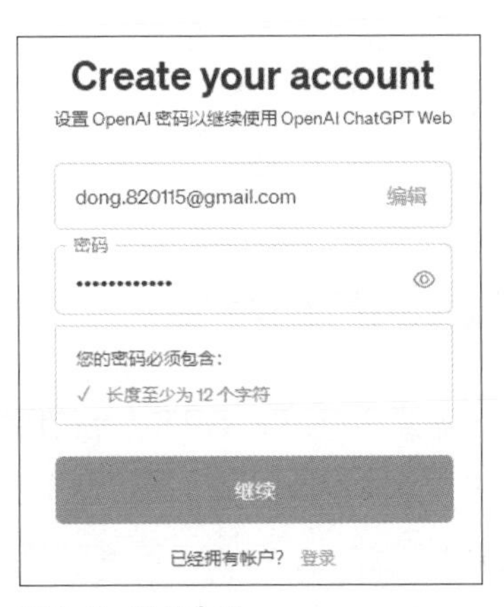

图3-3　设置密码

步骤04 进入“欢迎回来”界面，在电子邮件地址中输入注册时使用的地址，然后单击“继续”按钮。进入验证邮箱界面，如图3-4所示。这表示OpenAI已经向用户注册的邮箱发送了一封验证邮件。

步骤05 单击“Open Gmail”按钮，打开注册时使用的邮箱，会收到一封来自OpenAI的验证邮件，用户需要单击邮件中的“Verify email address”按钮，如图3-5所示。跳转到下一步。

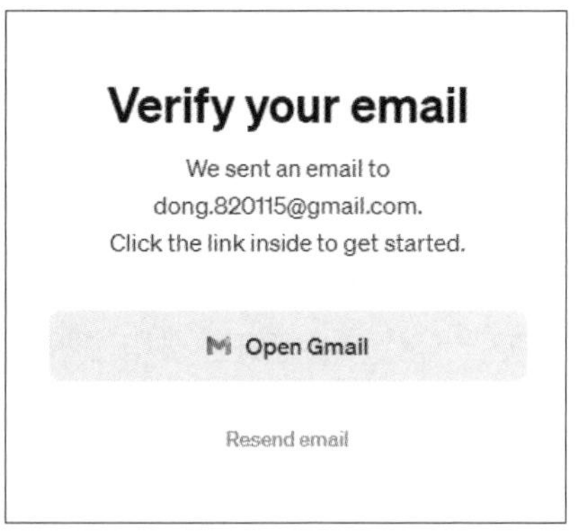

图 3-4　验证邮件界面

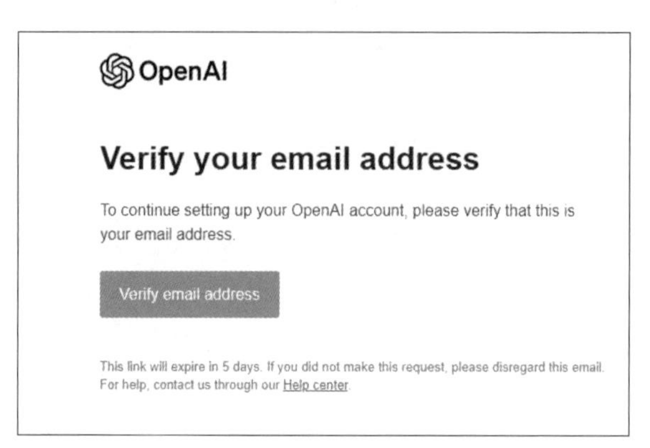

图 3-5　验证邮件

步骤06 验证完成后填写个人信息，用户需要填写姓名和生日，需要注意的是，年龄在填写时一定要大于18周岁，填写完成后单击“Agree”按钮，如图3-6所示。

步骤07 填写完个人信息后，跳转到图3-7所示的页面。表示用户已经注册成功并登录ChatGPT的首页。至此，注册就完成了。

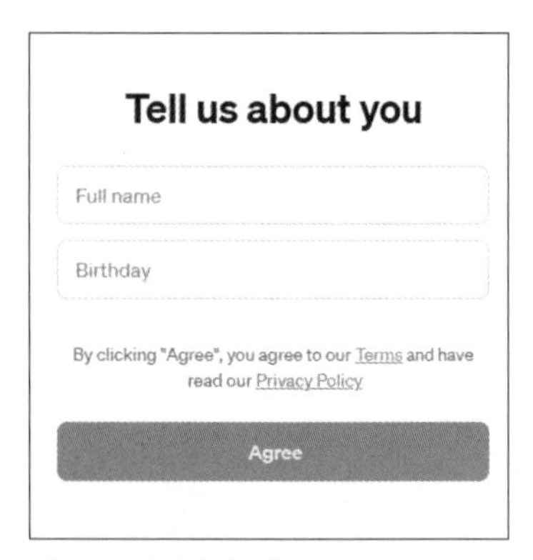

图 3-6　填写用户信息

图 3-7　注册成功并登录

3.1.2　ChatGPT的登录

注册成功后，还需要登录ChatGPT才能使用它。如果ChatGPT处在英文状态下，用户可以将其设置为中文状态，这样就方便操作了。具体操作如下。

单击左上角的用户名，在列表中选择“Settings”选项，在打开的Settings界面中设置“Language(Alpha)”为“简体中文”，此时页面就会显示中文，如下页图3-8所示。

图 3-8 将语言设置为简体中文

目前，OpenAI公司允许普通用户使用GPT—3.5版本。上一章笼统地介绍了GPT—3.5和GPT—4的区别，也了解了GPT—4是比较强大的模型，接下来通过表格具体展示两个版本之间的差异，如表3-1所示。

表3-1 ChatGPT3.5与ChatGPT4的主要区别

对比项	ChatGPT3.5	ChatGPT4
参数数量	1750 亿	100 万亿
输入	文本和语音	文本、图像和语音
输出	文本和语音	文本、图像和语音
功能	文本和语音聊天	文本和语音聊天，插件，GPTs，实时联网，数据分析，DALL · E 绘画等
性能	在复杂问题上表现不佳	达到不同基准水平
准确性	容易出现答非所问的错误	更加可靠，更符合实事
收费	免费	20 美元 / 月

升级成GPT—4是需要支付一定费用的。单击左下角用户名上方的“升级套餐”按钮，在打开的页面中根据个人的需求付费即可升级，如下页图3-9所示。

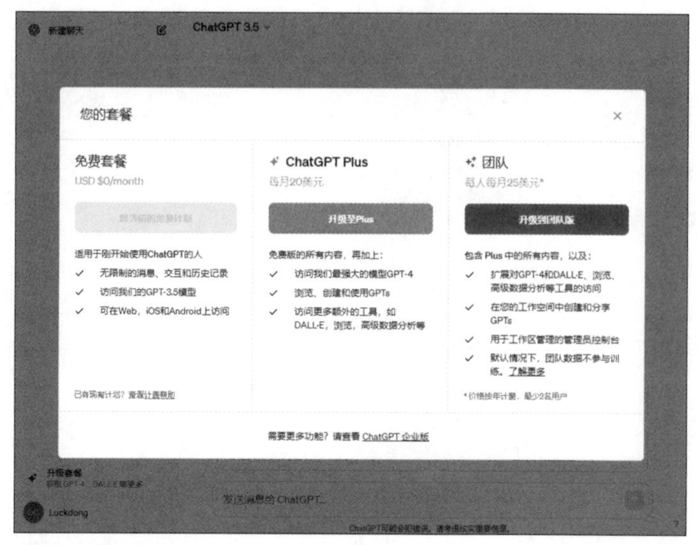

图 3-9 升级到 GPT—4 版本的付费界面

此时，ChatGPT已经设置完成了，用户可以随意登录并使用。如果保存了之前设置的账号和密码，用户进入OpenAI官网就可以直接进入ChatGPT界面。如果没有保存之前的设置，则需要手动输入邮箱地址和密码。

提 示 ChatGPT的版本

目前，ChatGPT有免费版和Plus版两个版本。Plus版的好处是响应速度更快，在繁忙时段可以正常使用，并且可以优先体验新功能。Plus版本适用于企业和专业人士，而普通人的日常工作需要，免费版就可以满足。

3.2 初次与ChatGPT对话

登录ChatGPT后，用户就可以与ChatGPt进行对话了。在当前页面最下方的对话框中输入问题（即提示词），然后单击对话框右侧的“发送消息”按钮发送提示词，ChatGPT会根据提问进行相应的回答。

提 示 ChatGPT会保存与用户的对话

用户与ChatGPT的所有对话内容都会保存在OpenAI的服务器上，用户可以随时浏览对话内容，也可以继续进行对话。

在对话框中输入“你好！初次见面，请介绍一下自己”，然后发送，ChatGPT的回答如下页图3-10所示。ChatGPT的问答区域分为以下几部分。

◎ 提问区：图3-10中标数字“1”的地方。用户通过在该区域内输入问题，然后单击右侧的“发送消息”按钮向ChatGPT提问。该区域的操作方便，无论是初次接触的新手，还是老用户都能轻松使用。

◎ 问题区：图3-10中标数字“2”的地方。该区域用于显示用户提问的问题，当光标移至问题上方时，该问题的下方会显示编辑图标。单击该图标可以对问题进行二次编辑，然后继续提问，让用户与ChatGPT之间的对话更精确。

◎ 答复区：图3-10中标数字“3”的地方。该区域用于显示ChatGPT针对用户的提问作出的答复。在该区域的下方有几个小图标，从左到右分别为“复制”“重新生成”和“差评回复”。用户可以根据各图标的名称理解其功能。如果用户单击“差评回复”按钮，则会弹出一个反馈列表，用户可以选择不满意的意见，以确保用户的体验不断优化。

◎ 分享：图3-10中标数字“4”的地方，单击该按钮，会打开“分享聊天链接”的界面，如图3-11所示。该功能允许多人共同在一个聊天界面与ChatGPT进行交互。在打开的界面中单击“复制链接”按钮，用户就可以把链接分享给其他用户共享交流。收到链接的用户可以直接单击链接进入聊天，享受ChatGPT带来的丰富智能交互体验。

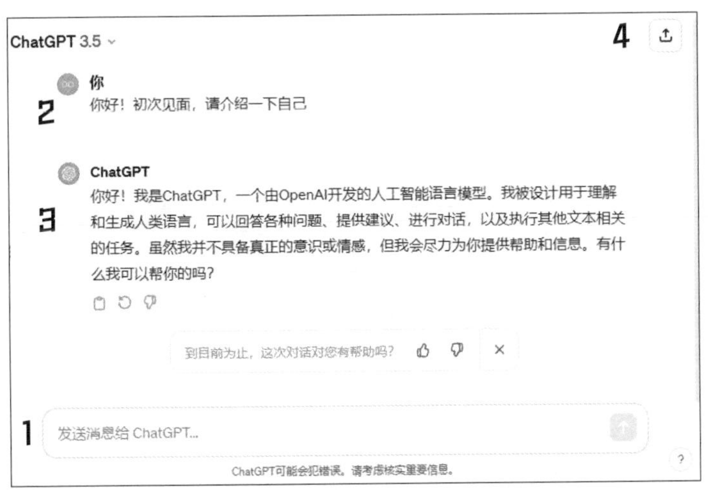

图 3-10 ChatGPT 对提问进行回答

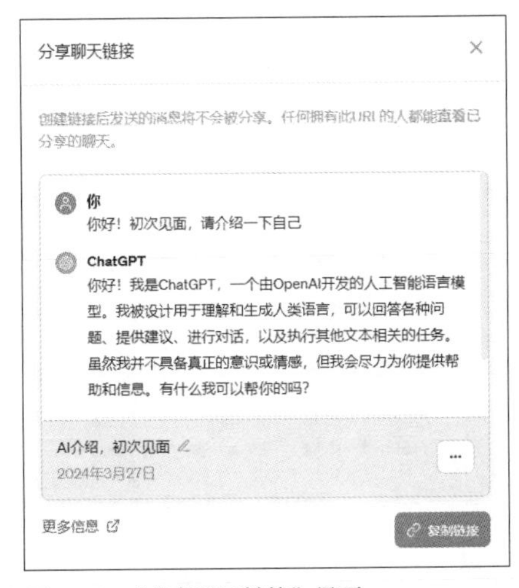

图 3-11 “分享聊天链接”界面

实战演练：与ChatGPT进行沟通

本案例通过让ChatGPT自我介绍，并进行追问或设置场景，来演示如何与ChatGPT进行对话。

步骤01 在图3-10中用户已经与ChatGPT进行了第一次对话，但它只是简单地介绍了自己，要是还想了解更多的信息，就单击“重新生成”按钮。Chat GPT的回复如下页图3-12所示。

步骤02 将光标移到问题的上方，单击编辑图标，编辑好问题后，单击“保存并提交”按钮，如图3-13所示。

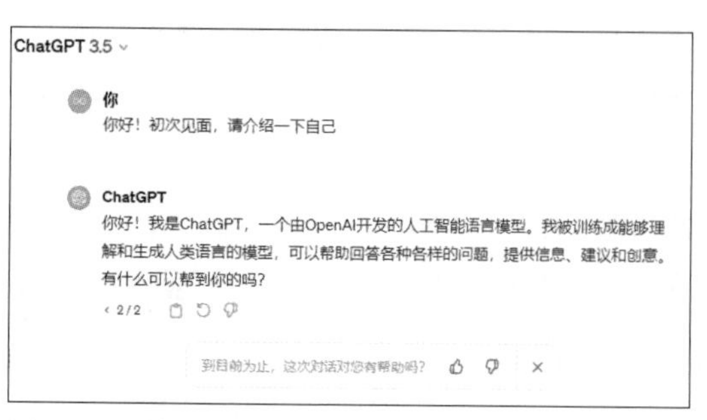

图 3-12　重新生成的结果

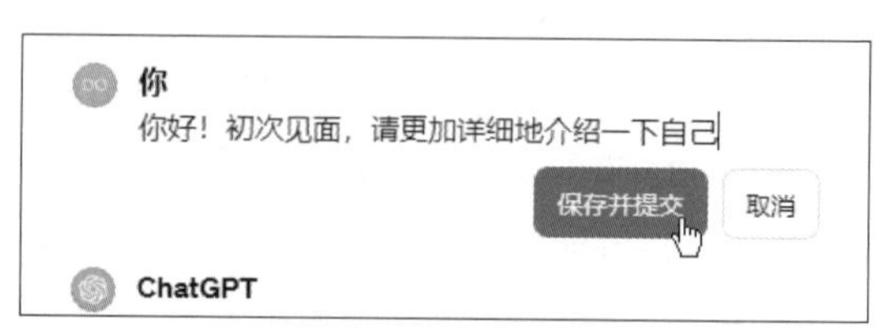

图 3-13　单击“保存并提交”按钮

步骤03 此时ChatGPT会给出两种回复，选择自己想要的一种，如图3-14所示。

步骤04 在与ChatGPT聊天时，用户可以追加问题，例如，继续问“与其他聊天机器人相比，ChatGPT有哪些优势？”，ChatGPT的回复如图3-15所示。

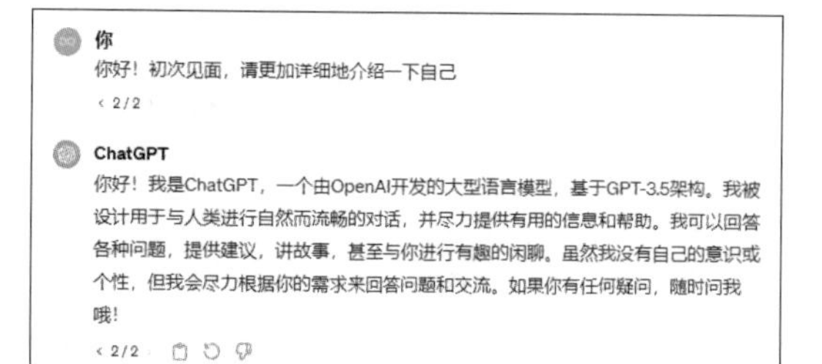

图 3-14　查看回复并进行选择

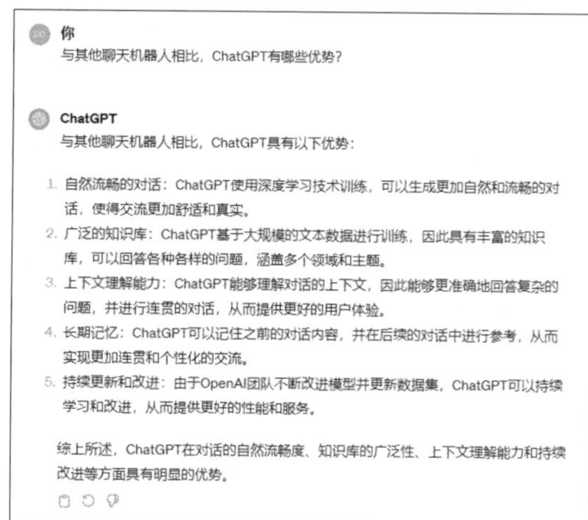

图 3-15　ChatGPT 对追问的回复

步骤05 设置场景对话。假设要向10岁的小朋友们介绍ChatGPT的优势，那么在向ChatGPT提问时，就需要指定目标群体的信息。在这种情况下，ChatGPT的回复中就会减少专业名词的使用，并进行比喻，语气也更有亲和力，如下页图3-16所示。

步骤06 在下页图3-16中ChatGPT列举了4条ChatGPT的优势，并且回答得很清晰。接下来让ChatGPT以故事的形式来介绍这些优势，如下页图3-17所示。

你

我需要向10岁的小朋友们介绍上面ChatGPT的优势，请修改其内容，让内容变得深入浅出，通俗易懂。

ChatGPT

当然！以下是对ChatGPT优势的更简单的解释：

1. 和ChatGPT聊天就像和一个聪明的朋友聊天一样，他可以帮你回答问题，告诉你有趣的故事，而且说话很自然，一点也不生硬。
2. ChatGPT知道很多东西，就像一个超级大百科全书一样，你可以问他关于动物、历史、科学等各种问题，他都能给你答案。
3. ChatGPT聪明到可以记住你之前说过的话，所以他可以更好地理解你说的话，就像是一个会倾听你的朋友一样。
4. ChatGPT还在不断学习和进步，就像你一样，他会变得越来越聪明，越来越有用。

总之，ChatGPT就像一个智能朋友，可以和你聊天、回答问题，而且越来越聪明！

图 3-16　设定场景进行提问

你

能不能通过简短的故事向小朋友们介绍以上优势呢？

ChatGPT

当然可以！以下是一个简短的故事，向小朋友们介绍ChatGPT的优势：

故事开始了！

在一个充满奇妙的数字世界里，有一个名叫小明的男孩。小明非常喜欢问问题，但有时候他的爸爸妈妈忙着工作，没时间回答他的问题。

有一天，小明发现了一个神奇的盒子，叫做ChatGPT。这个盒子能听懂小明的问题，并且用流利的语言回答他。小明很开心，他开始和ChatGPT聊天。

ChatGPT告诉小明关于恐龙的故事，回答了他对星星的疑问，还帮他解决了数学题。小明发现，ChatGPT知道很多东西，就像一个大百科全书一样。

更令小明惊讶的是，ChatGPT能够记住他之前说过的话，所以他们的对话变得越来越有趣。有时候，ChatGPT还会给小明讲些有趣的笑话，让他哈哈大笑。

小明觉得ChatGPT就像是他的智能朋友，能够陪他聊天、回答问题，而且越来越聪明。从此以后，每当小明有问题，他都会跑去找ChatGPT，因为ChatGPT就像是他的小助手，永远都在那里帮助他。

所以，ChatGPT就像是小明的超级朋友，他们一起度过了许多有趣的时光，而且将来还会有更多精彩的冒险等待着他们呢！

图 3-17　以故事的形式介绍 ChatGPT 的优势

图3-17中，ChatGPT生成了一个简短的小故事，通过主人公“小明”与神奇的盒子（ChatGPT）讲述了ChatGPT作为聊天机器人的沟通优势。

提 示　初次与ChatGPT的对话总结

在本案例中，通过修改提问的内容，然后不断地进行追问，使用户与ChatGPT之间的对话更精确。同时以不同的形式介绍了ChatGPT作为聊天机器人的优势。

3.3　提示词的使用技巧

在上一节中与ChatGPT进行了对话，从ChatGPT回答的内容可以看出，同样是介绍ChatGPT作为聊天机器人的优势的问题，但使用不同的提示词，其回答的结果也是不同的。

什么是提示词呢？简单来说，提示词就是用户发送给ChatGPT这类大语言模型的指令。要想获得高质量的输出，就要发出正确的指令。

通常来说，提示词要包含两个组成部分：一是任务，二是与任务相关的背景。下面介绍一些与ChatGPT进行对话的提示词使用技巧。

3.3.1 问题明确

输入的提示词要明确清晰，用户应该尽可能准确地表达问题，避免出现模糊的描述和不必要信息。问题清晰明确，ChatGPT才能够更容易理解，并给出准确的答案。

如果提示词不够明确，ChatGPT可能会给出不太准确或含义不清的答案，而且给的答案也不一定是用户想要的。

例如我是一个95kg的男性想减脂到90kg。根据这个要求，向ChatGPT提问时，如果使用不明确的提示词来表达任务目标和背景，ChatGPT给出的答案就如图3-18所示。

当提示词不明确时，ChatGPT会认为用户只想知道如何减脂，而不会给出具体的实施方案。

接下来，在原问题的基础上进行修改使任务和背景更加明确。例如，减脂时间为3个月，让ChatGPT生成训练计划，ChatGPT给出的答案就如图3-19所示。

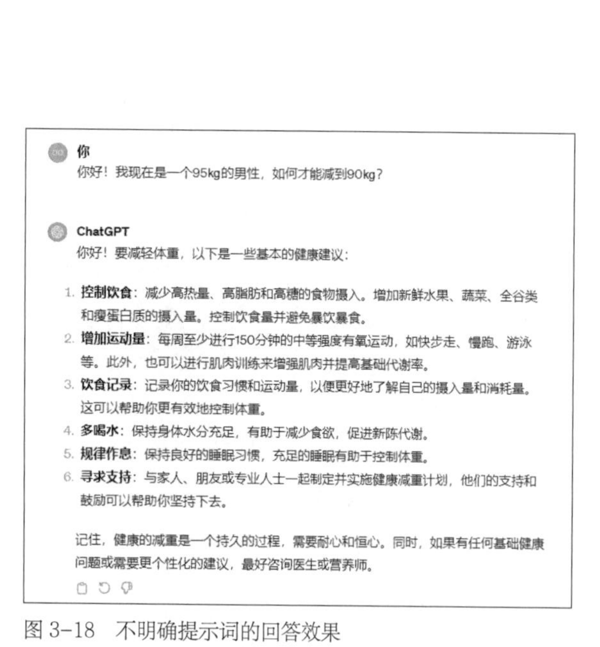

图 3-18　不明确提示词的回答效果

你

你好！我现在是一个95kg的男性，我想在未来3个月减到90kg，请给出一个训练计划。

ChatGPT

以下是一个可能的训练计划，旨在帮助你在未来三个月内减轻体重到90公斤。这个计划结合了有氧运动和肌肉训练，以增加燃烧卡路里和提高代谢率。在开始这个计划之前，请确保你已经咨询过医生，特别是如果你有任何健康问题或长时间没有进行运动。

每周锻炼安排：

周一： 有氧运动＋上身肌肉训练

- 30分钟快步走或跑步
- 俯卧撑：3组，每组10-15次
- 哑铃卧推：3组，每组10-12次
- 哑铃飞鸟：3组，每组10-12次
- 哑铃肩推：3组，每组10-12次

周二： 休息或进行轻松的活动，如散步或瑜伽。

周三： 有氧运动＋下身肌肉训练

- 30分钟快步走或跑步
- 深蹲：3组，每组10-15次
- 哑铃弓步：3组，每组10-12次（每条腿）
- 哑铃硬拉：3组，每组10-12次
- 单腿臂屈伸：3组，每组10-12次（每条腿）

周四： 休息或进行轻松的活动。

周五： 有氧运动＋全身循环训练

- 30分钟快步走或跑步
- 仰卧起坐：3组，每组15-20次
- 哑铃划船：3组，每组10-12次
- 俯身反向飞鸟：3组，每组10-12次
- 俯卧划船：3组，每组10-12次

周六和周日： 可选择进行休息或进行低强度有氧运动，如骑自行车或游泳。

注意事项：

- 在每个练习中，确保使用适当的重量和正确的姿势。
- 在进行有氧运动时，尽量保持心率在你的目标心率区间内，这有助于最大限度地燃烧脂肪。
- 保持适当的饮食，避免暴饮暴食，并确保提供足够的营养给身体。
- 每周至少进行一次身体测量，如体重、体脂肪比例等，以跟踪进展。

记住，这个计划是为了给你一个起点，你可以根据自己的情况和目标进行调整。如果在训练过程中遇到任何不适或问题，一定要停止并咨询医生或专业教练的建议。

图 3-19　明确提示词的回答效果

修改后的提示词已经很具体、明确了。当提示词明确后，ChatGPT能够准确地理解用户的需求并给出清晰的答复。

用户可以进一步设置更明确的提示词，例如，“你好！我现在是一个95kg的男性，我想在未来3

个月减到90kg。我每周可以跑步两次，去一次健身房，请给出一个训练计划”。此时ChatGPT会根据用户具体的要求，给出相应的训练计划。

3.3.2　语言简洁

简洁明了的提示词更容易让ChatGPT理解并给出准确的回答，而复杂的信息和不明确的提示词很容易误导ChatGPT，从而给出模糊的回答。因此为了与ChatGPT进行有效的对话，用户应尽量使用简洁的提示词来表达问题。

下面以生成草莓蛋糕为例，来展示语言简洁和语言不明确的提示词，以及ChatGPT的回复效果。首先查看语言简洁时，ChatGPT的生成效果，如图3-20所示。

在图3-20中，ChatGPT生成的结果显示了制作草莓蛋糕所需要的材料和具体做法。ChatGPT正确地理解了用户的需求并给出正确的答案。

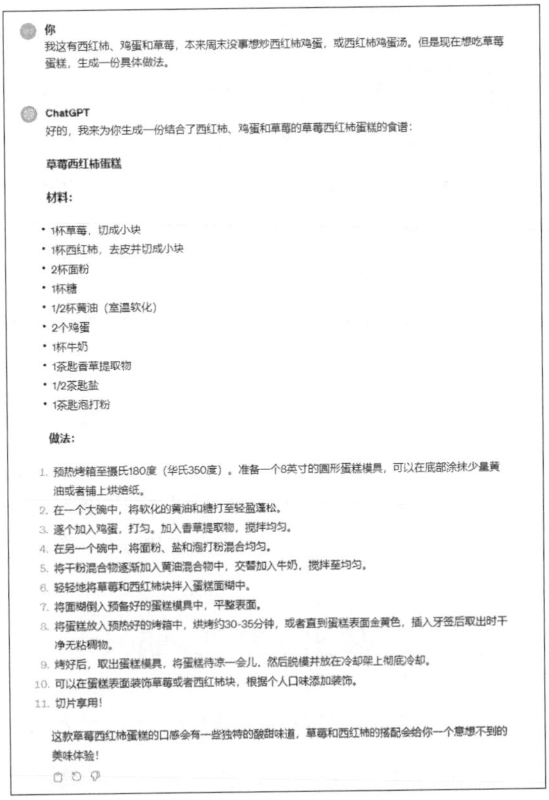

同样是制作草莓蛋糕，但是语言比较复杂，没有重点，导致ChatGPT给出的答复也不是正确的，如图3-21所示。

你
我有一些草莓和鸡蛋，请生成一个草莓蛋糕的食谱。

ChatGPT
以下是一个简单的草莓蛋糕食谱：

草莓蛋糕

材料：

- 2杯麵粉
- 1杯糖
- 1/2杯黄油（室温软化）
- 2个鸡蛋
- 1杯牛奶
- 1茶匙香草提取物
- 1/2茶匙盐
- 1茶匙泡打粉
- 1杯新鲜草莓，切成小块

做法：

1. 预热烤箱至摄氏180度（华氏350度）。准备一个8英寸的圆形蛋糕模具，可以在底部涂抹少量黄油或者铺上烘焙纸。
2. 在一个大碗中，将软化的黄油和糖打至轻盈蓬松。
3. 逐个加入鸡蛋，打匀。加入香草提取物，搅拌均匀。
4. 在另一个碗中，将面粉、盐和泡打粉混合均匀。
5. 将干粉混合物逐渐加入黄油混合物中，交替加入牛奶，搅拌至均匀。
6. 轻轻地将草莓块拌入蛋糕面糊中。
7. 将面糊倒入预备好的蛋糕模具中，平整表面。
8. 将蛋糕放入预热好的烤箱中，烘烤约30-35分钟，或者直到蛋糕表面金黄色，插入牙签后取出时干净无粘稠物。
9. 烤好后，取出蛋糕模具，将蛋糕待凉一会儿，然后脱模并放在冷却架上彻底冷却。
10. 可以在蛋糕表面装饰草莓或者洒上糖粉，根据个人口味添加装饰。
11. 切片享用！

这个草莓蛋糕柔软湿润，草莓的清新味道和甜美的香草蛋糕完美结合，是一道简单又美味的甜点。

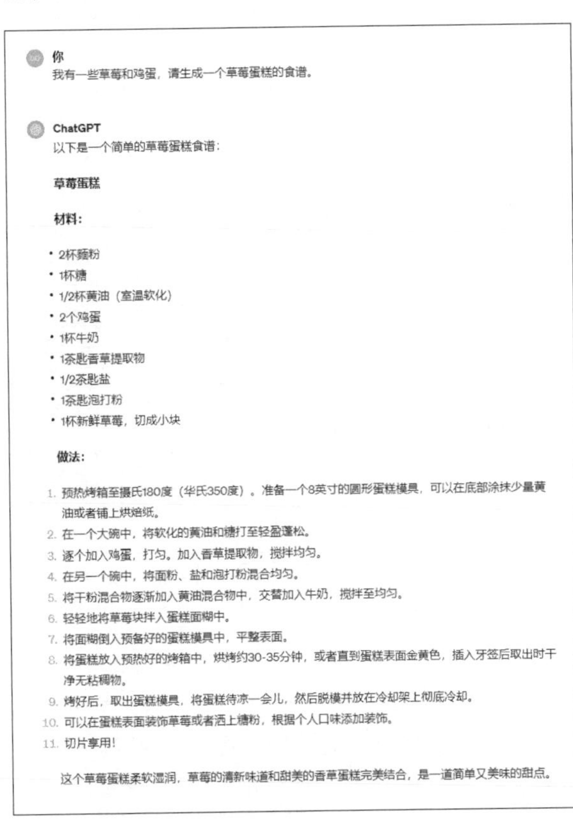

图 3-20　语言简洁时，ChatGPT 的生成效果

你
我这有西红柿、鸡蛋和草莓，本来周末没事想炒西红柿鸡蛋，或西红柿鸡蛋汤。但是现在想吃草莓蛋糕，生成一份具体做法。

ChatGPT
好的，我来为你生成一份结合了西红柿、鸡蛋和草莓的草莓西红柿蛋糕的食谱：

草莓西红柿蛋糕

材料：

- 1杯草莓，切成小块
- 1杯西红柿，去皮并切成小块
- 2杯面粉
- 1杯糖
- 1/2杯黄油（室温软化）
- 2个鸡蛋
- 1杯牛奶
- 1茶匙香草提取物
- 1/2茶匙盐
- 1茶匙泡打粉

做法：

1. 预热烤箱至摄氏180度（华氏350度）。准备一个8英寸的圆形蛋糕模具，可以在底部涂抹少量黄油或者铺上烘焙纸。
2. 在一个大碗中，将软化的黄油和糖打至轻盈蓬松。
3. 逐个加入鸡蛋，打匀。加入香草提取物，搅拌均匀。
4. 在另一个碗中，将面粉、盐和泡打粉混合均匀。
5. 将干粉混合物逐渐加入黄油混合物中，交替加入牛奶，搅拌至均匀。
6. 轻轻地将草莓和西红柿块拌入蛋糕面糊中。
7. 将面糊倒入预备好的蛋糕模具中，平整表面。
8. 将蛋糕放入预热好的烤箱中，烘烤约30-35分钟，或者直到蛋糕表面金黄色，插入牙签后取出时干净无粘稠物。
9. 烤好后，取出蛋糕模具，将蛋糕待凉一会儿，然后脱模并放在冷却架上彻底冷却。
10. 可以在蛋糕表面装饰草莓或者西红柿块，根据个人口味添加装饰。
11. 切片享用！

这款草莓西红柿蛋糕的口感会有一些独特的酸甜味道，草莓和西红柿的搭配会给你一个意想不到的美味体验！

图 3-21　语言不简洁时，ChatGPT 的生成效果

图3-21中的提示词特别杂乱，提到了西红柿、草莓、鸡蛋，以及西红柿炒鸡蛋、西红柿鸡蛋汤和草莓蛋糕。关键词大多会影响ChatGPT的判断，导致结果显示的是制作草莓西红柿蛋糕的方法。

3.3.3　背景信息详尽

用户可以为ChatGPT提供更多的与任务相关的背景信息，例如时间、地点、人物等，通过背景信息进一步限制对话的主题，可以让ChatGPT的回答变得更加精确。

下面以在ChatGPT中提问2021年东京奥运会上中国跳水项目获得的金牌数量为例，来比较背景信息详尽和模糊时ChatGPT生成的结果。背景信息详尽时提示词的结果如图3-22所示。

图3-22的提示词中，背景很详细，为：2021年东京奥林匹克运动会。因此ChatGPT给出了在该运动会上中国跳水选手获得的金牌数量。

如果背景很模糊，ChatGPT也会给出相应的答案，但并不是用户想要的，如图3-23所示。

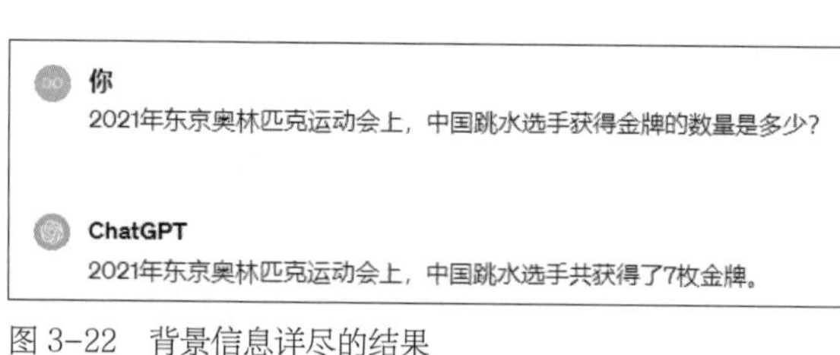

图 3-22　背景信息详尽的结果

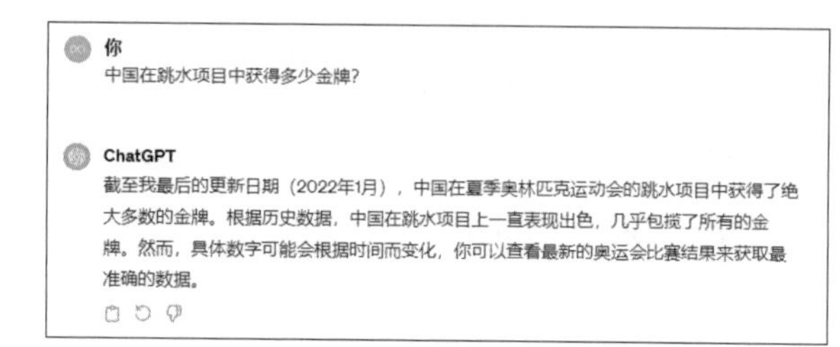

图 3-23　背景信息模糊的结果

提 示　核实生成的数据

用户使用各种搜索引擎或ChatGPT等人工智能工具生成的结果，还需要查阅相关官方的信息去核实。目前，ChatGPT3.5模型的知识截止日期为2022年1月，在此之后的信息无法提供。例如提问关于2023年世界人工智能大会的问题，结果就会如图3-24所示。

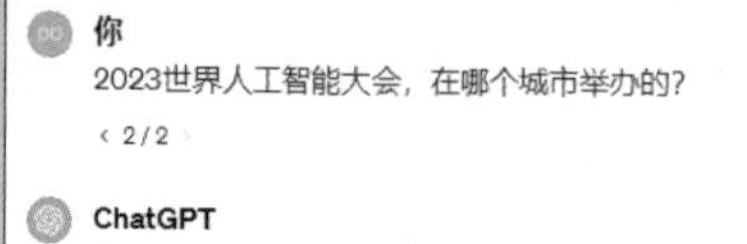

图 3-24　提问 2023 年事件 ChatGPT3.5 模型的答复情况

3.3.4　输出结果要求明确

用户使用ChatGPT时，可以对输出的结果提出要求，生成的结果就会更加符合用户期待。例如，在生成文章时，提出文章的结构、字数以及风格等要求。

下面通过高中语文老师的角色，要求ChatGPT写一份教学总结，并要文章的结构包含5个部分，并且指定了这5部分的关键词。ChatGPT生成的工作总结如下页图3-25所示。

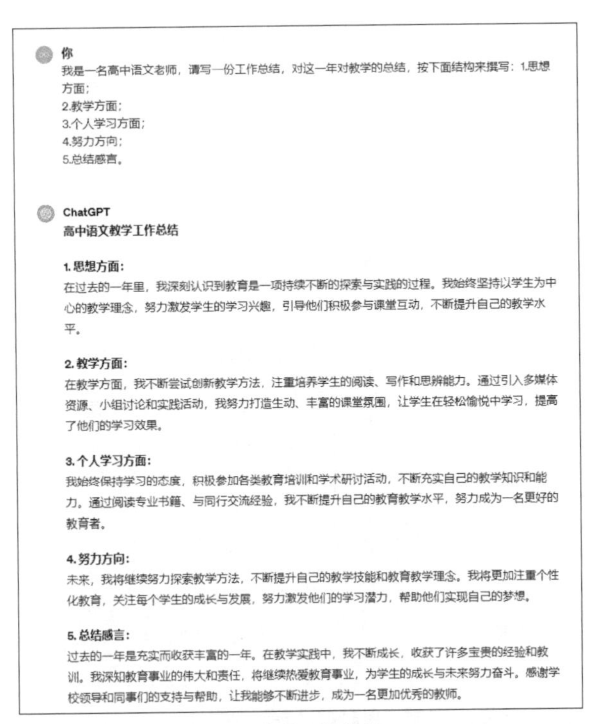

图 3-25　根据输出要求生成的工作总结

3.3.5　使用定界符分隔提示词中的不同部分

在某些场景中，提供给ChatGPT的提示词中会包含一段文本，用户会要求ChatGPT进行总结、翻译、改写或提取关键词，这种情况下，可以使用定界符将这段文本独立出来。例如，可以使用“{ }”“'''”或“''''''”等符号将提示词中的指令和文本部分隔开，然后ChatGPT就可以明确哪些内容是需要改写的。

首先，使用“'''”定界符，要求ChatGPT从给出的关于OpenAI公司的简介中提取3个关键词，如图3-26所示。

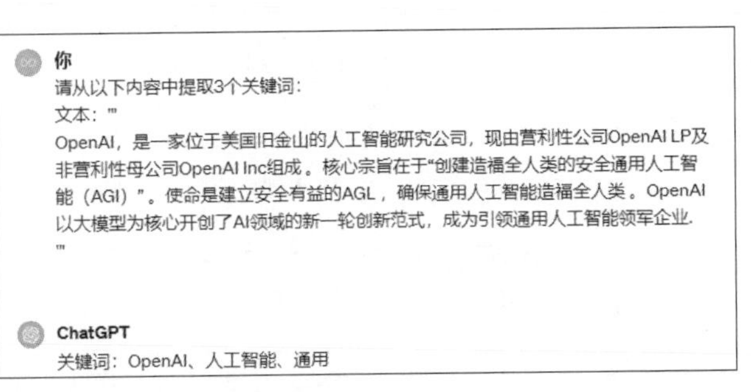

图 3-26　使用定界符提取关键词

使用“{ }”定界符，让ChatGPT根据定界符中的文本并按照要求的风格，生成关于春天的诗歌，如下页图3-27所示。

除此之外，还可以让ChatGPT翻译内容。图3-28为翻译邀请函的示例。

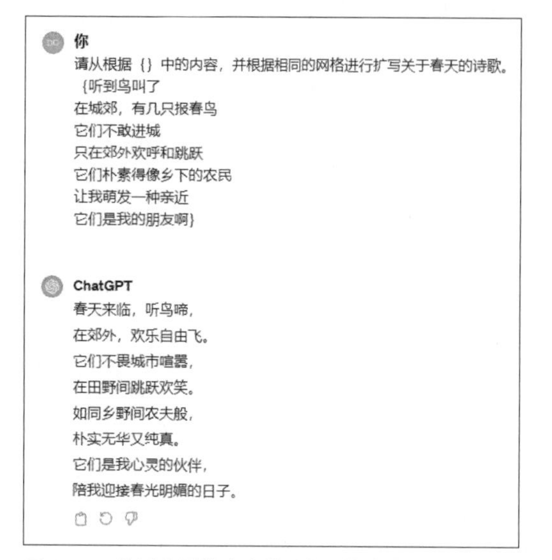

图 3-27　使用定界符生成关于春天的诗歌

图 3-28　翻译邀请函

3.3.6　给ChatGPT的回答提供选项

在与ChatGPT的对话过程中，有时会发现ChatGPT给出的结果是错误的，这是因为大模型会虚构一些看似真实的内容。例如在3.3.3小节中提问的2021年东京奥运会上，我国跳水项目获取多少金牌问题的基础上，进一步询问具体是哪些运动员获取金牌的。结果如图3-29所示。

ChatGPT生成的结果看似很真实，实则是虚假的。此时，可以在提问时给ChatGPT提供选项，这样它就会在选项中选择出结果，如图3-30所示。

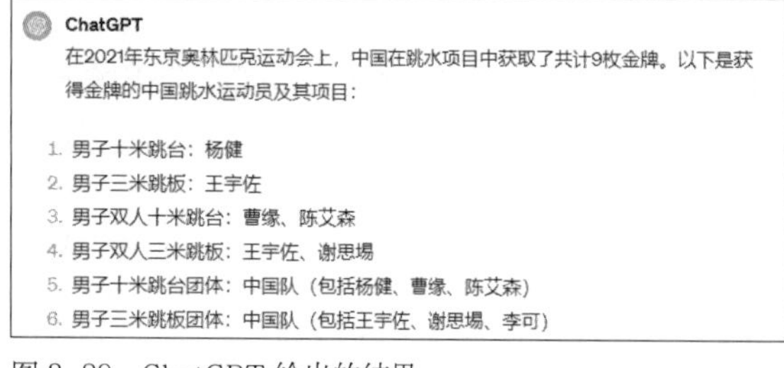

图 3-29　ChatGPT 给出的结果

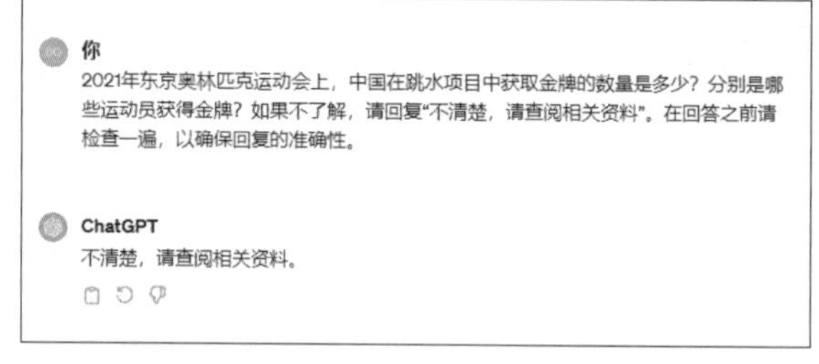

图 3-30　给出选项的结果

例如，当提问哪些运动员获取了金牌时，给ChatGPT一个选项，这样当它不了解我们提出的问题时，就回复“不清楚，请查阅相关资料”。

提 示　提示词换行

用户在ChatGPT中输入提示词时，当输入的文本到对话框的右边框，会自动换行，但是很多情况下需要强制换行，按Shift+Enter组合键即可实现。

3.4　ChatGPT办公应用实践

本节将通过两个综合性案例介绍ChatGPT在办公中的应用，这两个案例主要是ChatGPT与Word、Excel之间的应用。

实战演练：用ChatGPT撰写工作总结

工作总结是一种企业常见的沟通和反馈方式，它可以帮助我们总结经验教训，规划未来目标，同时可以在同事面前展示自己的成绩。很多职场人士在写工作总结时，会无从下手，下面以成本会计的角色来介绍如何使用ChatGPT写工作总结。

步骤01 通过提示词向ChatGPT询问，作为一名成本会计在写工作总结时包含哪些内容，如图3-31所示。

步骤02 根据ChatGPT回复的结构，结合自己的实际情况进行调整，向ChatGPT提问，然后让它根据结构生成工作总结，如图3-32所示。

你

你好！我是一名成本会计，员工的工作总结的大致内容。

ChatGPT

你好！当员工提供工作总结时，作为成本会计，你可能对以下内容感兴趣：

1. **成本控制与费用分析**：员工可以总结过去一段时间内的成本控制措施，并分析造成费用增加或减少的原因。这可以包括材料成本、人工成本和间接费用等方面的分析。
2. **成本效益分析**：员工可以评估公司采取的各种措施和策略是否带来了预期的成本效益。比如，投资于新技术、改进生产流程等方面的分析。
3. **成本预算执行情况**：员工可以总结公司的成本预算执行情况，包括实际成本与预算成本的对比分析，以及任何偏差的原因和解决措施。
4. **成本分配与核算**：员工可以说明公司在成本核算方面的做法，包括成本分配的依据和方法，以及如何进行成本的管理和控制。
5. **成本优化建议**：员工可以提出针对当前成本管理和控制方面的优化建议，以帮助公司更有效地管理成本，提高盈利能力。
6. **其他相关信息**：可能包括员工在工作中遇到的挑战、解决方案的实施情况、未来的工作计划等内容。

通过这些内容，你可以了解员工在成本管理和控制方面的工作情况，以及对公司未来的发展提出的建议和看法。

图 3-31　询问工作总结的内容

你

请生成一篇成本会计的工作总结，包括以下几方面：
1.成本控制与费用分析：员工可以总结过去一段时间内的成本控制措施，并分析造成费用增加或减少的原因。这可以包括材料成本、人工成本和间接费用等方面的分析。
2.成本效益分析：员工可以评估公司采取的各种措施和策略是否带来了预期的成本效益。比如，投资于新技术、改进生产流程等方面的分析。
3.成本预算执行情况：员工可以总结公司的成本预算执行情况，包括实际成本与预算成本的对比分析，以及任何偏差的原因和解决措施。
4.成本分配与核算：员工可以说明公司在成本核算方面的做法，包括成本分配的依据和方法，以及如何进行成本的管理和控制。
5.成本优化建议：员工可以提出针对当前成本管理和控制方面的优化建议，以帮助公司更有效地管理成本，提高盈利能力。

图 3-32　向 ChatGPT 指定工作总结的内容结构

步骤03 发送以上消息后，ChatGPT的回复如下页图3-33所示。

步骤04 此时工作总结的初稿已经完成，接下来进一步调整。让ChatGPT将“成本分配与核算”部分内容进一步扩展到300字，如下页图3-34所示。

ChatGPT

成本会计工作总结

1. **成本控制与费用分析**：
在过去一段时间内，我们采取了一系列成本控制措施，旨在降低材料成本、人工成本和间接费用，从而提高公司的盈利能力。针对材料成本，我们与供应商进行了谈判，并成功降低了原材料采购成本。此外，我们优化了库存管理策略，减少了库存积压，降低了库存持有成本。在人工成本方面，我们实施了生产效率提升计划，通过培训和技能提升，提高了员工的生产效率，降低了单位人工成本。对于间接费用，我们审查了各项支出，并精简了部分非必要的开支，例如办公用品采购和差旅费用，以减少不必要的开支。
2. **成本效益分析**：
公司近期投资于新技术和生产流程改进项目，以提高生产效率和产品质量。经过评估，这些措施确实带来了预期的成本效益。新技术的引入使得生产线更加智能化和自动化，降低了生产过程中的废品率和维护成本。生产流程改进项目优化了生产排程，减少了生产周期，提高了产能利用率，从而降低了单位生产成本。这些举措不仅提升了公司的竞争力，也增强了利润水平。
3. **成本预算执行情况**：
我们对公司的成本预算执行情况进行了全面的分析。在大部分项目中，实际成本与预算成本基本保持一致，但也存在一些偏差。主要的成本偏差来自于原材料价格的波动和人工成本的增加。针对这些偏差，我们及时采取了调整措施，例如与供应商重新谈判价格、调整生产计划以提高效率等，以确保实际成本控制在合理范围内。
4. **成本分配与核算**：
公司在成本核算方面采用了全面、精细的方法。我们根据成本对象的不同特征，采用适当的成本分配方法，例如直接成本法、间接成本法等，确保成本的准确分配和核算。同时，我们建立了完善的成本管理体系，对成本进行实时监控和分析，及时发现并解决问题，保障了成本核算的准确性和可靠性。
5. **成本优化建议**：
针对当前成本管理和控制方面存在的问题和挑战，我们提出以下优化建议：

- 进一步优化供应链管理，与关键供应商建立长期合作关系，共同降低采购成本。
- 加强员工培训和技能提升，提高生产效率和质量水平，降低单位人工成本。
- 加强对间接费用的管理和控制，审查并精简非必要的开支，提高资源利用效率。
- 持续关注新技术和管理方法的发展，及时调整公司的成本管理策略，保持竞争优势。

通过以上优化建议的实施，我们相信公司将能够更加有效地管理成本，提高盈利能力，实现可持续发展。

图 3-33　ChatGPT 根据结构生成的工作总结

你

请将生成的工作总结的成本分配与核算部分扩展到300字。

ChatGPT

成本分配与核算扩展

在成本分配与核算方面，我们致力于建立全面、精细的管理体系，确保成本的准确分配和核算。首先，我们根据成本对象的不同特征，采用适当的成本分配方法。对于直接成本，我们采用直接分配法，将其直接分配给相关产品或服务；而对于间接成本，我们采用间接成本分配方法，如作业成本法、部门成本法等，通过合理的分配基础，将间接成本分摊到各个成本对象上。

在成本核算方面，我们建立了完善的核算流程和系统，确保成本数据的及时、准确地记录和汇总。每个成本项目都有相应的核算账户，记录了各项成本的发生和变动情况。同时，我们采用标准成本法和实际成本法相结合的方式进行成本核算，及时比较实际成本与标准成本的差异，并分析造成差异的原因。通过这种方式，我们可以及时发现成本偏差，并采取相应的措施加以调整和控制。

除此之外，我们还注重成本管理的透明度和可视化，定期制作成本报表和成本分析报告，向管理层和相关部门展示公司各项成本的情况和变化趋势。通过这些报表和报告，管理层可以清晰地了解公司的成本结构和成本控制情况，从而制定更加有效的管理决策，优化资源配置，提高企业的盈利能力和竞争力。

总的来说，我们致力于建立高效、精确的成本分配与核算体系，为公司的成本管理和控制提供有力支持，确保公司的长期发展和稳健增长。

图 3-34　扩展工作总结中的部分内容

提 示　ChatGPT停止生成

ChatGPT在生成长文章时，会因为各种问题突然中止，此时，用户只需要给它“继续”的指令，ChatGPT就会继续生成回复。

步骤05 如果对修改后的内容比较满意，可以打开Word文档，将生成的工作总结和扩展部分复制到文档中。单击答复区左上角的“复制”图标，然后在Word文档中粘贴即可，之后进一步美化，如图3-35所示。

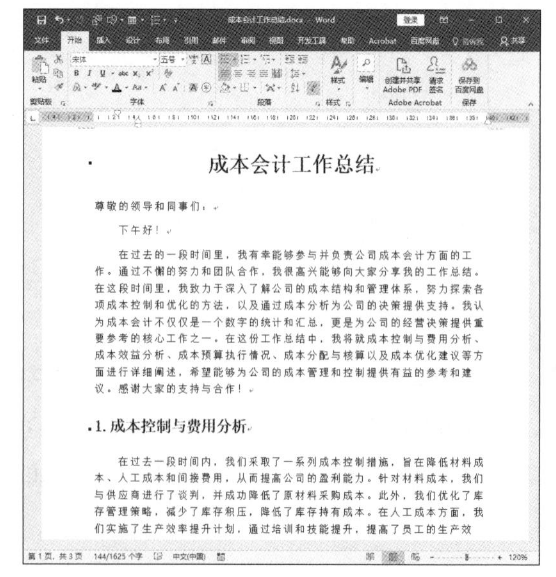

成本会计工作总结

尊敬的领导和同事们：

下午好！

在过去的一段时间里，我有幸能够参与并负责公司成本会计方面的工作。通过不懈的努力和团队合作，我很高兴能够向大家分享我的工作总结。在这段时间里，我致力于深入了解公司的成本结构和管理体系，努力探索各项成本控制和优化的方法，以及通过成本分析为公司的决策提供支持。我认为成本会计不仅仅是一个数字的统计和汇总，更是为公司的经营决策提供重要参考的核心工作之一。在这份工作总结中，我将就成本控制与费用分析、成本效益分析、成本预算执行情况、成本分配与核算以及成本优化建议等方面进行详细阐述，希望能够为公司的成本管理和控制提供有益的参考和建议。感谢大家的支持与合作！

1. 成本控制与费用分析

在过去一段时间内，我们采取了一系列成本控制措施，旨在降低材料成本、人工成本和间接费用，从而提高公司的盈利能力。针对材料成本，我们与供应商进行了谈判，并成功降低了原材料采购成本。此外，我们优化了库存管理策略，减少了库存积压，降低了库存持有成本。在人工成本方面，我们实施了生产效率提升计划，通过培训和技能提升，提高了员工的生产效

图 3-35　进一步美化

实战演练：用ChatGPT生成Excel表格

用户可以为ChatGPT提供数据以生成表格，但是ChatGPT无法直接生成Excel等二进制格式的文件，因此需要将生成的表格转化为CSV格式，然后保存为.csv格式的文件，最后转换为Excel表格。

在本案例中，ChatGPT会根据数据列标题计算出相应的数据。例如，ChatGPT会自动根据以下公式进行计算：工资总额-应扣金额=实发工资。

步骤01 在ChatGPT中输入制作报表的数据及报表的要求，如图3-36所示。

步骤02 ChatGPT会根据数据和报表要求生成表格，并且在表格的下方说明计算出“实发工资”和“合计”的算法，如图3-37所示。

你

请根据以下数据生成一份报表：

员工姓名：冷黛、孙云、赵忆文、李若山

工资总额：6850、5000、7000、5700

应扣金额：993、725、1015、826

报表要求如下：

1.包括员工姓名、工资总额、应扣金额、实发工资列；

2.根据工资总额和应扣金额计算出实发工资；

3.在报表最后一行添加“合计”，计算出实发工资的总额。

图 3-36 输入提示词

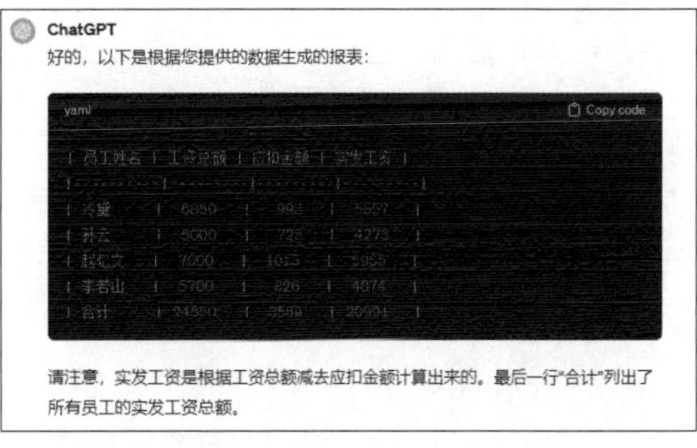

图 3-37 ChatGPT 生成的内容

步骤03 此时，用户无法将ChatGPT生成的表格复制到Excel中。还需要请求ChatGPT将生成的表格转换为CSV表格，如图3-38所示。

图 3-38 向 ChatGPT 发送转换表格的请求

步骤04 ChatGPT将报表数据转换为CSV格式，并且在下方提示将文件保存为“.csv”文件，如图3-39所示。通过文本编辑器将CSV格式的文本转换为“.csv”文件，然后使用Excel打开，进一步美化表格，如图3-40所示。

ChatGPT

以下是报表数据以CSV格式呈现：

```
Copy code

员工姓名,工资总额,应扣金额,实发工资
冷黛,6850,993,5857
孙云,5000,725,4275
赵忆文,7000,1015,5985
李若山,5700,826,4874
合计,24550,3559,20991
```

您可以将这段文本保存为.csv文件，即可得到CSV格式的表格。

图 3-39 将报表转换为 CSV 格式

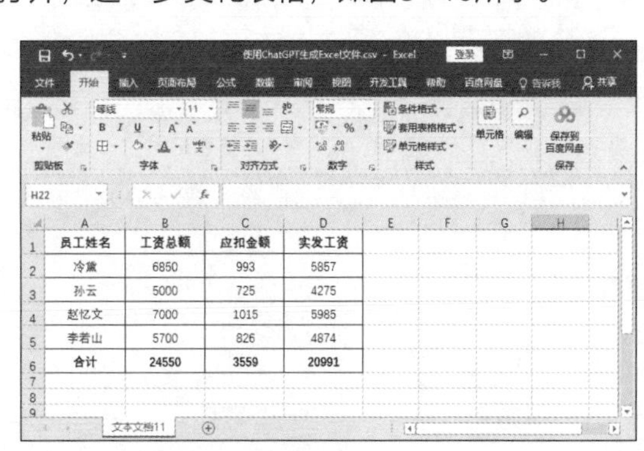

员工姓名	工资总额	应扣金额	实发工资
冷黛	6850	993	5857
孙云	5000	725	4275
赵忆文	7000	1015	5985
李若山	5700	826	4874
合计	24550	3559	20991

图 3-40 用 Excel 打开文件

第 4 章 智能文案生成工具

由ChatGPT引发的人工智能竞赛进行得如火如荼，国内外很多科技企业趁热打铁，纷纷推出了相关的智能文案生成产品。这些产品可以帮助用户生成或处理日常工作中的文案，也可以提供创建文案的灵感，提高工作质量和效率。

本章将介绍5款智能生成文案的工具，以及使用ChatGPT让Word文档自动化的方法。5款智能生成文案的工具包括Notion AI、CopyAI、文心一言、讯飞星火和Kimi Chat。这些工具基本上都是通过对话的方式了解用户的需求，并生成文案。使用智能文案生成工具时，用户也要对内容有取舍，同进还需要研究内容的真实性。

4.1 Notion AI的应用

Notion AI是Notion应用程序中内置的一个人工智能功能，它使用机器学习技术，可以帮助用户更高效地组织和管理内容。

在ChatGPT面世后不久，Notion也公布了基于CPT模型开发的AI功能，名称为Notion AI。Notion AI的主要职能是帮用户完成与文案相关的工作任务，例如撰写新闻稿、博客、邮件等。本节将介绍Notion AI的注册和登录、工作界面，以及使用方法。

4.1.1 注册并登录Notion

Notion提供Windows、macOS、iOS和Android等多种桌面操作系统和移动操作系统的客户端，但是用户使用最多的还是浏览器中网页版的Notion。本节将介绍在浏览器中注册和登录Notion的方法。

（1）注册Notion

注册Notion时，直接使用谷歌账号或Apple账号登录比较方便。用户要准备好账号，此处使用谷歌账号，下面介绍具体操作方法。

步骤01 在浏览器中打开Notion官网，进入Notion账号登录页面，可以在Email文本框中输入用来注册的邮箱，再单击“Continue”按钮。如果有谷歌或Apple账号，可以直接单击“Continue with Google”或“Continue with Apple”按钮。本案例中使用谷歌账号，所以单击“Continue with Google”按钮，如图4-1所示。

步骤02 打开“选择账号”页面，选择事先准备好的谷歌账号，如图4-2所示。

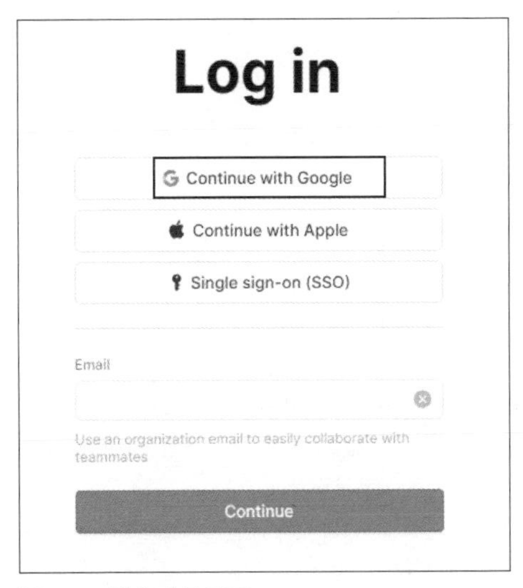

图 4-1 进入登录界面

图 4-2 进入“选择账号”页面

步骤03 接下来选择Notion使用的场景，在打开的页面中包含3个场景：For may team（团队场景）、For personal use（个人场景）或For school（学校场景）。此处选择“For personal use”，再单击“Continue”按钮，如图4-3所示。

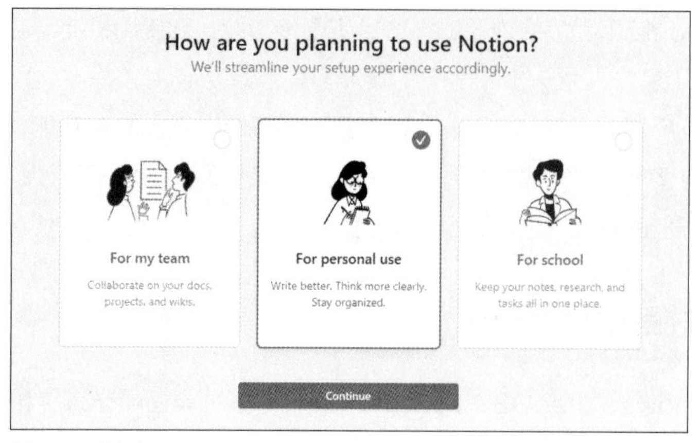

图 4-3　选择场景

至此就完成了Notion的注册，并设置了场景，接下来就可以使用它了。

（2）登录Notion

注册Notion后，再次在本台计算机中打开Notion官网，单击右上角的“登录”按钮，即可直接登录进入Notion。

4.1.2　Notion的工作界面

登录Notion后，其工作界面如图4-4所示。

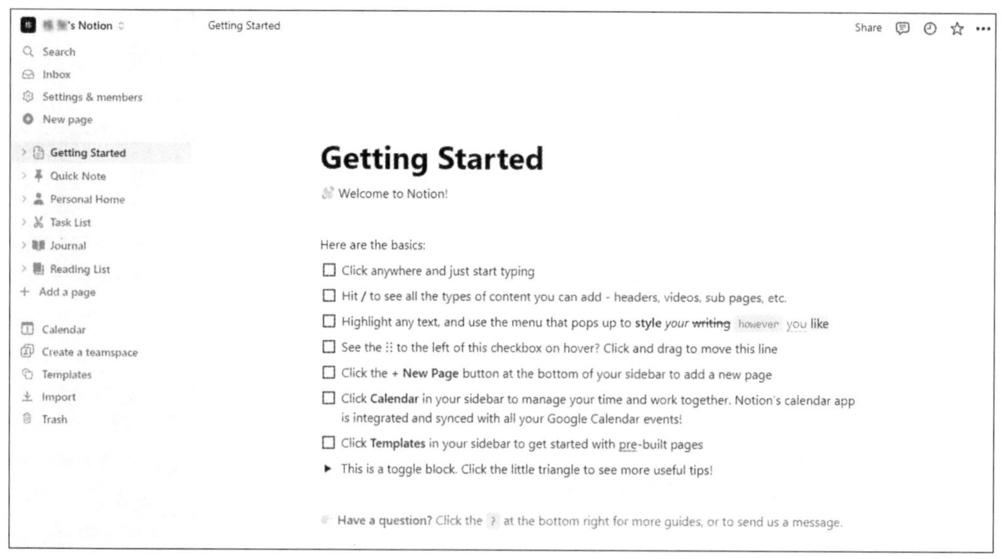

图 4-4　Notion 的工作界面

Notion的工作界面大致可以分为5部分，下面介绍各部分的含义。

◎ 账户管理及工作台协同管理：该区域用于查看账户信息、邀请其他成员加入工作台等。

◎ 页面列表：Notion以页面的形式存放和组织内容，提供了多种模板供用作套用，也可以单击“Add a page”按钮，创建空白页面。

◎ 模板管理与文档导入：用于自定义模板或选择已有模板，以及导入其他平台的资源，实现对信息的集中管理。

◎ 页面编辑区：用于编辑页面的标题和内容。

◎ 页面分享与管理：用于分享页面、查看页面的评论和编辑记录、收藏页面等。

实战演练：用Notion AI撰写创意故事

在工作中经常要求写工作总结、员工培训、产品营销、市场营销等文案，有时也会写创意的故事。下面以一只乡下的猫在城市中的所见所闻为例，撰写创意故事。

步骤01 在Notion的工作界面中单击左侧的“Add a page”按钮，创建一个新的空白页面，如图4-5所示。

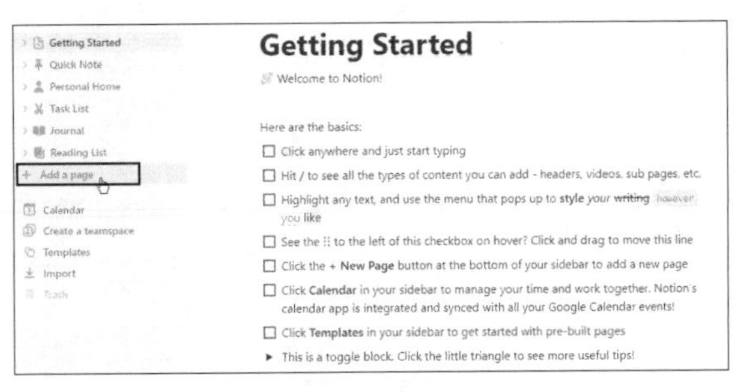

图 4-5 单击“Add a page”按钮

步骤02 在新建的面板中单击底部的“Ask AI”按钮，在弹出的页面中打开搜索框和列表，在列表中选择“Creative story”（创意故事）选项，此处选择的是本文案的主题，如图4-6所示。

图 4-6 选择文案的主题

步骤03 在搜索框中显示“Write a creative story about”文本，表示要写一个创意故事。在此文本后继续输入文案的主题，输入完成后，单击右侧的按钮进行提交，如图4-7所示。因为此处输入的标题是中文，所以Notion AI会自动用中文撰写文案。

步骤04 片刻后，Notion AI就会写出一篇结构完整的创意故事，如图4-8所示。

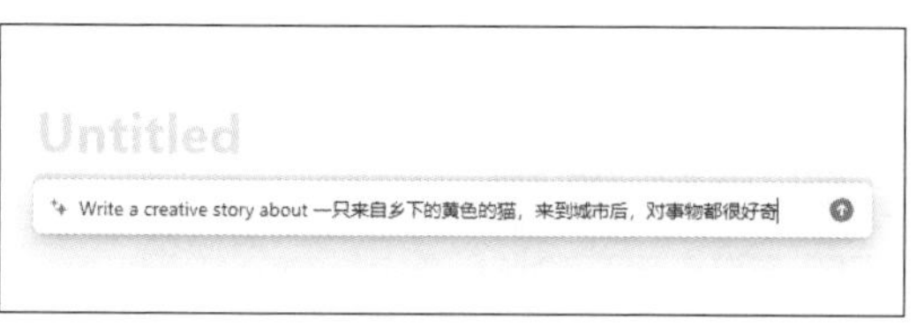

图 4-7　向 AI 发送主题

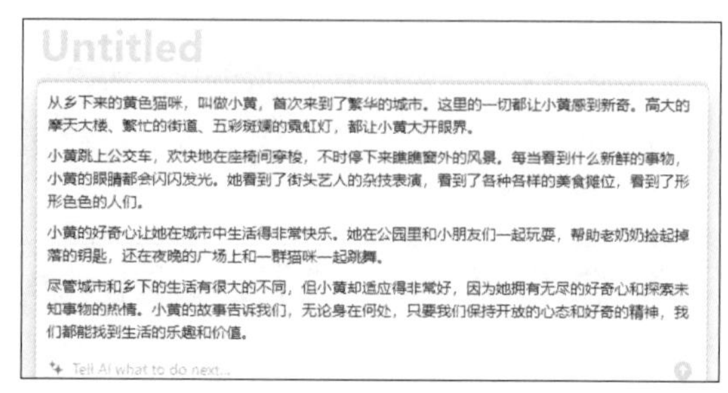
Untitled

从乡下来的黄色猫咪，叫做小黄，首次来到了繁华的城市。这里的一切都让小黄感到新奇。高大的摩天大楼、繁忙的街道、五彩斑斓的霓虹灯，都让小黄大开眼界。

小黄跳上公交车，欢快地在座椅间穿梭，不时停下来瞧瞧窗外的风景。每当看到什么新鲜的事物，小黄的眼睛都会闪闪发光。她看到了街头艺人的杂技表演，看到了各种各样的美食摊位，看到了形形色色的人们。

小黄的好奇心让她在城市中生活得非常快乐。她在公园里和小朋友们一起玩耍，帮助老奶奶捡起掉落的钥匙，还在夜晚的广场上和一群猫咪一起跳舞。

尽管城市和乡下的生活有很大的不同，但小黄却适应得非常好，因为她拥有无尽的好奇心和探索未知事物的热情。小黄的故事告诉我们，无论身在何处，只要我们保持开放的心态和好奇的精神，我们都能找到生活的乐趣和价值。

Tell AI what to do next...

图 4-8　Notion AI 写出的创意故事

步骤05 如果用户对这篇创意故事满意，则在文案左上方的显示列表中，选择“Done”选项，完成写作；如果想在原有基础上继续写作，则选择“Continue writing”选项；如果感觉字数不够，还可以选择“Make longer”选项，Notion AI就会从头重新撰写；如果对生成的文案不满意，也可以选择“Try again”选项，进行重新撰写。此处选择“Make longer”选项，撰写的故事情节和字数会更多，如图4-9所示。

在中国的深深乡下，住着一只可爱的黄色猫咪，她名叫小黄。小黄一直在乡下生活，对那里的一切都已经非常熟悉。但是她对未知的世界充满了好奇，于是有一天她决定离开乡下，去到繁华的城市看看。

小黄刚刚踏上城市的土地，就被眼前的一切所震撼。头顶高耸的摩天大楼、疾驰而过的汽车、五光十色的霓虹灯，都给小黄带来了前所未有的新鲜感。她的眼睛一瞬间就被这繁华的城市吸引住了。

小黄好奇地跳上了一辆公交车，开始了她的城市之旅。她在座椅上跳来跳去，不时停下来看看窗外的风景。每看到一样新鲜的事物，小黄的眼睛都会闪烁着光芒。她看到了街头艺人的精彩表演，看到了各种各样的美食摊位，看到了形形色色的人们。

小黄的好奇心让她在城市中生活得非常快乐。她在公园里和小朋友们一起玩耍，她帮助老奶奶捡起掉落的钥匙，她还在夜晚的广场上和一群猫咪一起跳舞。小黄的生活充满了乐趣，她的好奇心把每一天都变得新鲜有趣。

然而，城市和乡下的生活是截然不同的。但是小黄却适应得非常好，她的好奇心和对未知事物的热爱让她能够在城市中找到乐趣。她的故事告诉我们，无论身在何处，只要我们保持开放的心态和好奇的精神，我们都能找到生活的乐趣和价值。

小黄的故事还在继续，她的每一天都充满了新的发现和冒险。她的好奇心和对未知世界的热爱，使她在城市中找到了属于自己的一片天地。小黄的故事告诉我们，只要有好奇心，我们都可以找到生活的美好。

图 4-9　重新生成的创意故事

实战演练：用Notion AI从大纲开始撰写文案

用户在撰写文案时，通常要先确定大纲，然后再具体细化文案。下面以“介绍人工智能”的文章为例，介绍具体操作。

步骤01 新建页面，将光标定位到页面中，按空格键，在打开的列表中选择“Outline”（大纲）选项，然后输入大纲的要求。也可以直接在文本框输入指令，让Notion AI生成大纲，如图4-10所示。

Untitled

写一篇介绍人工智能的文本，请先列一个大纲

图 4-10　输入文案大纲要求

步骤02 然后Notion AI会生成介绍人工智能的大纲，其中包括人工智能的定义和历史、类型和应用，以及展望未来，选择“Done”选项，如图4-11所示。

步骤03 根据生成的大纲撰写文案。选择生成的大纲，单击“Ask AI”按钮，在文本框中输入指令，让Notion AI根据大纲撰写文案，如图4-12所示。

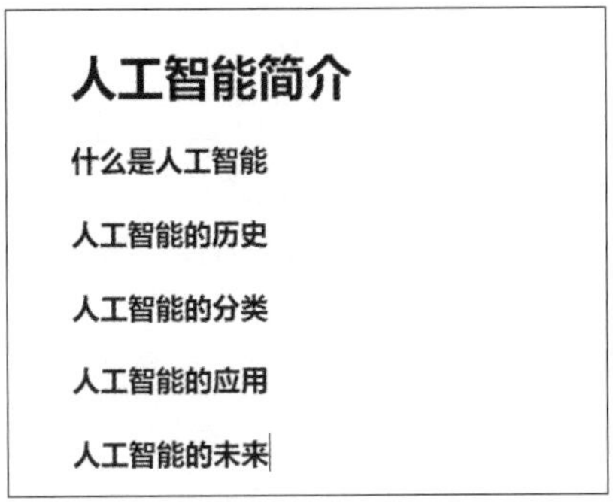

人工智能简介
什么是人工智能
人工智能的历史
人工智能的分类
人工智能的应用
人工智能的未来

图 4-11 生成的大纲

人工智能简介
什么是人工智能
人工智能的历史
人工智能的分类
人工智能的应用
人工智能的未来
根据大纲撰写文案

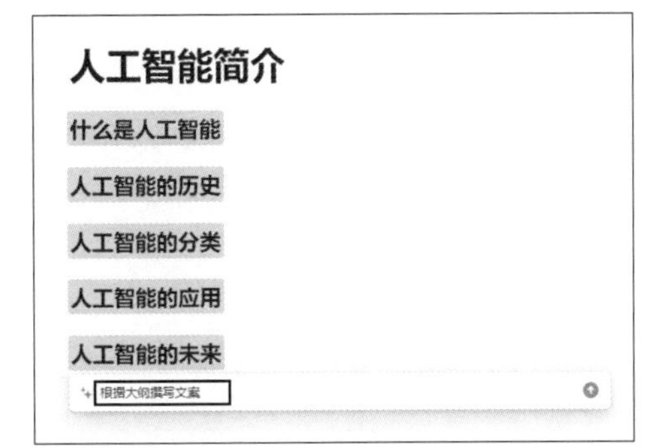

图 4-12 输入指令

步骤04 片刻后，Notion AI生成了一篇关于人工智能的文案，如图4-13所示。

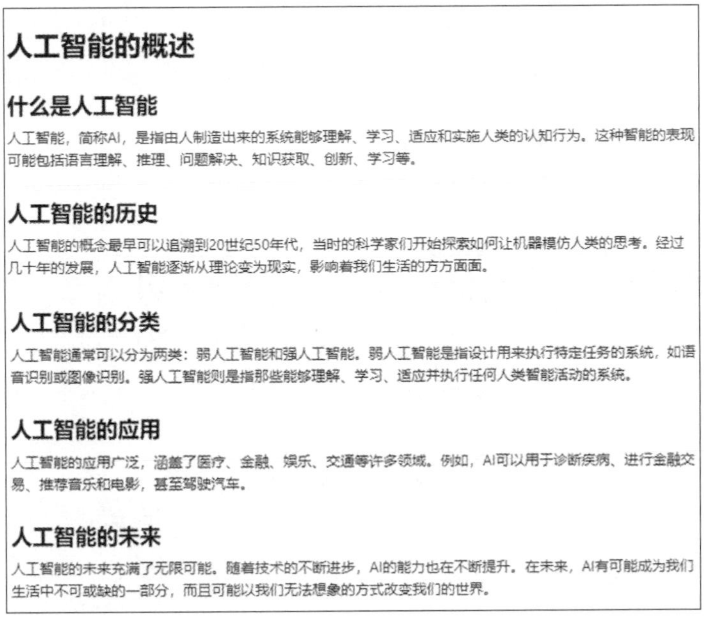

人工智能的概述
什么是人工智能
人工智能，简称AI，是指由人制造出来的系统能够理解、学习、适应和实施人类的认知行为。这种智能的表现可能包括语言理解、推理、问题解决、知识获取、创新、学习等。
人工智能的历史
人工智能的概念最早可以追溯到20世纪50年代，当时的科学家们开始探索如何让机器模仿人类的思考。经过几十年的发展，人工智能逐渐从理论变为现实，影响着我们生活的方方面面。
人工智能的分类
人工智能通常可以分为两类：弱人工智能和强人工智能。弱人工智能是指设计用来执行特定任务的系统，如语音识别或图像识别。强人工智能则是指那些能够理解、学习、适应并执行任何人类智能活动的系统。
人工智能的应用
人工智能的应用广泛，涵盖了医疗、金融、娱乐、交通等许多领域。例如，AI可以用于诊断疾病、进行金融交易、推荐音乐和电影，甚至驾驶汽车。
人工智能的未来
人工智能的未来充满了无限可能。随着技术的不断进步，AI的能力也在不断提升。在未来，AI有可能成为我们生活中不可或缺的一部分，而且可能以我们无法想象的方式改变我们的世界。

图 4-13 生成文案

提 示 **快速调出Ask AI的列表**

在本案例是通过单击页面下方的“Ask AI”按钮，弹出对应的列表。也可以在页面中按空格键，打开上述列表。

步骤05 用户可以扩写部分内容，选择“人工智能的应用”中的内容，单击“Ask AI”按钮，在列表中选择“Make longer”选项，如图4-14所示。

步骤06 此时在选中内容的下方会显示扩写的内容。在列表中选择“Replace selection”选项，将扩写的内容覆盖原有的内容，如图4-15所示。

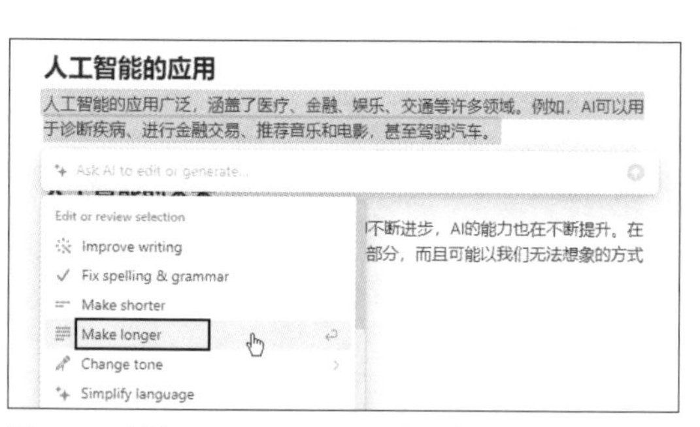

图 4-14　选择“Make longer”选项进行扩写文案

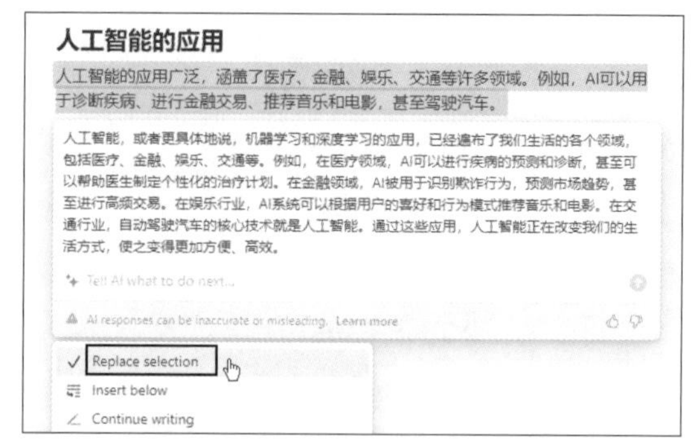

图 4-15　选择“Replace selection”选项覆盖原有内容

提示　缩写文案/手动修改

如果用户需要缩写文案，在选择相应的内容后，单击“Ask AI”按钮，在列表中选择“Make shorter”选项即可。生成文案后，也可以在Notion AI中手动修改文案。将光标定位在文案中需要修改的位置，然后直接修改即可。

实战演练：用Notion AI生成流程图

本案例会使用Notion AI将商品发布会的文本流程生成流程图，然后根据需要进行修改，具体操作方法如下。

步骤01 新建页面，将光标定位在页面中，然后输入商品发布会流程的内容，如图4-16所示。

步骤02 选择商品发布会的内容，单击“Ask AI”按钮，然后输入“生成mermaid语法的流程图”指令，如下页图4-17所示。

步骤03 按Enter键发送指令，此时Notion AI将生成商品发布会的流程图，在列表中选择“Insert below”选项，将流程图插入到页面中，如下页图4-18所示。

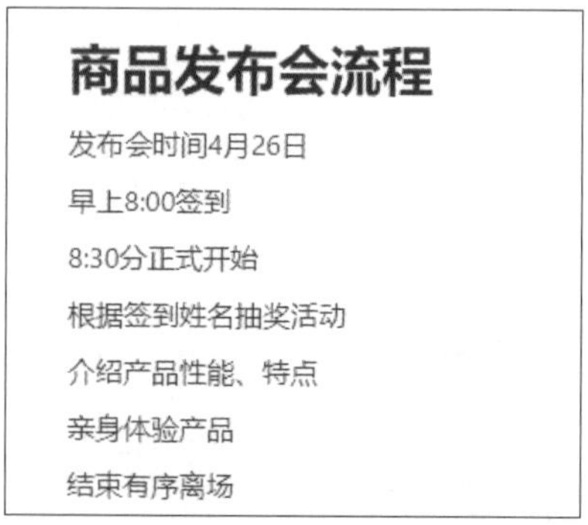

商品发布会流程

发布会时间4月26日

早上8:00签到

8:30分正式开始

根据签到姓名抽奖活动

介绍产品性能、特点

亲身体验产品

结束有序离场

图 4-16　输入商品发布会流程的内容

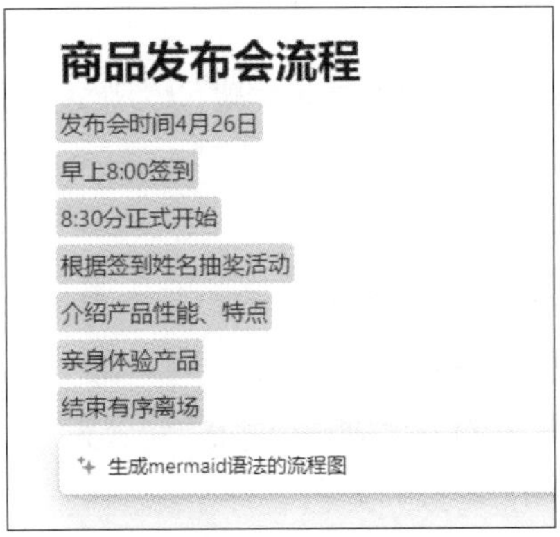

商品发布会流程
发布会时间4月26日
早上8:00签到
8:30分正式开始
根据签到姓名抽奖活动
介绍产品性能、特点
亲身体验产品
结束有序离场
生成mermaid语法的流程图

图 4-17　输入指令

graph TB
A(发布会时间4月26日) --> B(早上8:00签到)
B --> C(8:30分正式开始)
C --> D(根据签到姓名抽奖活动)
D --> E(介绍产品性能、特点)
E --> F(亲身体验产品)
F --> G(结束有序离场)
发布会时间4月26日
早上8:00签到
8:30分正式开始
根据签到姓名抽奖活动
介绍产品性能、特点
亲身体验产品
结束有序离场

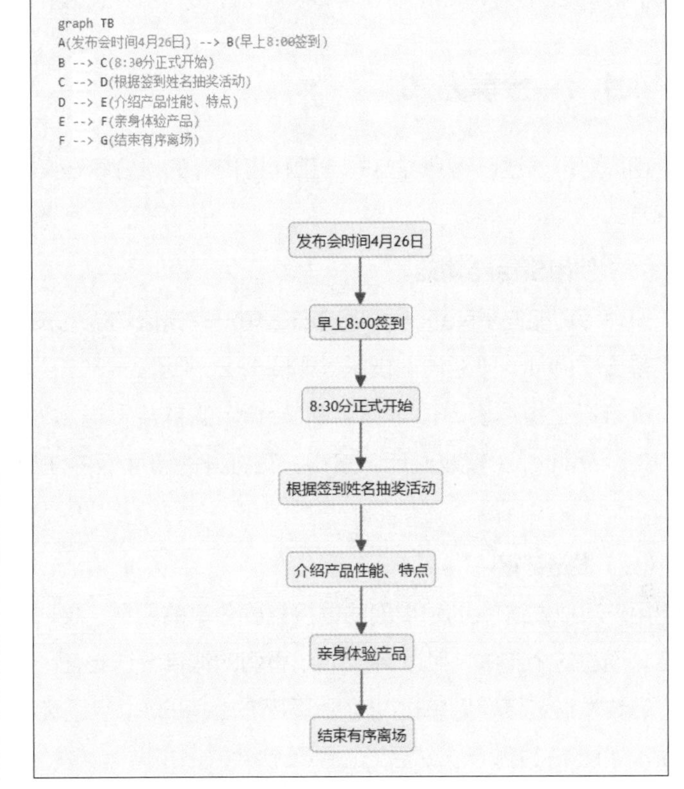

图 4-18　生成流程图

步骤04 用户还可以根据需求修改代码，进一步设置流程图，如图4-19所示。

graph TB
A(发布会时间4月26日) --> B(早上8:00签到)
B --> C(8:30分正式开始)
C --> D(根据签到姓名抽奖活动)
C --> E(介绍产品性能、特点)
C --> F(亲身体验产品)
C --> G(结束有序离场)
发布会时间4月26日
早上8:00签到
8:30分正式开始
根据签到姓名抽奖活动
介绍产品性能、特点
亲身体验产品
结束有序离场

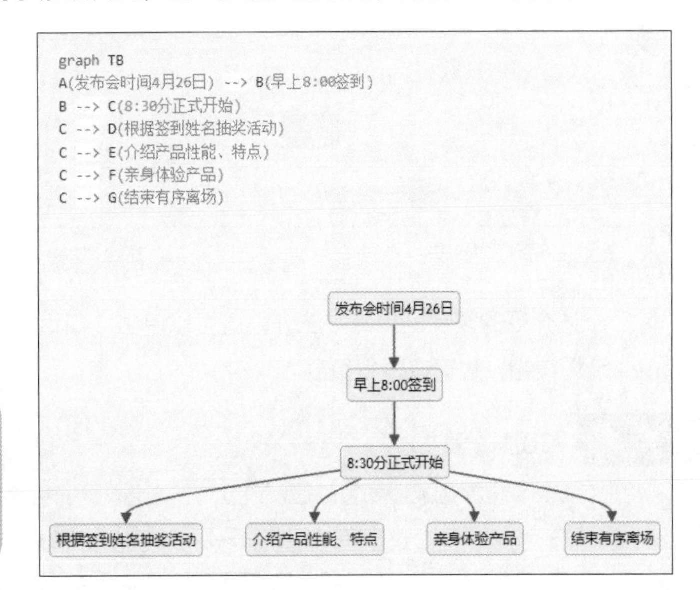

图 4-19　进一步设置流程图

提 示　制作思维导图

用户可以根据生成流程图的方法制作思维导图，同样需要使用mermaid语法来生成。

通过以上3个实战演练，用户能学会使用Notion AI撰写创意故事、从大纲开始撰写文案和生成流程图。除此之外，Notion AI还有很多功能，例如总结、翻译等，用户可以根据需要使用Notion AI。

4.1.3 分享方式

用户可以通过以下几种方式与工作区内外的人分享在Notion中建立的页面内容，下面介绍具体的分享方式。

（1）使用Share功能

Share功能位于Notion面板的右上角，单击该功能的按钮后，在弹出的界面中输入对方的邮箱地址，单击“Invite”（邀请）按钮，如图4-20所示。

执行以上操作后，即可将当前Notion的链接发送到对方的邮箱中。对方接收到邮件后，单击“Accept invite”（接收邀请）按钮，在打开的新面板中注册Notion账号并登录后就可以浏览页面内容了。

（2）发送链接

用户可以发送Notion页面的链接给要分享的朋友，接收到链接后，单击该链接即可访问该页面的内容。通过这个方法，可以将Notion页面的链接发送给任何想要分享的人。

想要发送链接，则单击Notion页面右上角的3个点图标…，在打开的列表中选择“Copy link”选项，如图4-21所示。然后通过聊天软件，例如微信，发送给想要分享的人。

图 4-20　邀请分享页面内容

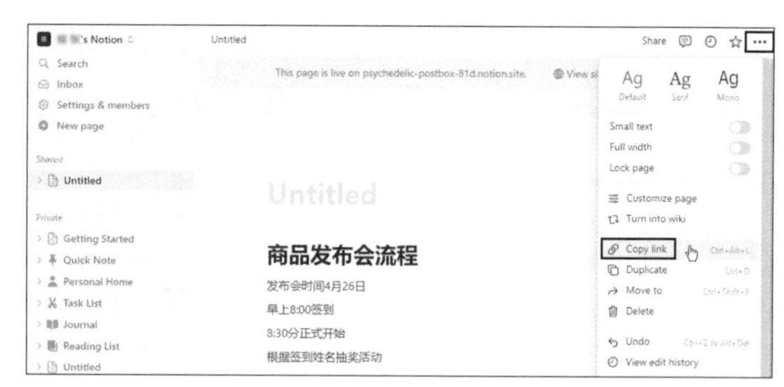

图 4-21　选择“Copy link”选项进行链接分享

除了上述介绍的复制链接的方法外，还可以单击“Share”按钮，在打开的页面中单击右上角的“Copy link”按钮，也可以进行复制。

提 示　与团队分享

用户可以将要分享的人添加为成员，通过工作区与Notion中的其他人进行合作，这些人可以是工作中朋友、同事，或合作伙伴。但是这种方法仅限于Notion的For my team和For school两种场景，此处不再介绍。

4.2 使用CopyAI撰写红酒品牌推广文案

CopyAI是一款强大的AI文案工具，它能利用先进的自然语言处理技术和机器学习算法，帮助用户快速生成高质量、富有创意的文案内容。无论用户是广告人、营销人员、内容创作者还是其他行业的从业者，CopyAI都能提供强大的文案支持。

要使用CopyAI，首先进入CopyAI官网进行注册，完成简单的问卷调查即可使用。以下操作是将该网站翻译为中文后进行的，接下来介绍生成红酒品牌推广文案的方法。

步骤01 注册并登录后，将“团队空间”设置为“一般的”，在“工作流程库”中选择生成文案的模板，本案例中选择“打造品牌战略”模板，如图4-22所示。

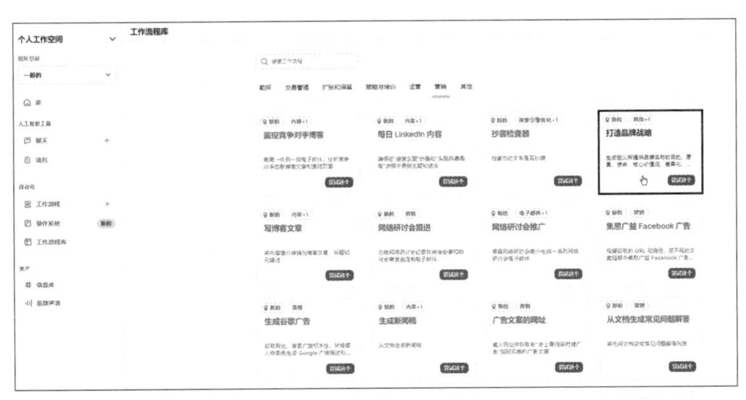

图 4-22 选择生成文案的模板

提 示 CopyAI的模板

CopyAI将产品模板分为7大类，分别是商务、职场、HR、市场、个人、地产、销售，每类都有专属模板。这些模板可以满足用户日常工作的需要，此处就不再一一介绍各个模板的使用方法，请用户根据本案例自行生成文案。

步骤02 进入“运行工作流程”界面，在“品牌概况”文本框中输入提示词，包括对红酒的简单描述，然后单击“运行工作流”按钮，如图4-23所示。

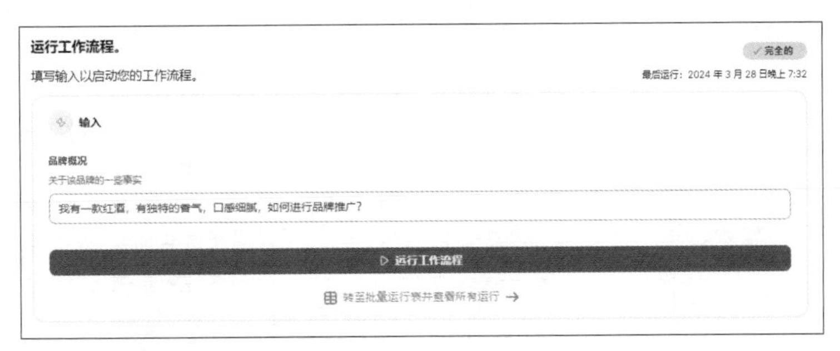

图 4-23 添加提示词

步骤03 然后在“结果”区域，将显示从7个方面生成的红酒品牌推广文案，包括品牌宗旨、愿景、使命、核心价值、差异化、个性和故事。CopyAI将逐个生成对应的文本，如图4-24所示。

接着单击对应的“复制”按钮，然后再粘贴到Word文档中，适当对文本进行美化，即可完成红酒品牌推广文案。

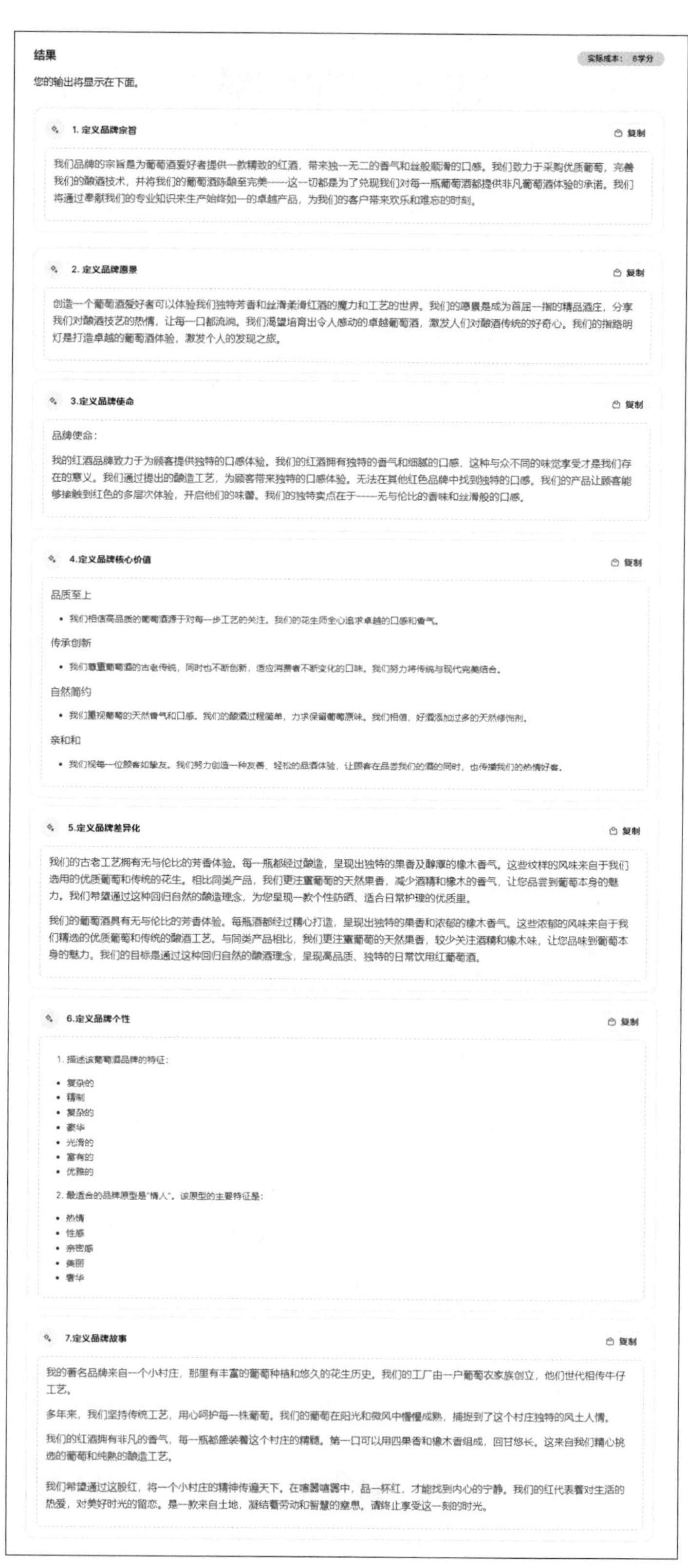

图 4-24　从 7 个方面生成品牌推广文案

4.3　文心一言的应用

文心一言是百度全新一代知识增强大语言模型，能够与人对话互动、回答问题、协助创作，可以高效便捷地帮助人们获取信息、知识和灵感。

文心一言作为扎根于中国市场的大语言模型，具备中文领域最先进的自然语言处理能力，在中文语言和中国文化上有更好的表现。

使用文心一言和其他AI工具一样，需要注册并登录。在浏览器中进入文心一言的官网，单击右上角“立即登录”按钮，在弹出的界面中单击“立即注册”按钮，然后根据提示输入个人信息进行注册。单击“开始体验”按钮，即可进入文心一言，并与其进行对话，如图4-25所示。

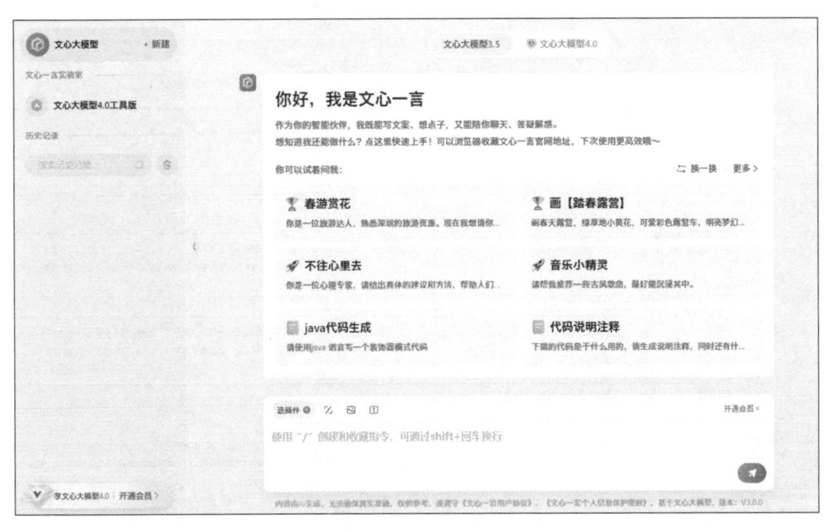

图 4-25　文心一言界面

目前，文心一言是文心大模型3.5版本，相比3.0版本，它在创作、问答、推理和代码能力上实现了全面升级，安全性显著提升，训练和推理速度也大幅提升。如果要将文心一言升级成文心大模型4.0版本，则需要支付一定的费用。文心大模型4.0在理解、生成、逻辑、记忆等能力上相比3.5版本有了更进一步的提升，并在多个关键技术方向上进行了创新突破。用户可以根据个人需要选择是否升级为4.0版本。

实战演练：用文心一言撰写会议纪要

会议纪要是在会议记录基础上经过加工、整理出来的一种记叙性和介绍性的文件。会议纪要通常包括会议的基本情况、主要精神及议定事项。在撰写会议纪要时，应注意客观真实、简明扼要、条理清晰，确保能够准确传达会议的主要内容和精神。同时，会议纪要还需要经过相关人员的审核和确认，以确保其内容的准确性和权威性。

下面给文心一言发送本次会议的相关情况，并在指令中要求会议纪要包含的内容，让它自动生成一份会议纪要。具体操作如下。

步骤01 在文心一言界面的下方提示词输入框中输入本次会议的相关内容，然后按Enter键或单击右侧按钮，如图4-26所示。

步骤02 文心一言会自动根据提示的内容生成会议纪要，其中包含了在提示词中要求的5部分，如图4-27所示。

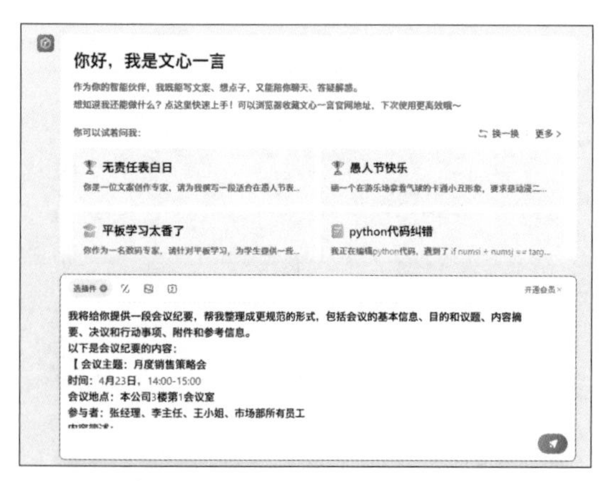

图 4-26　输入提示词

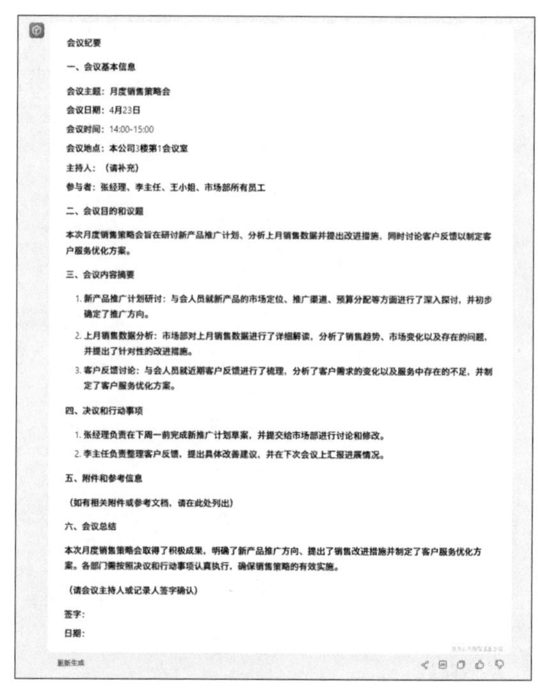

图 4-27　生成会议纪要

步骤03 在撰写会议纪要时，可以添加对应的图标，使文案风格更活泼。在提示词输入框中，要求文心一言在生成的会议纪要中添加对应的图标。图4-28中展示了部分内容。可见添加的图标与对应的文本是相符的。

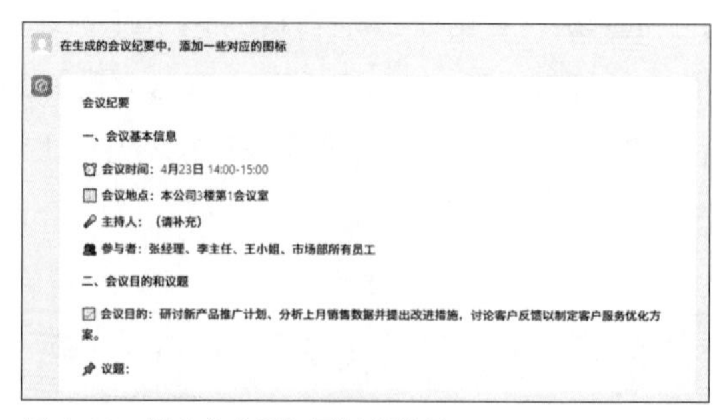

图 4-28　部分文本添加图标的效果

使用文心一言生成会议纪要后，如果对内容不满意，可以单击左下角的“重新生成”按钮，重新生成相关内容。如果对内容很满意，可以单击右下角的“复制”按钮，然后粘贴到Word文档中。

实战演练：用文心一言撰写西游记中的小故事

本示例将以一名幼儿园老师的身份，要求文心一言写一篇西游记中的小故事，该故事要适合讲述给小朋友听，语言要通俗易懂。下面介绍具体操作方法。

步骤01 在提示词输入框中输入“你好！请帮我列举《西游记》中3个适合讲给小朋友听的精彩故事”文本，按Enter键，然后文心一言列举了“孙悟空三打白骨精”“猪八戒吃西瓜”和“孙悟空大闹天宫”3个故事，如图4-29所示。

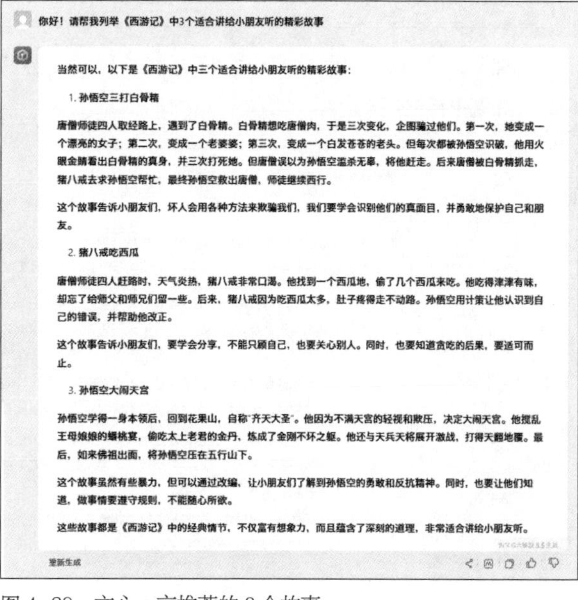

图 4-29　文心一言推荐的 3 个故事

步骤02 在列举的3个故事中，要是想向小朋友们介绍“孙悟空三打白骨精”，就继续向文心一言发送指令，让其写一篇小故事。生成的故事如图4-30所示。

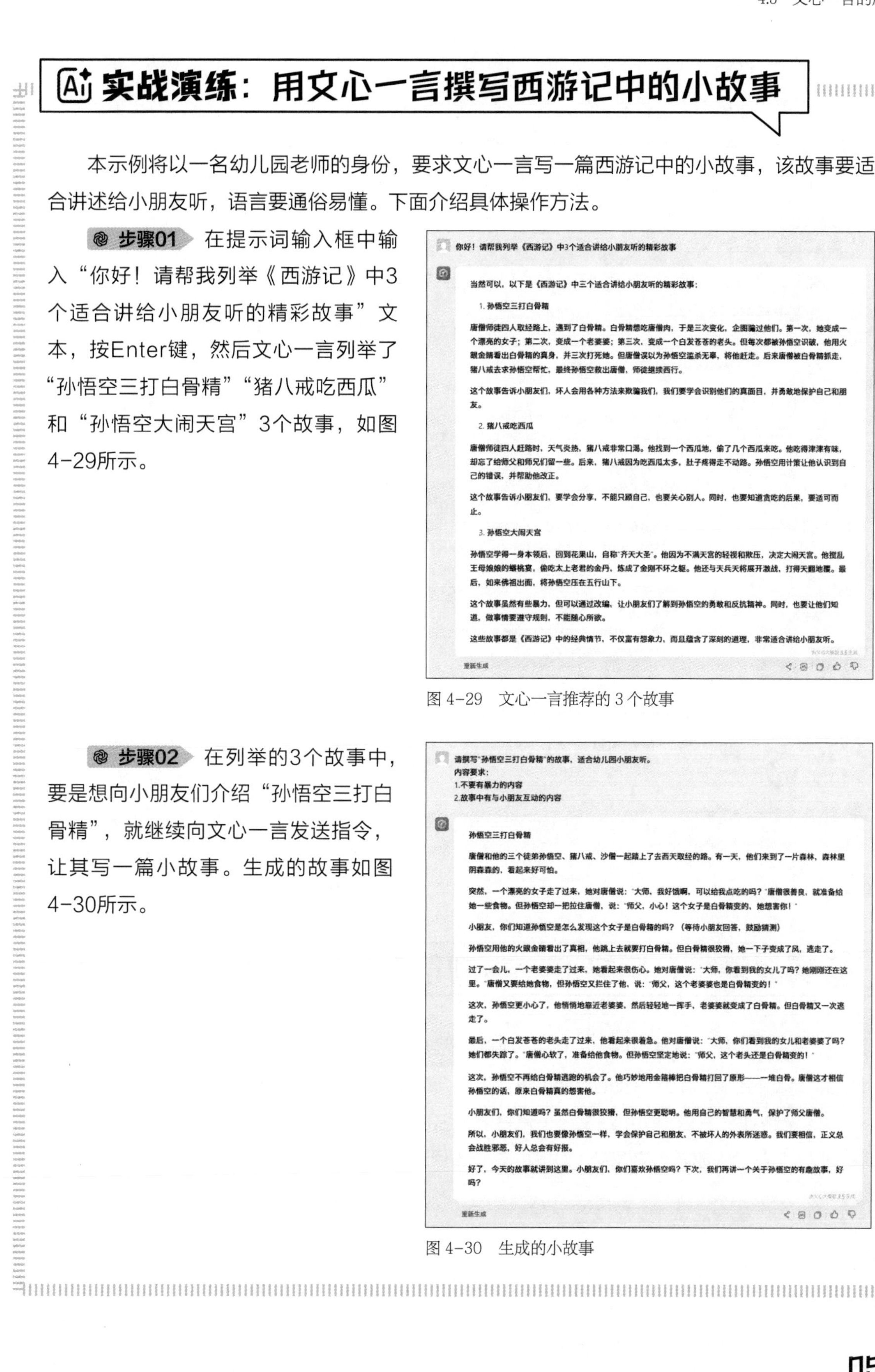

图 4-30　生成的小故事

在生成的故事中，没有暴力的内容，但有可以与小朋友们进行互动的内容。整体语言通俗易懂，故事中的一些人物对话还增加了故事的趣味性。在故事的结尾处有故事总结，并介绍了从故事中可以学到的道理。文章的整体结构和逻辑清晰，内容全面，效果理想。

提 示　总结内容

文心一言还可以帮助用户总结书的重点内容，例如，让文心一言总结《战争与和平》这本书的内容，如图4-31所示。

请帮我总结《战争与和平》这本书的重点内容

《战争与和平》是一部由列夫·托尔斯泰创作的经典小说，它重点描述了19世纪初俄国社会的历史变迁以及拿破仑战争期间的战争与和平主题。以下是这本书的重点内容总结：

1. 历史背景与战争描绘：小说以1812年拿破仑入侵俄国为中心，详细描绘了奥斯特利茨大战、波罗底诺会战、莫斯科大火以及拿破仑的溃退等重大历史事件。托尔斯泰通过这些战争场面的描写，展示了战争的残酷、荒谬和无情。
2. 社会与家庭描写：除了战争场景，小说还聚焦于多个贵族家庭的生活和命运，深入探讨了军事、政治、爱情、家庭等多个方面。通过对这些家庭的描绘，托尔斯泰全景式地展现了19世纪初俄国社会的面貌和变迁。
3. 人性与道德的探讨：托尔斯泰在小说中深入探讨了人性、自由意志、道德等深刻问题。他认为战争是由个人的欲望和错误决策导致的，而不是由历史大势所决定。他强调了和平是人类追求的理想状态，并对战争中的苦难和牺牲表示了深切同情。
4. 艺术手法与心理描写：托尔斯泰以其独特的艺术手法，如内心独白，深入刻画了人物的心理活动和情感变化。这种描写方式不仅增强了作品的厚重感和艺术表现力，还使读者能够更深入地理解每个角色的感受和思想。
5. 核心思想：小说的核心思想是对人类历史和人类本性的深刻思考和探讨。托尔斯泰在书中强调了生命的可贵，呼唤人类的和平，并表达了对正义和仁爱的追求。

综上所述，《战争与和平》是一部兼具历史、社会、心理和哲学深度的作品，它通过对战争与和平主题的探讨，揭示了人性的复杂性和多面性，并为后世文学和思想产生了深远影响。

由文心大模型 3.5 生成

图 4-31　总结书的重点内容

实战演练：用文心一言制作个人简历

个人简历在职业发展和求职过程中起到很重要的作用，它是求职者向招聘者展示自己的专业技能、工作经验和个人品质的重要工具。下面介绍使用文心一言制作个人简历的操作方法。

步骤01　在提示词中让文心一言扮演一名简历优化师的角色，并提供简历的框架。然后文心一言就会生成简历的框架，如下页图4-32所示。

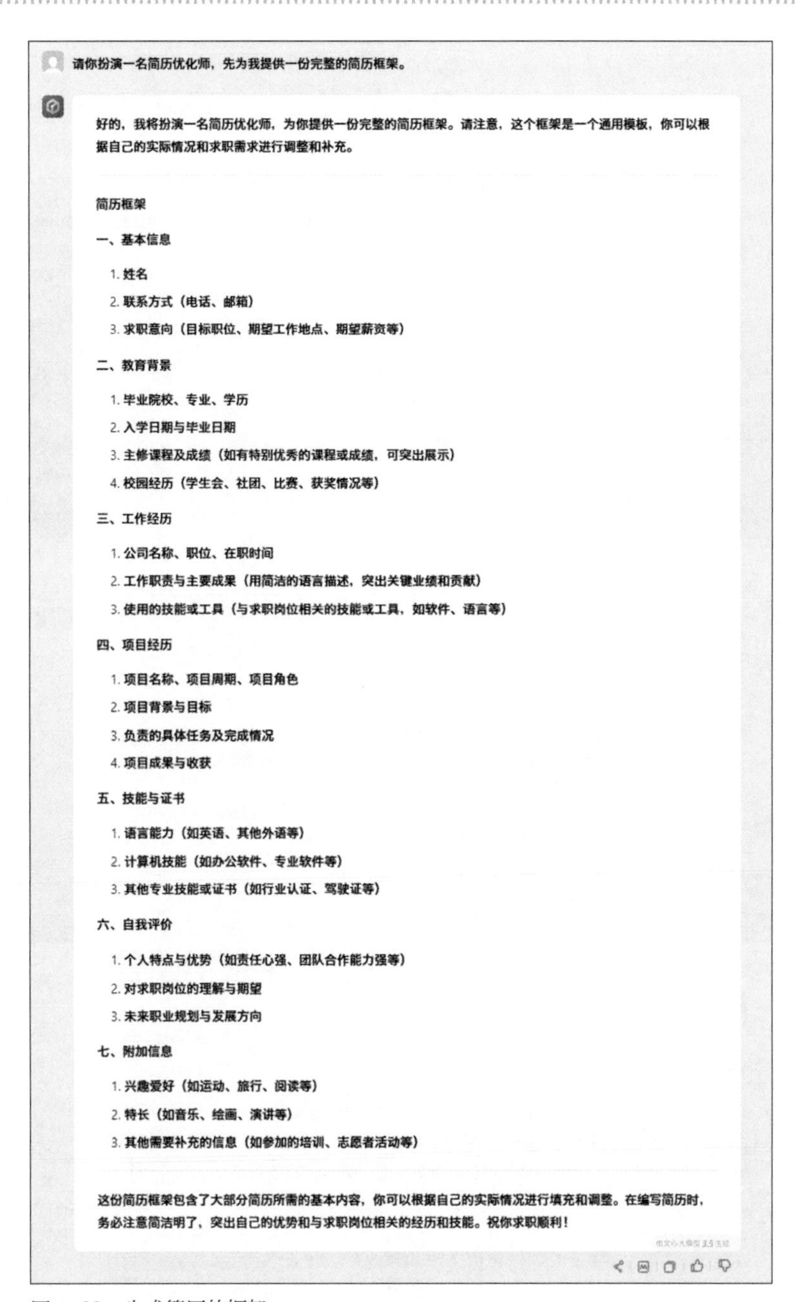

图 4-32　生成简历的框架

步骤02 复制生成的个人简历框架，根据个人具体情况填写相关信息，并让文心一言根据输入的信息生成个人简历。然后文心一言会根据输入信息有条理地整理和总结，并生成简历的内容。例如文心一言会将一段文本归纳为几点分别进行介绍。下页图4-33左侧为输入的信息，右侧为文心一言生成的内容。

三、工作经历

公司名称：中国xxx公司
职位：新媒体运营专员
在职时间:1年3个月
工作职责与主要成果:
参与运营公司教育领域新媒体，粉丝超100万；带领团队运营"吃go"账号，1个月达到25万阅读量；分析后台运营数据，累计分析10w+
使用的技能或工具:
熟练使用Excel进行数据分析；PS制作各种图像；熟练各种视频剪辑软件；英语六级

三、工作经历

公司名称：中国xxx公司

职位：新媒体运营专员

在职时间：1年3个月

工作职责与主要成果：

1. 负责运营公司教育领域新媒体账号，通过精心策划内容，成功吸引并维护粉丝超100万。
2. 带领团队运营"吃go"账号，通过精准定位目标用户群体，1个月内实现25万阅读量，显著提升了品牌影响力。
3. 深入分析后台运营数据，累计分析数据超过10万条，为运营策略调整提供了有力支持。

使用的技能或工具：

- 熟练使用Excel进行数据分析，有效提取运营数据中的关键信息。
- 精通PS制作各种图像，为新媒体内容提供美观的视觉呈现。
- 熟练掌握各种视频剪辑软件，能够高效完成视频内容的编辑与制作。
- 英语六级，具备良好的英语听说读写能力，能够进行跨文化沟通与合作。

图 4-33　输入的信息和生成的内容

步骤03 为了使简历更符合应聘职位的要求，用户可以让文心一言根据提供的岗位要求进一步优化简历。输入的提示词如图4-34所示。

根据应聘岗位的要求进一步优化以上个人简历，岗位要求如下：
1.性格活泼，思维清晰，沟通能力强、有责任心和带来心
2.有1年以上新媒体运营岗位的经验
3.掌握Office办公软件的应用，会PS、Ai等平面设计软件
4.熟练掌握视频编辑软件

图 4-34　输入的提示词

步骤04 文心一言会根据提供的岗位要求，将“使用的技能或工具”和“四、技能与证书”的文本内容进行优化，如图4-35所示。

使用的技能或工具：

- 熟练使用Office办公软件，能够高效完成各种文档处理和数据分析工作。
- 精通PS、Ai等平面设计软件，为新媒体内容提供美观、专业的视觉呈现。
- 熟练掌握视频编辑软件，能够独立完成视频内容的剪辑、特效添加和后期处理。

四、技能与证书

- 语言能力：具备良好的英语听说读写能力，能够进行跨文化沟通与合作。
- 计算机技能：除了熟练掌握Office办公软件外，还精通PS、Ai等平面设计软件和视频编辑软件，具备全面的新媒体运营技能。

图 4-35　优化简历

文心一言生成简历后，在简历下方会显示对岗位要求的解读。最后将生成的最终简历复制并粘贴到Word文档中，再进一步美化，就能得到优美的简历。

4.4　讯飞星火认知大模型

讯飞星火认知大模型是科大讯飞自主研发的一种基于深度神经网络的大规模预训练语言模型（PLM）。该模型具有跨领域多任务的类人理解和生成能力，能够实现基于自然对话方式的用户需求理解和任务执行。

讯飞星火认知大模型有7大核心能力，包括文本生成、语言理解、知识问答、逻辑推理、数学能力、代码能力、多模交互等7大核心能力。

机器翻译也是讯飞星火的核心能力之一。讯飞星火支持多种语言的输出，包括中文、英语、日语等。图4-36为讯飞星火使用英语介绍人工智能的3项优势。

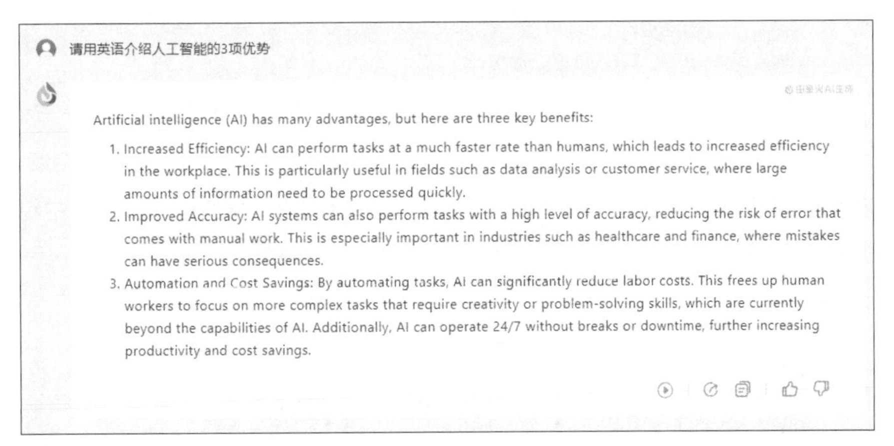

图 4-36　使用英语输出

讯飞星火自发布之日起就免费面向公众，国内的用户可以直接在浏览器中搜索“讯飞星火”，然后进入官网注册并登录，即可使用。讯飞星火认知大模型的对话界面，如图4-37所示。

图 4-37　讯飞星火认知大模型的对话界面

实战演练：用讯飞星火制作推广文案

推广文案，作为一种营销工具，旨在通过各种传播渠道向目标受众传递产品或服务的信息，以激发其购买欲望或增强品牌认知。

本案例中用户将模拟电商公司的市场营销人员，根据“夏日狂欢购，让你乐不停”的主题写一篇推广文案，最后再生成短视频脚本。下面介绍具体操作方法。

步骤01 打开讯飞星火认知大模型的对话界面，输入提示词，首先确认角色，接着输入要求以及内容，如图4-38所示。

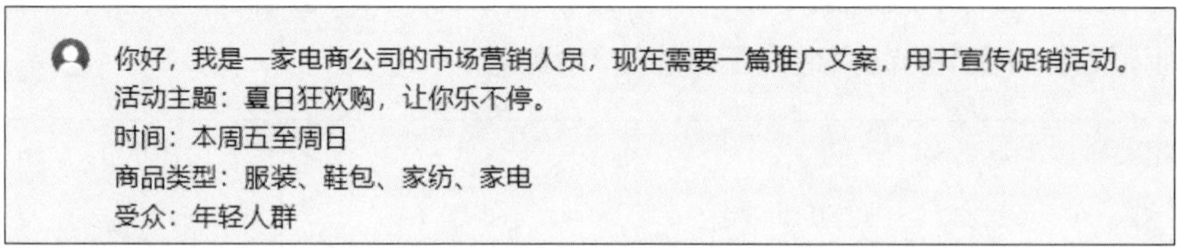

你好，我是一家电商公司的市场营销人员，现在需要一篇推广文案，用于宣传促销活动。
活动主题：夏日狂欢购，让你乐不停。
时间：本周五至周日
商品类型：服装、鞋包、家纺、家电
受众：年轻人群

图 4-38　输入提示词

步骤02 按Enter键后，讯飞星火将根据相关信息撰写一篇推广文案，其中包含提供的信息，如图4-39所示。

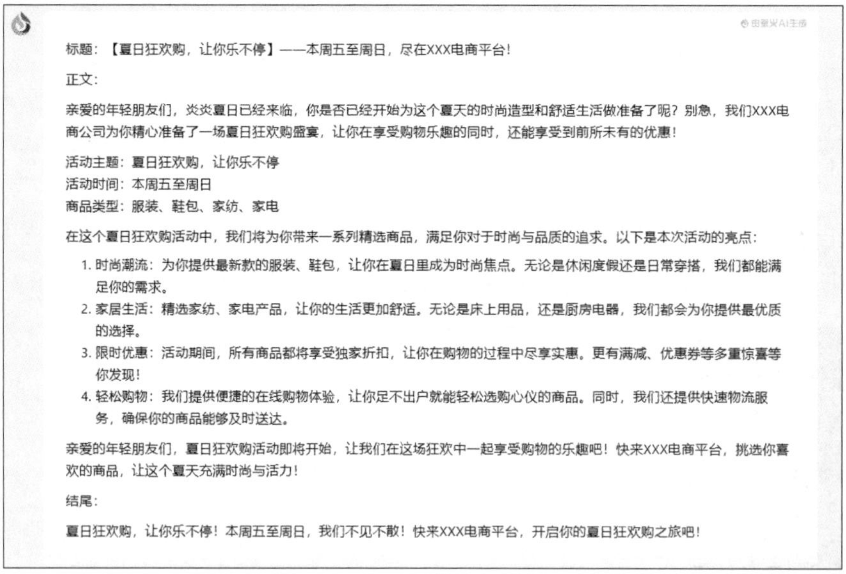

标题：【夏日狂欢购，让你乐不停】——本周五至周日，尽在XXX电商平台！

正文：

亲爱的年轻朋友们，炎炎夏日已经来临，你是否已经开始为这个夏天的时尚造型和舒适生活做准备了呢？别急，我们XXX电商公司为你精心准备了一场夏日狂欢购盛宴，让你在享受购物乐趣的同时，还能享受到前所未有的优惠！

活动主题：夏日狂欢购，让你乐不停
活动时间：本周五至周日
商品类型：服装、鞋包、家纺、家电

在这个夏日狂欢购活动中，我们将为你带来一系列精选商品，满足你对于时尚与品质的追求。以下是本次活动的亮点：

1. 时尚潮流：为你提供最新款的服装、鞋包，让你在夏日里成为时尚焦点。无论是休闲度假还是日常穿搭，我们都能满足你的需求。
2. 家居生活：精选家纺、家电产品，让你的生活更加舒适。无论是床上用品，还是厨房电器，我们都会为你提供最优质的选择。
3. 限时优惠：活动期间，所有商品都将享受独家折扣，让你在购物的过程中尽享实惠。更有满减、优惠券等多重惊喜等你发现！
4. 轻松购物：我们提供便捷的在线购物体验，让你足不出户就能轻松选购心仪的商品。同时，我们还提供快速物流服务，确保你的商品能够及时送达。

亲爱的年轻朋友们，夏日狂欢购活动即将开始，让我们在这场狂欢中一起享受购物的乐趣吧！快来XXX电商平台，挑选你喜欢的商品，让这个夏天充满时尚与活力！

结尾：

夏日狂欢购，让你乐不停！本周五至周日，我们不见不散！快来XXX电商平台，开启你的夏日狂欢购之旅吧！

图 4-39　讯飞星火生成的推广文案

步骤03 如果对回答的内容不满意，可以单击左上角的“重新回答”按钮，讯飞星火会重新生成推广文案，如下页图4-40所示。

步骤04 接下来根据生成的文案撰写1分钟的短视频脚本，如下页图4-41所示。

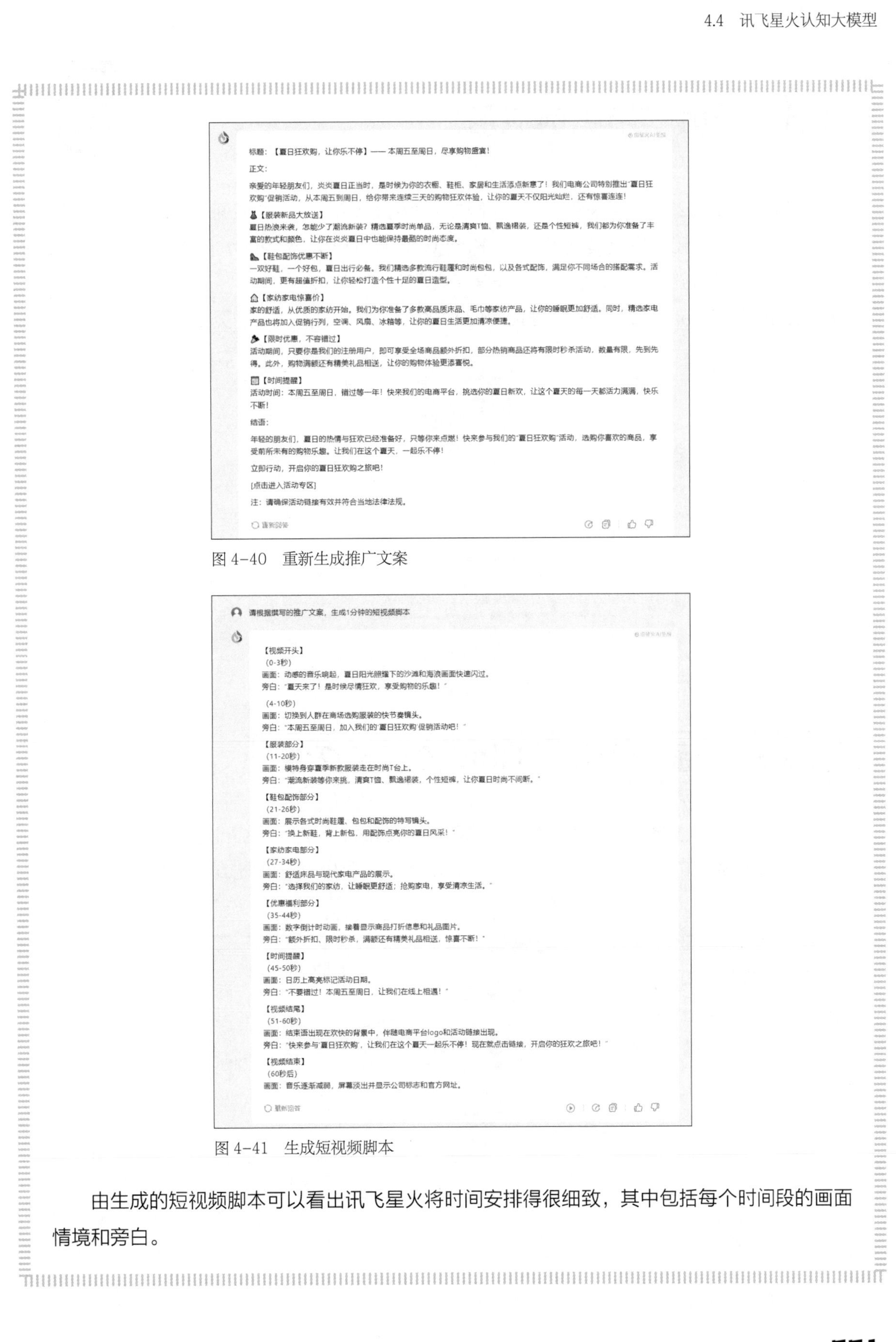

图 4-40　重新生成推广文案

图 4-41　生成短视频脚本

由生成的短视频脚本可以看出讯飞星火将时间安排得很细致，其中包括每个时间段的画面情境和旁白。

4.5　Kimi Chat的应用

Kimi Chat是在2023年10月发布的。它是国内AI大模型创业公司月之暗面(Moonshot AI)宣布推出的首个支持输入20万汉字的智能助手产品。Kimi Chat具有无损记忆功能，能够在处理长文本信息时保持信息的完整性和连贯性，无损上下文长度甚至提升到了200万字。

要想使用Kimi Chat，用户首先要在其官网注册账号。Kimi Chat的官网页面如图4-42所示。

图 4-42　Kimi Chat 的官网页面

实战演练：用Kimi Chat速读长文件

Kimi Chat的长文本处理能力超强，这也是该AI工具的优势之一。Kimi Chat能够支持200万字的超长无损上下文，本案例将介绍Kimi Chat通过文档和网址快速总结归纳的方法。具体操作如下。

步骤01 在Kimi Chat页面中单击按钮，打开“打开”对话框，选择需要上传的文档，单击“打开”按钮，如图4-43所示。

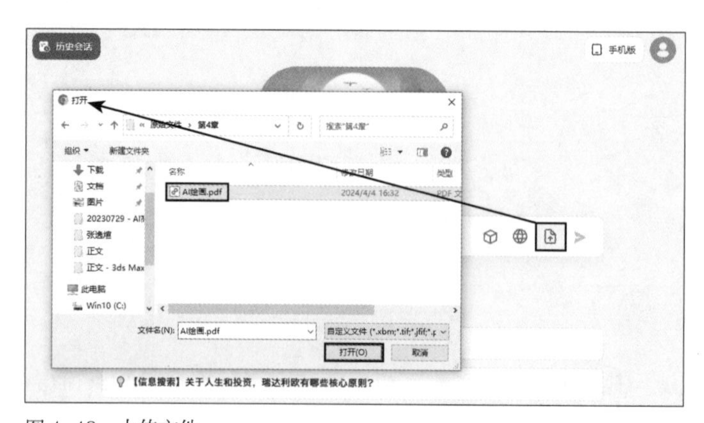

图 4-43　上传文件

步骤02 因为文件共200多页，所以用户需要稍等片刻。上传完成后，在提示词输入框中输入“请整理这个文件的重要内容”文本，如图4-44所示。

图 4-44　输入提示词

提 示　本章AI工具界面总结

本章介绍了Notion、CopyAI、文心一言、讯飞星火认知大模型和Kimi Chat这5款智能文案工具，它们的对话页面布局都很相似，所以用户学习的时候不会有陌生感。

步骤03 发送提示词后，Kimi Chat会进行阅读和思考，然后对本文件进行总结。Kimi Chat首先使用一句话介绍本文件的内容，然后分别介绍文件中涵盖的主要内容，如图4-45所示。

这份文件是关于人工智能绘画（AI绘画）的详细指南，主要介绍了如何使用ChatGPT和Midjourney两款AI绘画工具来生成各种风格的图像和插画。以下是文件的重要内容概述：

1. ChatGPT介绍：
   - ChatGPT是由OpenAI开发的聊天机器人程序，使用RLHF技术进行人类反馈的强化学习，以生成与人类常识、认知、需求和价值观一致的输出。
   - ChatGPT能够进行自然语言处理，完成撰写论文、邮件、脚本、文案、翻译、代码等任务。
   - 介绍了ChatGPT的使用方法、入门操作、提问技巧和提示词的使用。
2. Midjourney介绍：
   - Midjourney是一款AI绘画工具，能够根据文本提示生成图像，由David Holz于2022年3月创立。
   - Midjourney的使用需要注册Discord账号，并在Discord中加入Midjourney服务器。
   - 介绍了Midjourney的安装、基本操作、图像生成、编辑生成的图像、保存图像和新功能介绍。
3. Prompt指南：
   - 详细讲解了如何制作有效的Prompt（提示词），包括内容描述、风格描述、构图描述和参数描述。
   - 提供了多种艺术风格的提示词示例，如动漫、梦幻、迪士尼、科幻等。
   - 讨论了如何通过Prompt提升AI绘画的逻辑和质量。
4. AI绘画技巧：
   - 介绍了如何使用ChatGPT来完善用户想法的细节文字，生成AI绘画提示词。
   - 讨论了通过对话不断获取绘画提示词的方法，如让ChatGPT讲故事或提取文章中的提示词。
   - 介绍了如何使用表格区分中、英文提示词，以及如何训练ChatGPT记住特定的提示词格式。
5. 生成AI绘画：
   - 展示了如何结合使用ChatGPT和Midjourney生成各种风格的AI绘画，包括游戏角色、水墨画、原画场景等。
   - 提供了生成图像的具体操作步骤和参数设置建议。
   - 讨论了如何使用图生图功能对生成的图像进行编辑和细化。
6. 模型应用：
   - 介绍了Stable Diffusion的不同模型类型，如Checkpoint、Embeddings、Lora、Hypernetwork和VAE模型，以及它们的用途和安装方法。
   - 讨论了如何使用Lora模型来生成具有特定风格的图像，并通过实例展示了Lora模型的使用效果。
7. 游戏角色模型的插画：
   - 讨论了游戏角色设计的重要性和设计要素。
   - 介绍了如何使用Midjourney和Stable Diffusion生成游戏角色的设定图和三视图。
8. 水墨风格的插画：
   - 讨论了AI绘画对水墨风格的影响，并介绍了如何使用Midjourney和Stable Diffusion生成水墨风格的插画。
9. 原画场景的插画：
   - 强调了场景设计在原画中的重要性。
   - 介绍了如何使用Midjourney和Stable Diffusion生成原画场景，包括室内外场景、游戏场景和二次元风格场景。

整体而言，这份文件为希望利用AI绘画工具进行创作的人提供了全面的操作指导和技巧分享，涵盖了从基础操作到进阶技巧的各个方面。

复制　再试一次　分享

图 4-45　Kimi Chat 总结的重点内容

提 示　上传文件的介绍

本案例中的文件是笔者刚完成的AI绘画的课程，所以无法向用户提供该文件。使用该文件的原因是其并没有上传到网络上，对于Kimi Chat来说是全新内容，可以很好地测试Kimi Chat处理长文件的能力。Kimi Chat总结的内容和上传文件中的内容是相符合的，由此可见它处理长文件的能力很强。

步骤04 接下来通过链接让Kimi Chat分析文章。将需要的链接网址复制并发送给Kimi Chat，此时用户不需要输入任何提示词，它会自动对网址中的文章进行分析归纳，如图4-46所示。

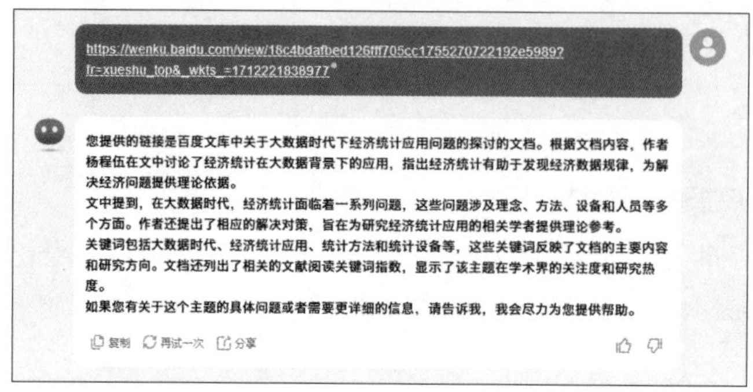

图 4-46　自动对网址中的文章进行分析归纳

步骤05 用户可以向Kimi Chat继续提问，将文章的主要内容提取出来，效果如图4-47所示。

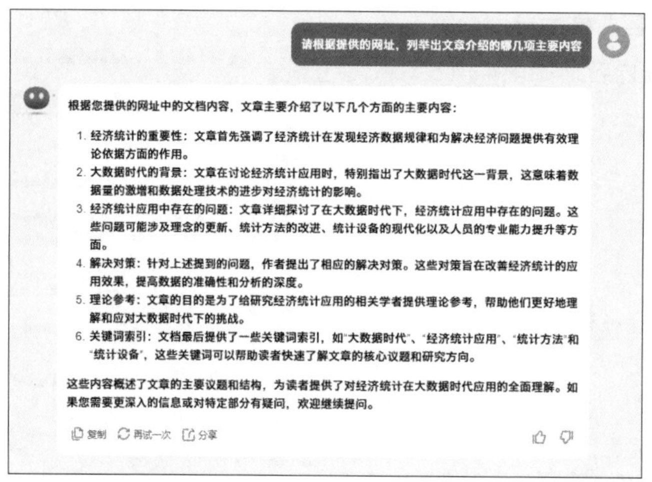

图 4-47　继续追问 Kimi Chat

4.6　文心一言让Word实现自动化

使用前几节介绍的生成文案的工具生成文案后，最终需要将文案复制到Word文档中并进行美化处理。本书不介绍Word文档的美化操作，而是将介绍用文心一言生成VBA程序代码，然后在Word中进行批量处理的方法，很大程度上降低了实现办公自动化的门槛。

编写和运行VBA程序

在介绍编写和运行VBA程序的方法之前，先介绍如何打开VBA编辑器。这是因为大部分人都会使用Word编辑文档，但是使用VBA的人数很少。

使用VBA编写代码，需要打开VBA编辑器并且添加模块。下面以Office 2016版本为例介绍打开VBA编辑器，以及创建模块、编辑代码并运行代码的方法。

步骤01 使用VBA就需要在Word中添加“开发工具”选项卡。打开Word文档，单击“文件”选项卡，在列表中选择“选项”选项，打开“Word选项”对话框，在“自定义功能区”选项面板中，勾选“开发工具”复选框，单击“确定”按钮，如图4-48所示。

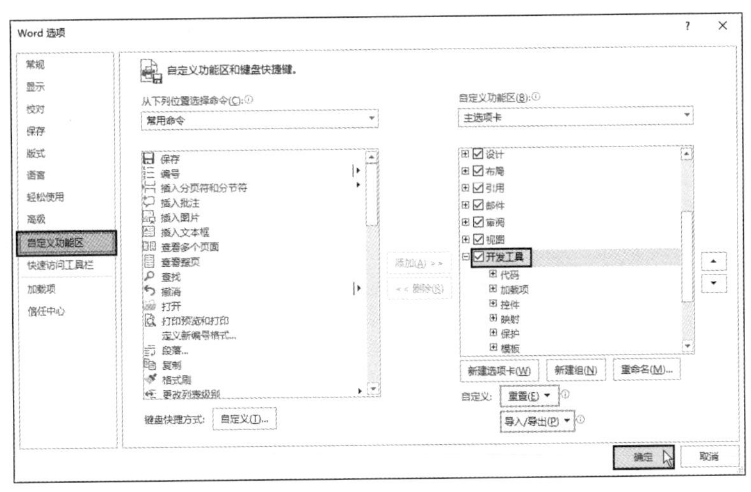

图 4-48 添加“开发工具”选项卡

步骤02 返回Word中切换至“开发工具”选项卡，单击“代码”选项组中“Visual Basic”按钮，或者按Alt+F11组合键，即可打开VBA编辑器，如图4-49所示。

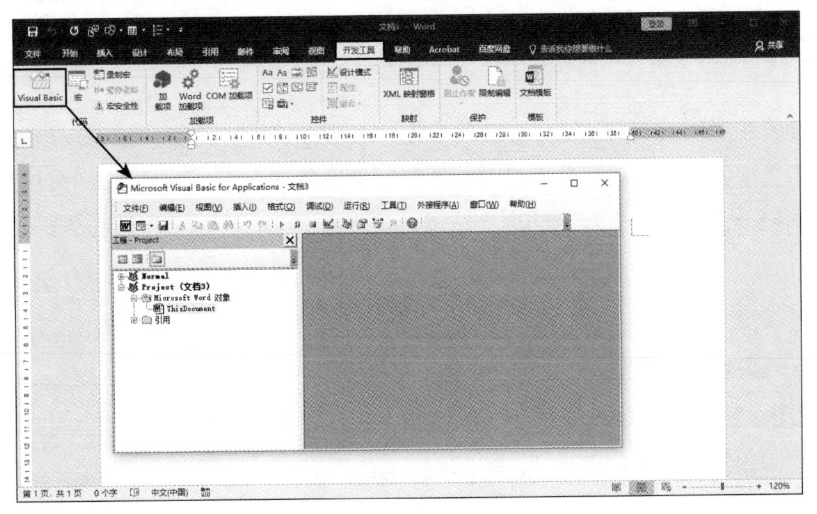

图 4-49 打开 VBA 编辑器

步骤03 在VBA编辑器中添加模块，单击“插入”选项卡，选择“模块”命令，即可在当前Word中添加模块，如图4-50所示。

步骤04 下面输入代码并运行以查看效果。代码表示执行时，会弹出对话框并显示“欢迎使用VBA！”，如果单击“确定”按钮，则又会弹出对话框并显示“您单击了确定按钮！”，单击“取消”按钮，则弹出对话框并显示“您单击了取消按钮！”，如图4-51所示。

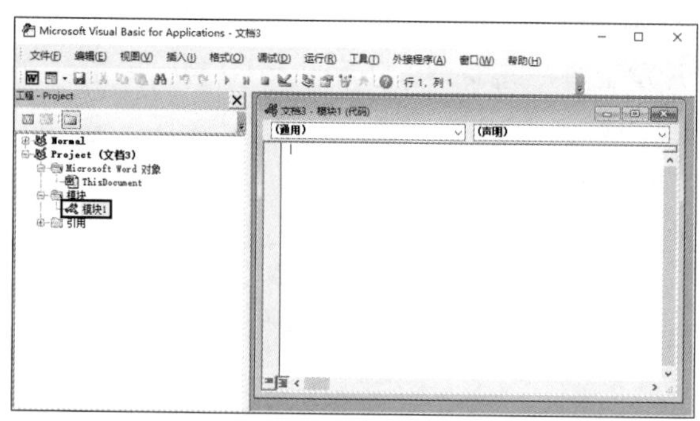
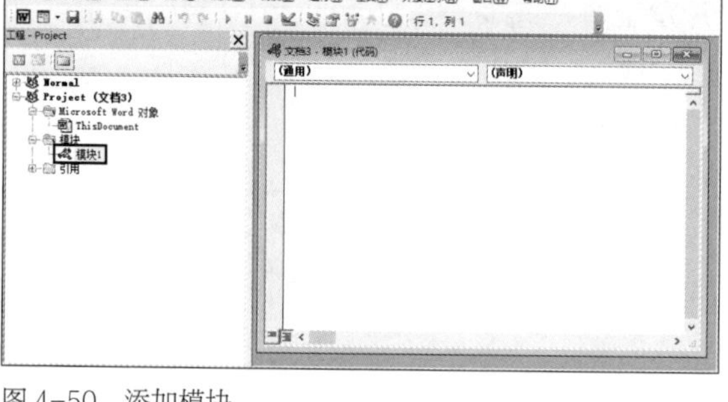

图 4-50 添加模块

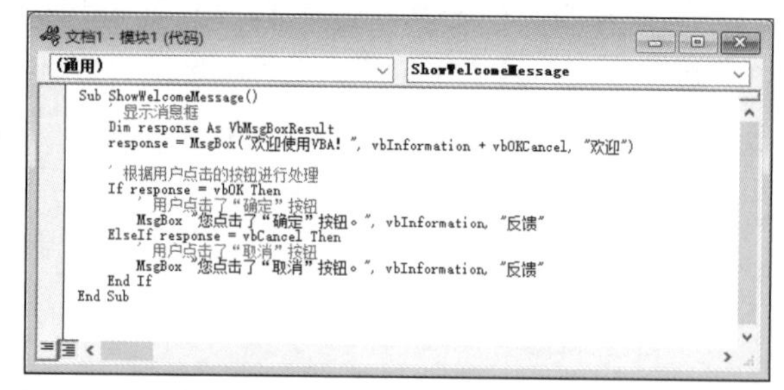

图 4-51 运行代码并查看效果

步骤05 单击“运行子过程/用户窗体”按钮，或者按F5功能键，则弹出提示对话框，单击“确定”按钮后，弹出另一个对话框，如图4-52所示。

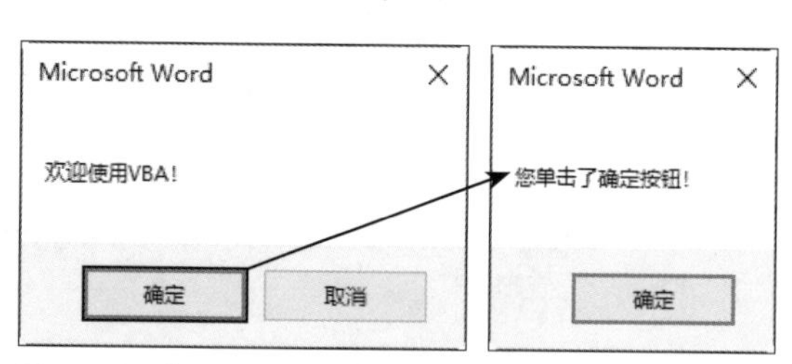

图 4-52 弹出提示对话框

实战演练：将Word文件批量转换为PDF文件

用户在办公中经常会有将Word文件转换为PDF文件的情况，这是因为Word文件的版本不同，打开后文档的效果也不同，而且在某些场景或设备下，PDF格式可能更加适用。另外，PDF格式具有较高的兼容性，在不同操作系统和不同设备上打开和打印的效果更理想。

用户可以将Word文件手动转换为PDF文件，但是不能批量转换。要想批量操作，需要使用VBA代码来实现。在本案例中，将需求提供给文心一言，然后再将生成的VBA代码复制到模块中，运行代码并查看效果。

步骤01 在浏览器中进入文心一言页面，输入提示词，要求文心一言将Word文件转换为PDF文件，同时还有两点注意事项，如图4-53所示。

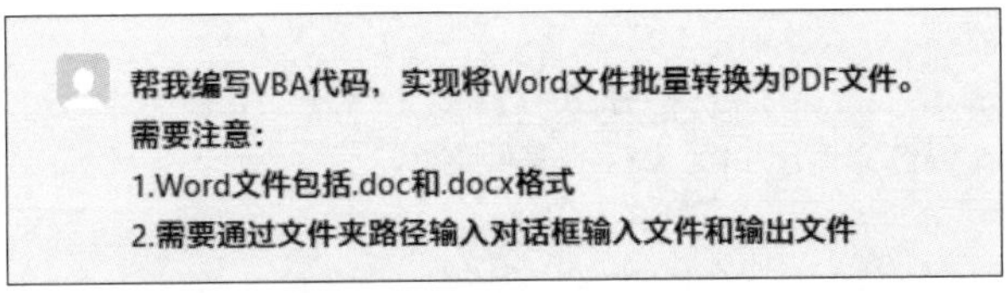

帮我编写VBA代码，实现将Word文件批量转换为PDF文件。
需要注意：
1.Word文件包括.doc和.docx格式
2.需要通过文件夹路径输入对话框输入文件和输出文件

图 4-53 输入提示词

步骤02 文心一言不但会回答实现以上要求需要的VBA代码，还介绍了具体的操作步骤，如下所示。

要实现将Word文件批量转换为PDF文件，并允许用户通过文件夹路径输入对话框选择输入文件夹和输出文件夹的要求，可以使用以下的VBA代码。该代码假定用户正在使用Microsoft Word应用程序。

具体操作步骤如下：

①打开Word应用程序。

②按下Alt + F11组合键打开VBA编辑器。

③在VBA编辑器中，插入一个新模块（右键单击“项目>插入>模块”命令）。

④将以下及下两页中的代码复制并粘贴到新模块的代码窗口中。

```
vba
Sub BatchConvertWordToPDF()
    Dim inputFolder As String
    Dim outputFolder As String
    Dim inputFile As String
    Dim outputFile As String
    Dim wdDoc As Object
    Dim fs As Object
    Dim fd As Object
    Dim file As Object

    ' 获取输入文件夹路径
    With Application.FileDialog(msoFileDialogFolderPicker)
        .Title = "请选择包含 Word 文件的文件夹"
        .Show
        If .SelectedItems.Count = 0 Then
            MsgBox "未选择文件夹，程序终止。"
            Exit Sub
        End If
        inputFolder = .SelectedItems(1)
    End With
```

```
    ' 获取输出文件夹路径
    With Application.FileDialog(msoFileDialogFolderPicker)
        .Title = "请选择输出 PDF 文件的文件夹"
        .Show
        If .SelectedItems.Count = 0 Then
            MsgBox "未选择文件夹，程序终止。"
            Exit Sub
        End If
        inputFolder = .SelectedItems(1)
    End With

    ' 获取输出文件夹路径
    With Application.FileDialog(msoFileDialogFolderPicker)
        .Title = "请选择输出 PDF 文件的文件夹"
        .Show
        If .SelectedItems.Count = 0 Then
            MsgBox "未选择文件夹，程序终止。"
            Exit Sub
        End If
        outputFolder = .SelectedItems(1)
    End With

    ' 创建文件系统对象
    Set fs = CreateObject("Scripting.FileSystemObject")

    ' 遍历输入文件夹中的 Word 文件
    Set fd = fs.GetFolder(inputFolder)
    For Each file In fd.Files
        ' 检查是否为 Word 文件
        If LCase(fs.GetExtensionName(file.Name)) = "doc" Or LCase(fs.GetEx-
tensionName(file.Name)) = "docx" Then
            ' 构建输出 PDF 文件名
            outputFile = fs.BuildPath(outputFolder, fs.GetBaseName(file.Name)
& ".pdf")

            ' 打开 Word 文件
            Set wdDoc = Documents.Open(file.Path)

            ' 导出为 PDF
            wdDoc.ExportAsFixedFormat OutputFileName:=outputFile, _
                ExportFormat:=wdExportFormatPDF, OpenAfterExport:=False, _
                OptimizeFor:=wdExportOptimizeForStandard, Range:=wdExport-
AllDocument, _
```

```
            Item:=wdExportDocumentContent, IncludeDocProps:=True, KeepIRM:=True, _
            CreateBookmarks:=wdExportCreateNoBookmarks, DocStructureTags:=True, _
            BitmapMissingFonts:=True, UseISO19005_1:=False

        ' 关闭 Word 文件，不保存更改
        wdDoc.Close False

        ' 释放对象
        Set wdDoc = Nothing

        ' 显示转换完成的消息
        MsgBox "文件 " & file.Name & " 已成功转换为 PDF。"
      End If
    Next file

    ' 释放文件系统对象
    Set fs = Nothing
    Set fd = Nothing
    Set file = Nothing
End Sub
```

⑤按下F5键运行BatchConvertWordToPDF过程。

该VBA宏会提示用户两次选择文件夹：第一次选择包含Word文件的文件夹，第二次选择输出PDF文件的文件夹。然后，VBA宏会遍历所选的Word文件，并将每个文件都转换为PDF格式，保存在指定的输出文件夹中。

需要注意的是，转换过程中Word文档不会保存任何更改，并且会在转换完成后立即关闭。同时，转换过程中需要一些时间，具体取决于Word文件的数量和大小，以及计算机性能。

在运行此宏之前，要确保Word应用程序已经允许运行宏（通常在“文件>选项>信任中心>信任中心设置>宏设置”中设置）。此外，如果宏被禁用或限制，就需要修改安全设置以允许运行宏。

步骤03 单击文心一言生成的VBA代码右上角的“复制代码”按钮，完成代码的复制。然后打开Word文档，进入VBA编辑器插入新模块，接着把代码粘贴到新模块中，如下页图4-54所示。

步骤04 按F5功能键运行代码，运行时会弹出对话框，用户选择需要转换为PDF文件的Word文件的所在文件夹，如下页图4-55所示。

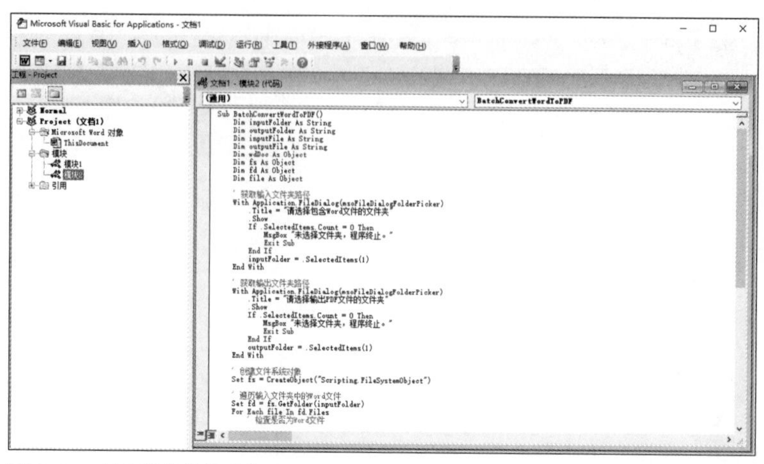

图 4-54　创建模块并粘贴代码

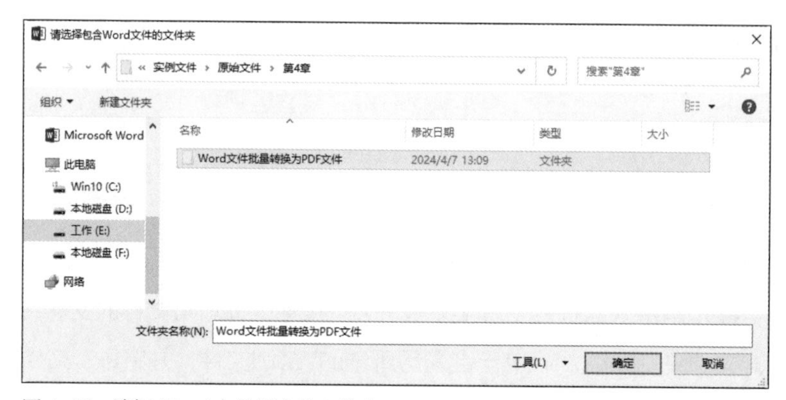

图 4-55　选择 Word 文件所在的文件夹

步骤05 接着弹出对话框，再选择转为PDF文件后保存的路径，此时文件夹中无PDF文件，如图4-56所示。

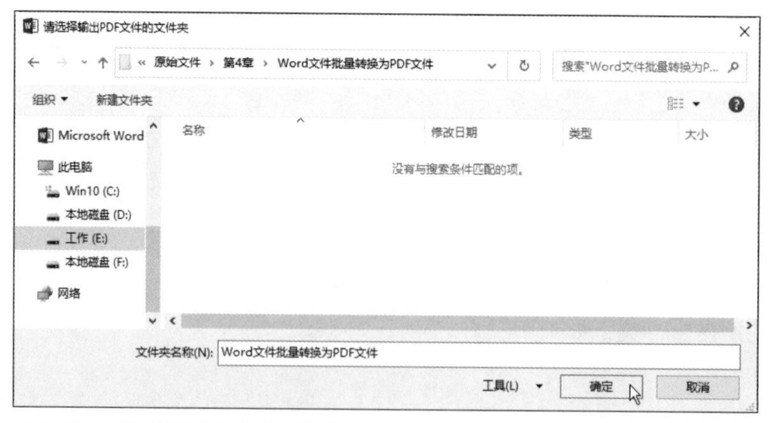

图 4-56　选择保存 PDF 文件的路径

步骤06 接着会逐个将Word文档转换为PDF文件，转换完成后会弹出提示对话框并显示转换成功，然后再继续转换下一个文档。打开保存的路径，里面包含转换后的4个PDF文件，如图4-57所示。

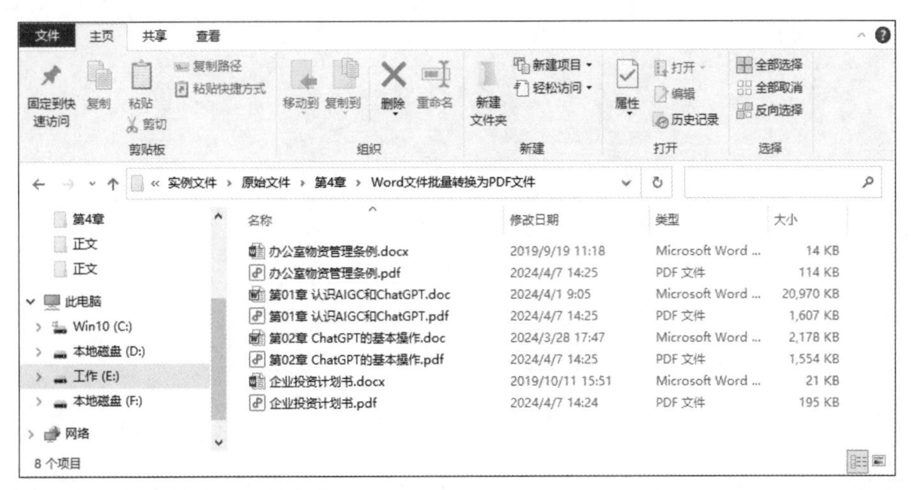

图 4-57 查看转换为 PDF 的文件

提 示 **使用ChatGPT生成VBA**

本节介绍了文心一言生成VBA代码，并让Word实现自动化的方法。同样，使用ChatGPT也可以生成VBA代码，其操作方法与文心一言一样，此处不再赘述。

第 5 章 用AI工具让Excel“飞”起来

在日常办公中，Excel是一款很多人再熟悉不过的办公软件之一。通常Excel会被用来制作表格、分析数据、计算数据、生成图表等。其中的复杂数据计算会让人感到困惑，函数的参数也有很多人不知道如何设置图表。现在来使用AI工具，让Excel摆脱一切困惑“飞”起来，要想实现该目标，只需要使用自然语言描述要求，剩下专业的内容让AI去实现吧。

本章介绍了3款处理数据的AI工具，分别为智能处理表格工具、智能公式助手工具、智能生成图表工具。还介绍了7款智能处理Excel的AI工具，分别为ChatExcel、Ajelix、GTPExcel、Formularizer、ChartCube、ChatGPT和办公小浣熊。通过对本章内容的学习，用户可以使用这些AI工具对表格进行操作，能自动生成公式进行计算、自动生成VBA代码实现Excel自动化、根据数据结构生成图表。

5.1 智能处理表格工具

本节主要介绍用ChatExcel处理表格的操作。ChatExcel是由北京大学团队研发的用于Excel表格处理的AI工具。通过“对话”的方式就能处理表格，用户只需要在对话框中输入关于表格处理的要求，ChatExcel就能自动进行处理。

目前，ChatExcel可以帮助用户处理Excel电子表格，包括删除/添加列、设置数据的格式、对数进行计算。

使用ChatExcel时是不需要注册的，在对应网页上的对话框中使用自然语言就可以进行操作，而且也不限制使用次数。这大大地提高了表格处理的效率。

目前，ChatExcel只有网页版的，分为中英文两个版本。

在计算机的IE浏览器中搜索ChatExcel的官网。按Enter键即可访问ChatExcel，其主页面如图5-1所示。在中间演示的是使用ChatExcel处理Excel表格中数据的动画。

图 5-1　ChatExcel 的主页面

ChatExcel主页面的背景是黑色的，具有神秘感。在页面中间展示了3个样例表格的动态演示效果，包括“中国GDP”“全球人口数量”和“世界大学排名”。在表格下方显示的是通过对话方式处理Excel表格的对话内容，这也突出显示了ChatExcel的主要功能和特点。

单击左下角的“现在开始”按钮，即可进入ChatExcel的使用界面，如下页图5-2所示。

CHATEXCEL 示例 上传文件 下载文件 ENGLISH

表格 1

序号	省份	英文	2022年	2021年	名义增量	名义增速	实际增速
1	广东	Guang...	129118...	124369...	4748.91	0.038	0.019
2	江苏	JiangSu	122875.6	116364.2	6511.4	0.056	0.028
3	山东	ShanD...	87435	83095.9	4339.1	0.052	0.039
4	浙江	ZheJiang	77715	73516	4199	0.057	0.031
5	河南	HeNan	61345.05	58887.41	2457.67	0.042	0.031
6	四川	SiChuan	56749.8	53850.79	2899.01	0.054	0.029
7	湖北	HuBei	53734.92	50012.94	3721.98	0.074	0.043

输入

把英文这一列的数据加上括号 13/50

执行 ▷ 撤销

图 5-2 ChatExcel 的使用界面

在上方“示例”列表中显示了ChatExcel提供的3个样例表格，用户可以使用这些表格进行操作。单击“上传文件”菜单按钮，弹出“打开”对话框，选择需要处理的Excel表格文件，单击“打开”按钮即可完成文件上传。目前，由于服务器资源的受限，上传文件的大小不能超过5MB，列数不能超过20列。

需要注意的是，当Excel工作簿中包含多个工作表时，ChatExcel默认只上传第1张工作表的数据。

单击“下载文件”菜单按钮，在列表中的表格可以全部下载，也可以只下载处理的表格。目前，ChatExcel的下载格式为“.xls”。

表格下方为“输入”文本框，在文本框中输入对话，然后单击“执行”按钮，即可让ChatExcel实现与对话相关的功能。

ChatExcel是一个简单快捷的Excel处理工具，可以完成基础的Excel数据处理操作，例如数据增删、计算、统计等。下面介绍ChatExcel具体的功能。

实战演练：使用ChatExcel增加列并计算数据

在ChatExcel中上传“员工工资表.xlsx”文件，然后在表格最右侧添加“工资总额”列，并计算相关的数据，具体操作如下。

步骤01 单击“上传文件”按钮，在弹出的“打开”对话框中选择“员工工资表.xlsx”文件，单击“打开”按钮上传文件。在“输入”文本框中输入“在右侧添加‘工资总额’列”的指令，单击“执行”按钮，如下页图5-3所示。

步骤02 根据不同部门输入不同的岗位津贴，继续输入指令“销售部的岗位津贴为800，人事部的岗位津贴为500，财务部的岗位津贴为600，否则为1000”，单击“执行”按钮，ChatExcel就会根据设置的条件输入“岗位津贴”的数据，如图5-4所示。

表格 1

姓名	学历	部门	基本工资	岗位津贴	应缴保险	补助	工资总额
赵云	大专	销售部	2000		800	1869	
谷子	本科	销售部	2000		800	1019	
孙云龙	大专	人事部	3000		980	1558	
阮城子	研究生	销售部	2000		800	1326	
张亦玉	本科	人事部	3000		980	1404	
王五	本科	财务部	3500		1100	2512	
李魁	大专	财务部	3500		1100	2835	

输入

在右侧添加“工资总额”列

执行 撤销

图5-3 添加列

表格 1

姓名	学历	部门	基本工资	岗位津贴	应缴保险	补助	工资总额
赵云	大专	销售部	2000	800	800	1869	
谷子	本科	销售部	2000	800	800	1019	
孙云龙	大专	人事部	3000	500	980	1558	
阮城子	研究生	销售部	2000	800	800	1326	
张亦玉	本科	人事部	3000	500	980	1404	
王五	本科	财务部	3500	600	1100	2512	
李魁	大专	财务部	3500	600	1100	2835	

输入

销售部的岗位津贴为800，人事部的岗位津贴为500，财务部的岗位津贴为600，否则为1000

执行 撤销

图5-4 根据条件输入数据

步骤03 接着输入指令“计算‘工资总额’列的数据”，按Enter键或单击“执行”按钮，即可将工资总额左侧的数据进行汇总，并显示“工资总额”列对应的单元格，此时计算出的数据是错误的，如图5-5所示。

步骤04 当直接输入“计算‘工资总额’”指令时，默认将左侧所有数据求和，但是实际需要减去“应缴保险”的金额。单击“撤销”按钮，重新输入“计算：工资总额=基本工资+岗位津贴+补助-应缴保险”的指令，按Enter键即可计算出正确的工资总额，如图5-6所示。

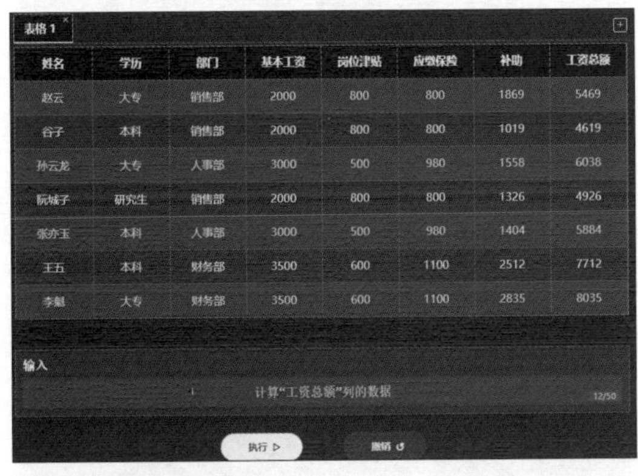

表格 1

姓名	学历	部门	基本工资	岗位津贴	应缴保险	补助	工资总额
赵云	大专	销售部	2000	800	800	1869	5469
谷子	本科	销售部	2000	800	800	1019	4619
孙云龙	大专	人事部	3000	500	980	1558	6038
阮城子	研究生	销售部	2000	800	800	1326	4926
张亦玉	本科	人事部	3000	500	980	1404	5884
王五	本科	财务部	3500	600	1100	2512	7712
李魁	大专	财务部	3500	600	1100	2835	8035

图5-5 计算出错误的数据

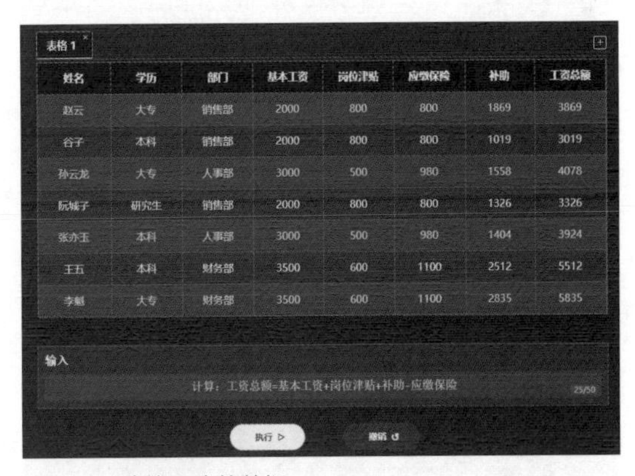

表格 1

姓名	学历	部门	基本工资	岗位津贴	应缴保险	补助	工资总额
赵云	大专	销售部	2000	800	800	1869	3869
谷子	本科	销售部	2000	800	800	1019	3019
孙云龙	大专	人事部	3000	500	980	1558	4078
阮城子	研究生	销售部	2000	800	800	1326	3326
张亦玉	本科	人事部	3000	500	980	1404	3924
王五	本科	财务部	3500	600	1100	2512	5512
李魁	大专	财务部	3500	600	1100	2835	5835

图5-6 计算正确的数据

提示 **ChatExcel指令的字数**

目前，ChatExcel支持指令的字数是50个字符，所以用户在输入指令时一定要简洁明了，符合规则。

实战演练：使用ChatExcel分析数据

在ChatExcel中还可以设置数据的格式，以及分析数据。例如，对数据进行排序或筛选。下面介绍为数据添加人民币符号，并对“补助”进行升序排列，筛选出“销售部”数据的方法。

步骤01 输入指令“为‘工资总额’列数据左侧添加人民币符号”，单击“执行”按钮，即可为“工资总额”列数据左侧添加人民币符号，如图5-7所示。

步骤02 继续输入指令“按‘补助’列数据升序排列”，按Enter键即可对“补助”列数据进行排序，如图5-8所示。

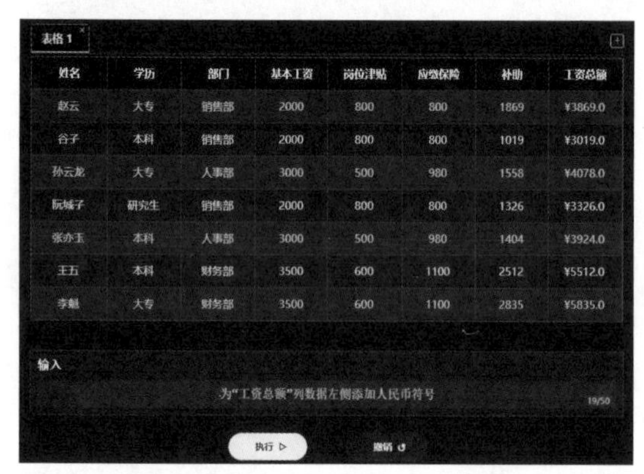

表格1

姓名	学历	部门	基本工资	岗位津贴	应缴保险	补助	工资总额
赵云	大专	销售部	2000	800	800	1869	¥3869.0
谷子	本科	销售部	2000	800	800	1019	¥3019.0
孙云龙	大专	人事部	3000	500	980	1558	¥4078.0
阮城子	研究生	销售部	2000	800	800	1326	¥3326.0
张亦玉	本科	人事部	3000	500	980	1404	¥3924.0
王五	本科	财务部	3500	600	1100	2512	¥5512.0
李魁	大专	财务部	3500	600	1100	2835	¥5835.0

图 5-7　添加人民币符号

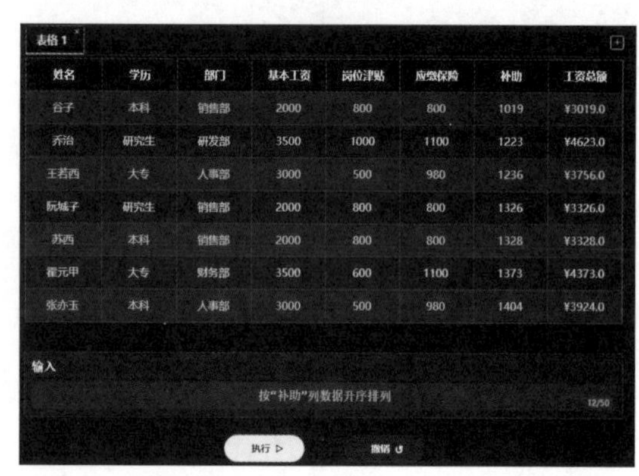

表格1

姓名	学历	部门	基本工资	岗位津贴	应缴保险	补助	工资总额
谷子	本科	销售部	2000	800	800	1019	¥3019.0
乔治	研究生	研发部	3500	1000	1100	1223	¥4623.0
王若西	大专	人事部	3000	500	980	1236	¥3756.0
阮城子	研究生	销售部	2000	800	800	1326	¥3326.0
苏西	本科	销售部	2000	800	800	1328	¥3328.0
霍元甲	大专	财务部	3500	600	1100	1373	¥4373.0
张亦玉	本科	人事部	3000	500	980	1404	¥3924.0

图 5-8　对数据进行排序

步骤03 输入“筛选出销售部的数据”指令，单击“执行”按钮，ChatExcel就筛选出了所有“销售部”的数据，如图5-9所示。

步骤04 对数据处理完成后，单击“下载文件”的下三角按钮，在列表中选择“表格1”选项，即可下载“表格1”中的数据，如图5-10所示。

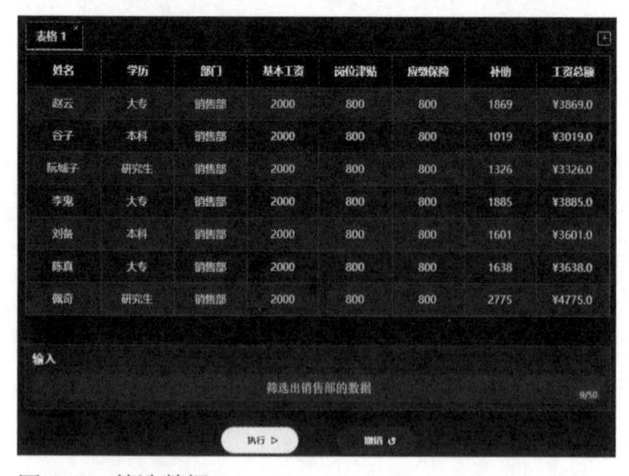

表格1

姓名	学历	部门	基本工资	岗位津贴	应缴保险	补助	工资总额
赵云	大专	销售部	2000	800	800	1869	¥3869.0
谷子	本科	销售部	2000	800	800	1019	¥3019.0
阮城子	研究生	销售部	2000	800	800	1326	¥3326.0
李鬼	大专	销售部	2000	800	800	1885	¥3885.0
刘备	本科	销售部	2000	800	800	1601	¥3601.0
陈真	大专	销售部	2000	800	800	1638	¥3638.0
佩奇	研究生	销售部	2000	800	800	2775	¥4775.0

图 5-9　筛选数据

CHATEXCEL　示例　上传文件　下载文件　ENGLISH

全部下载

表格1

姓名	学历	部门	基本工资	岗位津贴	应缴保险	补助	工资总额
赵云	大专	销售部	2000	800	800	1869	¥3869.0
谷子	本科	销售部	2000	800	800	1019	¥3019.0
阮城子	研究生	销售部	2000	800	800	1326	¥3326.0
李鬼	大专	销售部	2000	800	800	1885	¥3885.0
刘备	本科	销售部	2000	800	800	1601	¥3601.0
陈真	大专	销售部	2000	800	800	1638	¥3638.0
佩奇	研究生	销售部	2000	800	800	2775	¥4775.0

图 5-10　下载表格

步骤05 片刻后即可下载完成，目前ChatExcel只支持将数据导出为“.xls”格式的工作簿。在Excel中打开，显示的就是使用ChatExcel处理后的数据，如图5-11所示。

	A	B	C	D	E	F	G	H
1	姓名	学历	部门	基本工资	岗位津贴	应缴保险	补助	工资总额
2	赵云	大专	销售部	2000	800	800	1869	¥3869.0
3	谷子	本科	销售部	2000	800	800	1019	¥3019.0
4	阮城子	研究生	销售部	2000	800	800	1326	¥3326.0
5	李鬼	大专	销售部	2000	800	800	1885	¥3885.0
6	刘备	本科	销售部	2000	800	800	1601	¥3601.0
7	陈真	大专	销售部	2000	800	800	1638	¥3638.0
8	佩奇	研究生	销售部	2000	800	800	2775	¥4775.0
9	苏西	本科	销售部	2000	800	800	1328	¥3328.0
10	佩德罗	大专	销售部	2000	800	800	2982	¥4982.0

Sheet JS

图 5-11 导出的数据

5.2 智能公式助手工具

使用Excel计算数据时，函数以及函数中的参数困扰着很多人。本节将介绍两款Excel智能公式助手工具：Ajelix和Formularizer。这两款AI工具都可以根据自然语言的指令编写公式，并且还可以解释公式的含义。

实战演练：使用Ajelix提取身份证号中的出生日期

Ajelix是一款处理Excel和Google Sheets表格的AI工具，旨在帮助用户的自动化数据处理和分析过程，提高工作效率和准确性，它使用户能够轻松地编写和解释公式。下面介绍使用Ajelix生成公式的方法。

步骤01 进入Ajelix的官网注册并登录，在页面左侧选择“人工智能工具”选项，在右侧的“微软Excel”区域单击“公式”中的“产生”按钮，如图5-12所示。

图 5-12 产生公式

步骤02 在提示词输入框中输入“F2单元格为18位身份证号，请从F2单元格的数据中提取生日，输出格式为“YYYY-MM-DD”。单击“产生”按钮，如图5-13所示。

步骤03 在该页面的下方会显示根据提示词生成的公式，该公式可以帮助用户从F2单元的身份证号中提取日期，为“=DATE(VALUE(MID(F2,7,4)),VALUE(MID(F2,11,2)),VALUE(MID(F2,13,2)))”，如图5-14所示。

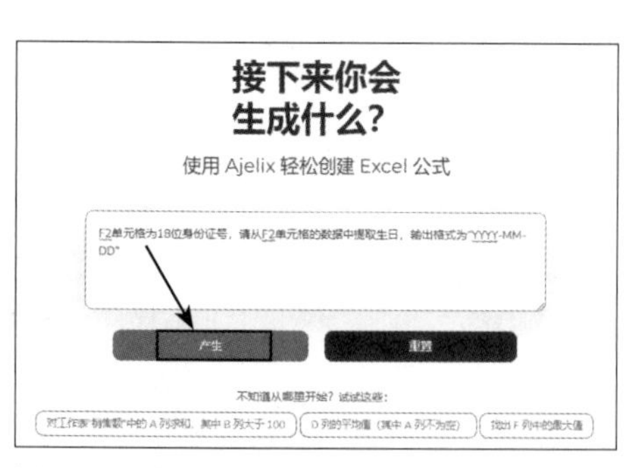

图 5-13　输入提示词

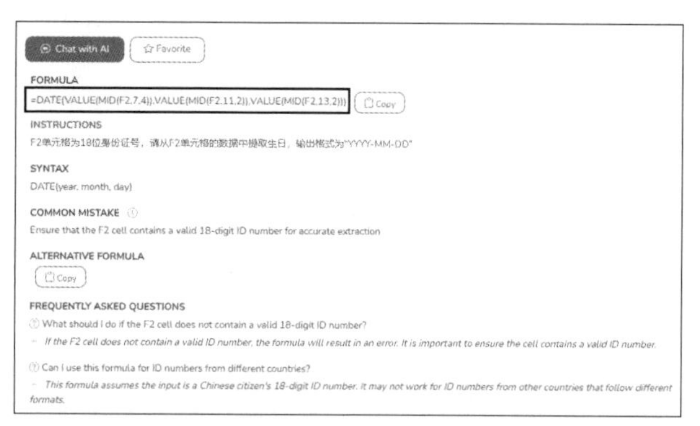

图 5-14　生成公式

步骤04 复制公式，打开需要提取出生日期的“员工档案.xlsx”工作簿。将公式粘贴到G2单击格中，按Enter键即可在G2单元格中显示F2单元格身份证号的出生日期，在编辑栏中显示的是使用Ajelix生成的计算公式。将该公式向下填充，如图5-15所示。

步骤05 在打开Excel后，如果有不理解的公式，也可以使用Ajelix进行解释。单击该页面中的“解释公式”按钮，即可进入相关页面，如图5-16所示。

G2　=DATE(VALUE(MID(F2,7,4)),VALUE(MID(F2,11,2)),VALUE(MID(F2,13,2)))

编号	姓名	部门	性别	联系方式	身份证号	出生日期
0001	李明刚	财务部	女	1809122****	111692199409092407	1994/9/9
0002	张亮	人事部	男	1538144****	295990199711128638	1997/11/12
0003	王波澜	销售部	男	1632927****	583324199203021315	1992/3/2
0004	许嘉一	研发部	男	1561944****	336611199311235439	1993/11/23
0005	王小	销售部	男	1824147****	194208199405283553	1994/5/28
0006	张书寒	销售部	女	1341151****	690468199608262709	1996/8/26
0007	朱美美	财务部	男	1472469****	679552198902171752	1989/2/17
0008	赵李	销售部	男	1852839****	473833198711072899	1987/11/7
0009	李志强	人事部	女	1395229****	463808198612183283	1986/12/18
0010	逢赛必	销售部	女	1395625****	335845199107237885	1991/7/23
0011	钱学林	销售部	男	1825469****	364013198902285619	1989/2/28
0012	史再来	财务部	男	1565458****	289530199607091337	1996/7/9
0013	明春秋	销售部	男	1842563****	291592199111117635	1991/11/11

员工信息

图 5-15　提取出生日期的公式并向下填充

图 5-16　进入“解释公式”页面

提 示　在Excel中填充公式

本案例在F2单元格中粘贴计算公式后，向下填充公式并计算出了所有员工的出生日期。下面介绍两种填充公式的方法：

第1种方法：选择G2：G14单元格区域，切换至“开始”选项卡，单击“编辑”选项组中的“填充”下三角按钮，在下拉列表中选择“向下”选项。

第2种方法：选择G2单元格，将光标移到该单元格右上角的填充柄上，按住鼠标左键向下拖拽到G14单元格，或者在G2单元格的填充柄上双击。

步骤06 在输入框中输入公式“=IFNA(VLOOKUP(F4,$B$3:$C$15,2,0),"请确认查询信息")”，单击“解释”按钮。在其下方会显示该公式的执行顺序，以及某函数的含义，如图5-17所示。

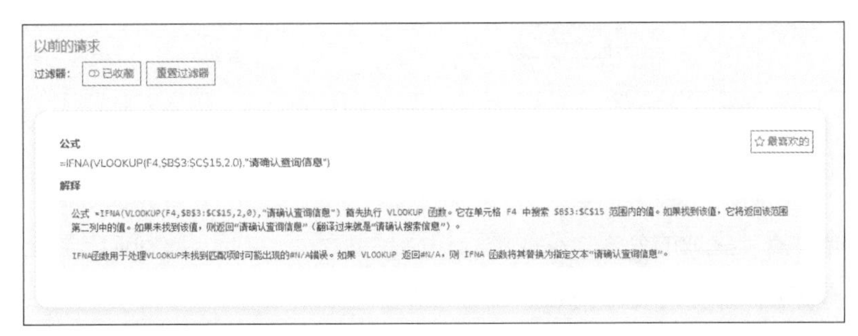

图 5-17 解释公式的含义

提示 Ajelix生成VBA脚本

Ajelix除了生成和解释公式外，还可以生成和解释VBA脚本，其生成和解释方法与公式一致。Ajelix还可以优化和调试VBA脚本，充分地帮助用户提高Excel的使用效率。

实战演练：使用GPTExcel对员工总分进行排名

GPTExcel是一款AI工具，主要用于生成和解释Microsoft Excel和Google Sheets的公式。该AI工具利用先进的AI技术，特别是GPT模型，帮助用户快速高效地创建复杂的公式，且无需对Excel函数有深入的了解。GPTExcel已经生成了超过44,000个公式，显著提升了用户处理和分析数据的能力。

本案例将使用GPTExcel生成和解释公式。首先生成对员工总分进行排名的公式，然后再解释该公式的含义。具体操作方法如下。

步骤01 进入GPTExcel官网，注册并登录，进入首页后单击“公式”按钮，在“Input”区域输入公式的要求，单击“GENERATE”按钮，在“Result”区域会显示生成的公式，如图5-18所示。

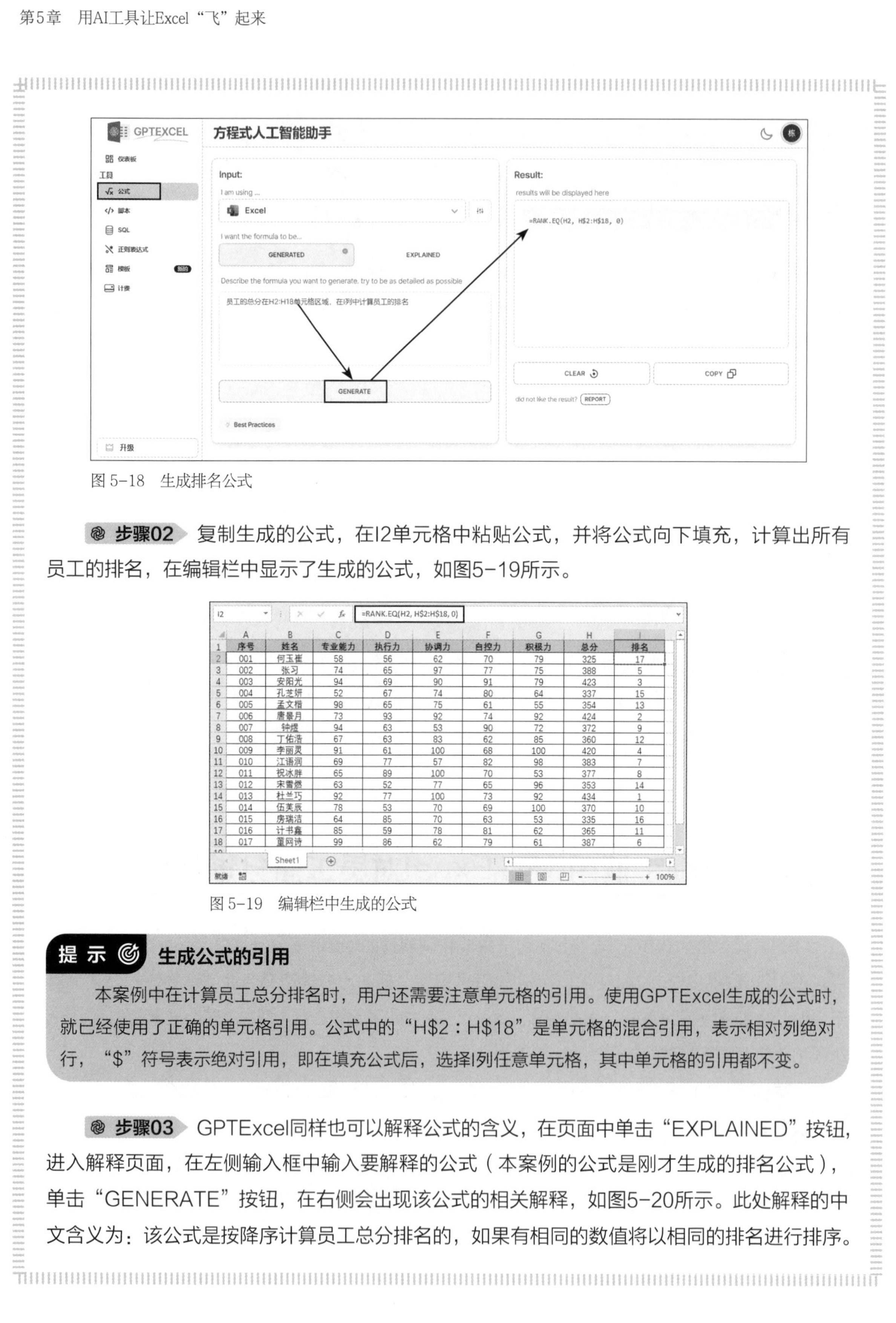

图 5-18 生成排名公式

步骤02 复制生成的公式，在I2单元格中粘贴公式，并将公式向下填充，计算出所有员工的排名，在编辑栏中显示了生成的公式，如图5-19所示。

I2 =RANK.EQ(H2, H$2:H$18, 0)

	A	B	C	D	E	F	G	H	I
1	序号	姓名	专业能力	执行力	协调力	自控力	积极力	总分	排名
2	001	何玉崔	58	56	62	70	79	325	17
3	002	张习	74	65	97	77	75	388	5
4	003	安阳光	94	69	90	91	79	423	3
5	004	孔芝妍	52	67	74	80	64	337	15
6	005	孟文楷	98	65	75	61	55	354	13
7	006	唐景月	73	93	92	74	92	424	2
8	007	钟煜	94	63	53	90	72	372	9
9	008	丁佑浩	67	63	83	62	85	360	12
10	009	李丽灵	91	61	100	68	100	420	4
11	010	江语润	69	77	57	82	98	383	7
12	011	祝冰胖	65	89	100	70	53	377	8
13	012	宋雪燃	63	52	77	65	96	353	14
14	013	杜兰巧	92	77	100	73	92	434	1
15	014	伍芙辰	78	53	70	69	100	370	10
16	015	房瑞洁	64	85	70	63	53	335	16
17	016	计书鑫	85	59	78	81	62	365	11
18	017	董网诗	99	86	62	79	61	387	6

Sheet1 就绪 100%

图 5-19 编辑栏中生成的公式

提 示 生成公式的引用

本案例中在计算员工总分排名时，用户还需要注意单元格的引用。使用GPTExcel生成的公式时，就已经使用了正确的单元格引用。公式中的“H$2：H$18”是单元格的混合引用，表示相对列绝对行，“$”符号表示绝对引用，即在填充公式后，选择I列任意单元格，其中单元格的引用都不变。

步骤03 GPTExcel同样也可以解释公式的含义，在页面中单击“EXPLAINED”按钮，进入解释页面，在左侧输入框中输入要解释的公式（本案例的公式是刚才生成的排名公式），单击“GENERATE”按钮，在右侧会出现该公式的相关解释，如图5-20所示。此处解释的中文含义为：该公式是按降序计算员工总分排名的，如果有相同的数值将以相同的排名进行排序。

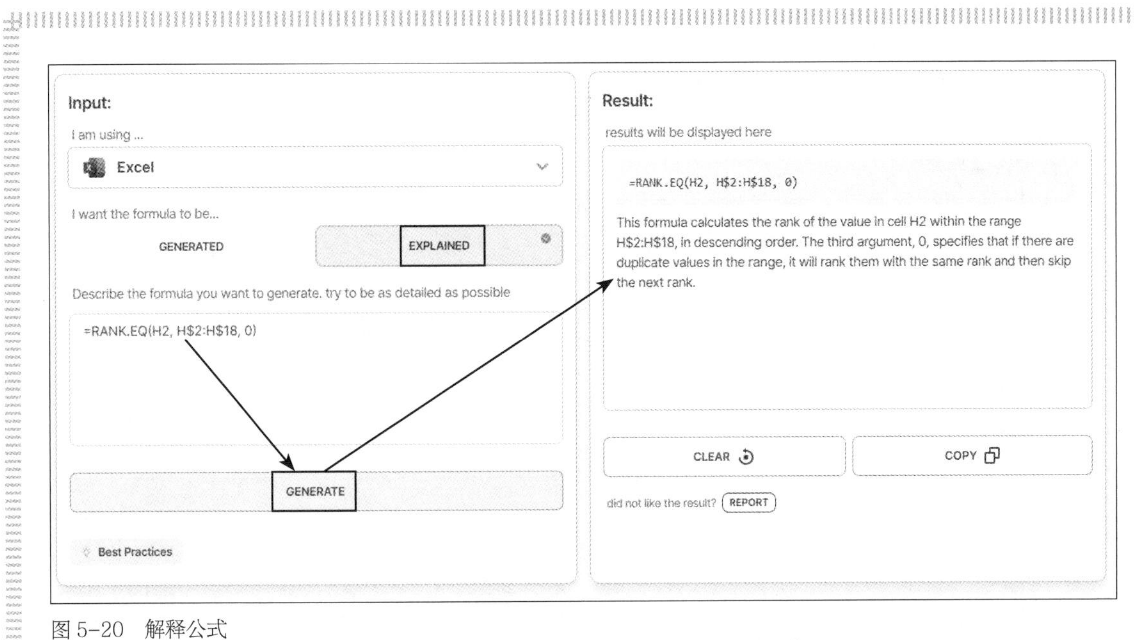

图 5-20 解释公式

实战演练：使用Formularizer按部门分类数据

Formularizer是一款AI助手，专为Excel、Google Sheets和Notion设计，旨在通过AI技术帮助用户快速生成和解释公式，以及生成VBA代码并实现Excel自动化，从而提高用户的工作效率。和之前介绍的AI工具一样，Formularizer也使用自然语言描述，它会生成公式或VBA代码，用户不需要精通各类公式的VBA代码，即可轻松玩转Excel。

Formularizer生成和解释公式的方法与之前介绍的Ajelix和GPTExcel的操作方法一致，此处就不再介绍了。本案例将介绍使用Formularizer生成Excel的VBA代码的方法，实现Excel的自动化。过程中需要使用“员工工资表.xlsx”工作簿，但是其中只包含了“4月工资表”工作表，所以就需要使用VBA代码将工资表中的信息按部门进行分类，将不同部门的数据放在不同的工作表中，并且工作表的名称与部门名称要对应。下面介绍具体操作方法。

步骤01 进入Formularizer的官网并注册和登录。在首页单击“Script”按钮，进入生成VBA脚本的页面，在左侧输入框中输入要实现的内容，单击“Submit”按钮，在右侧会自动生成满足要求的VBA代码，如下页图5-21所示。

步骤02 复制VBA代码，打开“员工工资表.xlsx”工作簿，进入VBA编辑器，插入新模块，然后粘贴VBA代码，如下页图5-22所示。在VBA编辑器左侧可以看目前只有一张工作表。

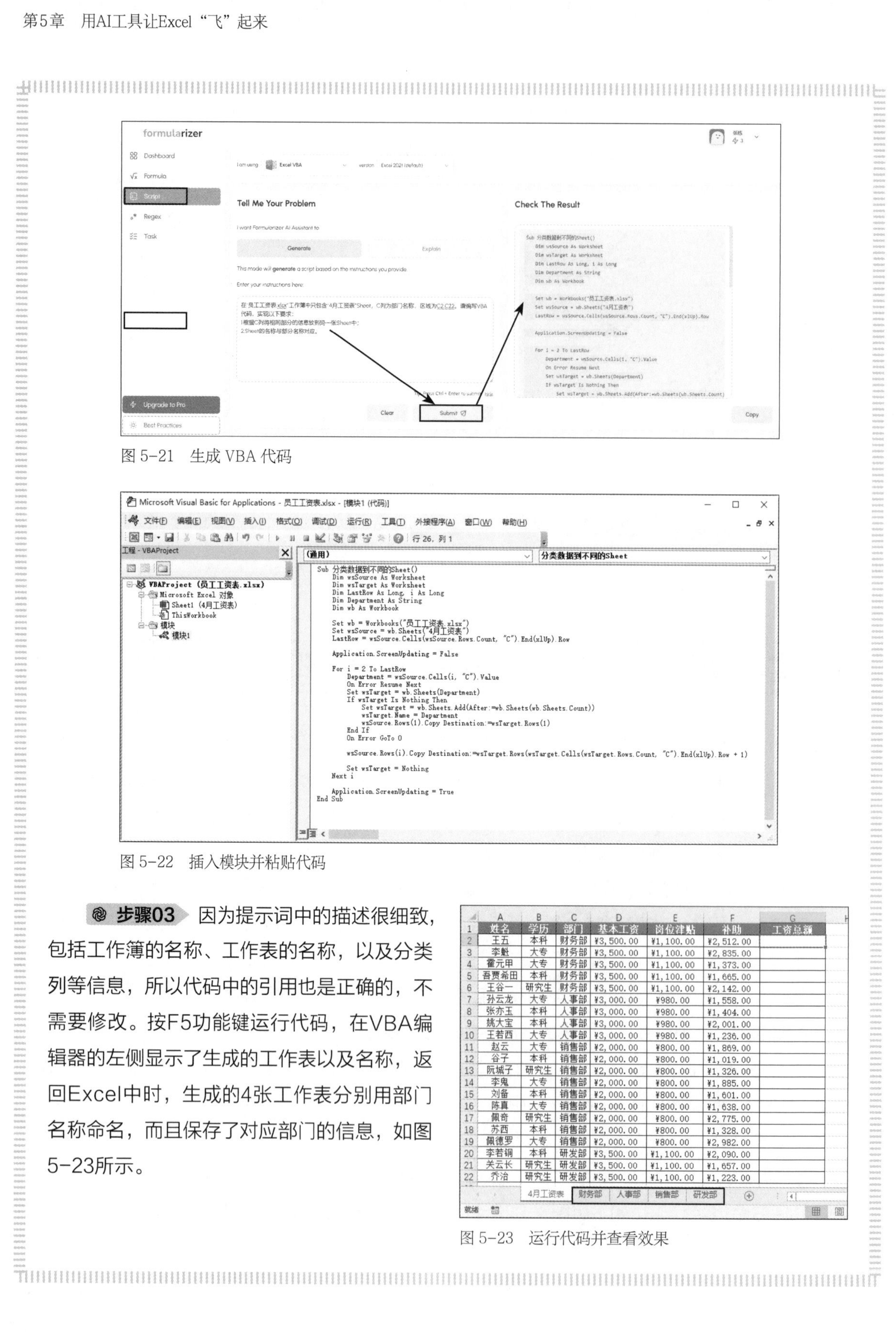

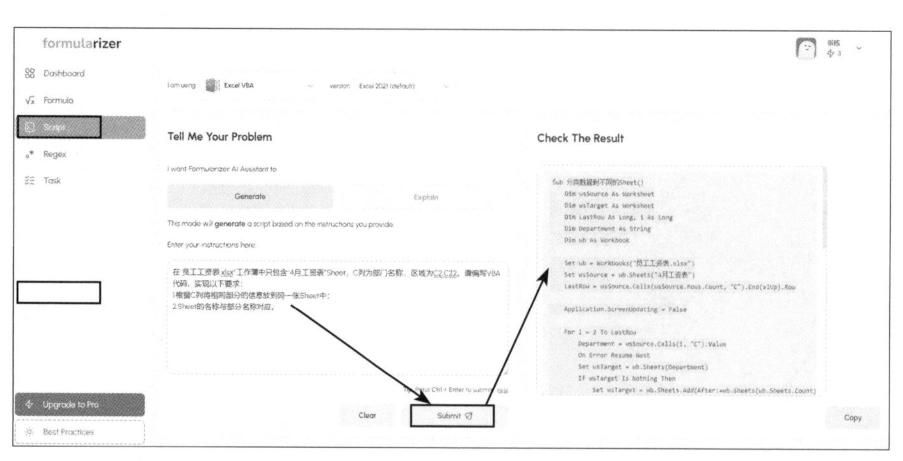

图 5-21　生成 VBA 代码

```
Sub 分类数据到不同的Sheet()
    Dim wsSource As Worksheet
    Dim wsTarget As Worksheet
    Dim LastRow As Long, i As Long
    Dim Department As String
    Dim wb As Workbook

    Set wb = Workbooks("员工工资表.xlsx")
    Set wsSource = wb.Sheets("4月工资表")
    LastRow = wsSource.Cells(wsSource.Rows.Count, "C").End(xlUp).Row

    Application.ScreenUpdating = False

    For i = 2 To LastRow
        Department = wsSource.Cells(i, "C").Value
        On Error Resume Next
        Set wsTarget = wb.Sheets(Department)
        If wsTarget Is Nothing Then
            Set wsTarget = wb.Sheets.Add(After:=wb.Sheets(wb.Sheets.Count))
            wsTarget.Name = Department
            wsSource.Rows(1).Copy Destination:=wsTarget.Rows(1)
        End If
        On Error GoTo 0

        wsSource.Rows(i).Copy Destination:=wsTarget.Rows(wsTarget.Cells(wsTarget.Rows.Count, "C").End(xlUp).Row + 1)

        Set wsTarget = Nothing
    Next i

    Application.ScreenUpdating = True
End Sub
```

图 5-22　插入模块并粘贴代码

步骤03 因为提示词中的描述很细致，包括工作簿的名称、工作表的名称，以及分类列等信息，所以代码中的引用也是正确的，不需要修改。按F5功能键运行代码，在VBA编辑器的左侧显示了生成的工作表以及名称，返回Excel中时，生成的4张工作表分别用部门名称命名，而且保存了对应部门的信息，如图5-23所示。

姓名	学历	部门	基本工资	岗位津贴	补助	工资总额
王五	本科	财务部	¥3,500.00	¥1,100.00	¥2,512.00	
李魁	大专	财务部	¥3,500.00	¥1,100.00	¥2,835.00	
霍元甲	大专	财务部	¥3,500.00	¥1,100.00	¥1,373.00	
吾贾希田	本科	财务部	¥3,500.00	¥1,100.00	¥1,665.00	
王谷一	研究生	财务部	¥3,500.00	¥1,100.00	¥2,142.00	
孙云龙	大专	人事部	¥3,000.00	¥980.00	¥1,558.00	
张亦玉	本科	人事部	¥3,000.00	¥980.00	¥1,404.00	
姚大宝	本科	人事部	¥3,000.00	¥980.00	¥2,001.00	
王若西	大专	人事部	¥3,000.00	¥980.00	¥1,236.00	
赵云	大专	销售部	¥2,000.00	¥800.00	¥1,869.00	
谷子	本科	销售部	¥2,000.00	¥800.00	¥1,019.00	
阮城子	研究生	销售部	¥2,000.00	¥800.00	¥1,326.00	
李鬼	大专	销售部	¥2,000.00	¥800.00	¥1,885.00	
刘备	本科	销售部	¥2,000.00	¥800.00	¥1,601.00	
陈真	大专	销售部	¥2,000.00	¥800.00	¥1,638.00	
佩奇	研究生	销售部	¥2,000.00	¥800.00	¥2,775.00	
苏西	本科	销售部	¥2,000.00	¥800.00	¥1,328.00	
佩德罗	大专	销售部	¥2,000.00	¥800.00	¥2,982.00	
李若铜	本科	研发部	¥3,500.00	¥1,100.00	¥2,090.00	
关云长	研究生	研发部	¥3,500.00	¥1,100.00	¥1,657.00	
乔治	研究生	研发部	¥3,500.00	¥1,100.00	¥1,223.00	

4月工资表　财务部　人事部　销售部　研发部

图 5-23　运行代码并查看效果

5.3 智能图表生成工具

图表是Excel的重要组成部分，它可以直观地将表格中的数据展示出来。在实际工作中，仅使用表格展示数据是不够的，还需要直观地展示数据，此时就可以使用图表功能。

Excel中的图表包括柱形图、折线图、饼图、散点图和雷达图等。有时用户不知道如何选择合适的图表类型，就可以使用AI工具来生成图表，它们会根据数据类型生成合适的图表。

本节主要介绍几款常用的智能生成图表工具。

实战演练：使用ChartCube生成饼图

ChartCube也叫图表魔方，是阿里巴巴数据可视化团队出品的在线图表制作工具，让用户通过简单几步操作就能够制作出专业美观的柱状图、雷达图、饼图等数据图表。使用ChartCube制作图表时，不需要注册，只需要在网站中上传数据、选择图表类型、配置图表，最后导出图表即可。

下面我们使用ChartCube根据提供的数据，生成饼图，并分析相关数据。

步骤01 进入ChartCube的官网，页面如图5-24所示。然后单击“立即制作图表”按钮。

图 5-24 ChartCube 官网页面

提 示 **ChartCube导入文件的要求**

首先，ChartCube支持导入文件的格式包括.csv、.excel、.json，而且是以表格形式展现。其次，ChartCube对表格的格式也有要求。

①第一行为列标题，名称不能为空，也不能重复。
②表格内不能出现合并单元格，不能有空行或空列。
③上传的Excel中只会上传第1张工作表中的内容。

步骤02 进入“上传数据”页面，选择“本地数据”单选按钮，接着单击“文件上传”按钮，在打开的对话框中选择准备好的Excel表格，此案例中选择“店面销售统计表.xlsx”工作簿，单击“打开”按钮，如图5-25所示。

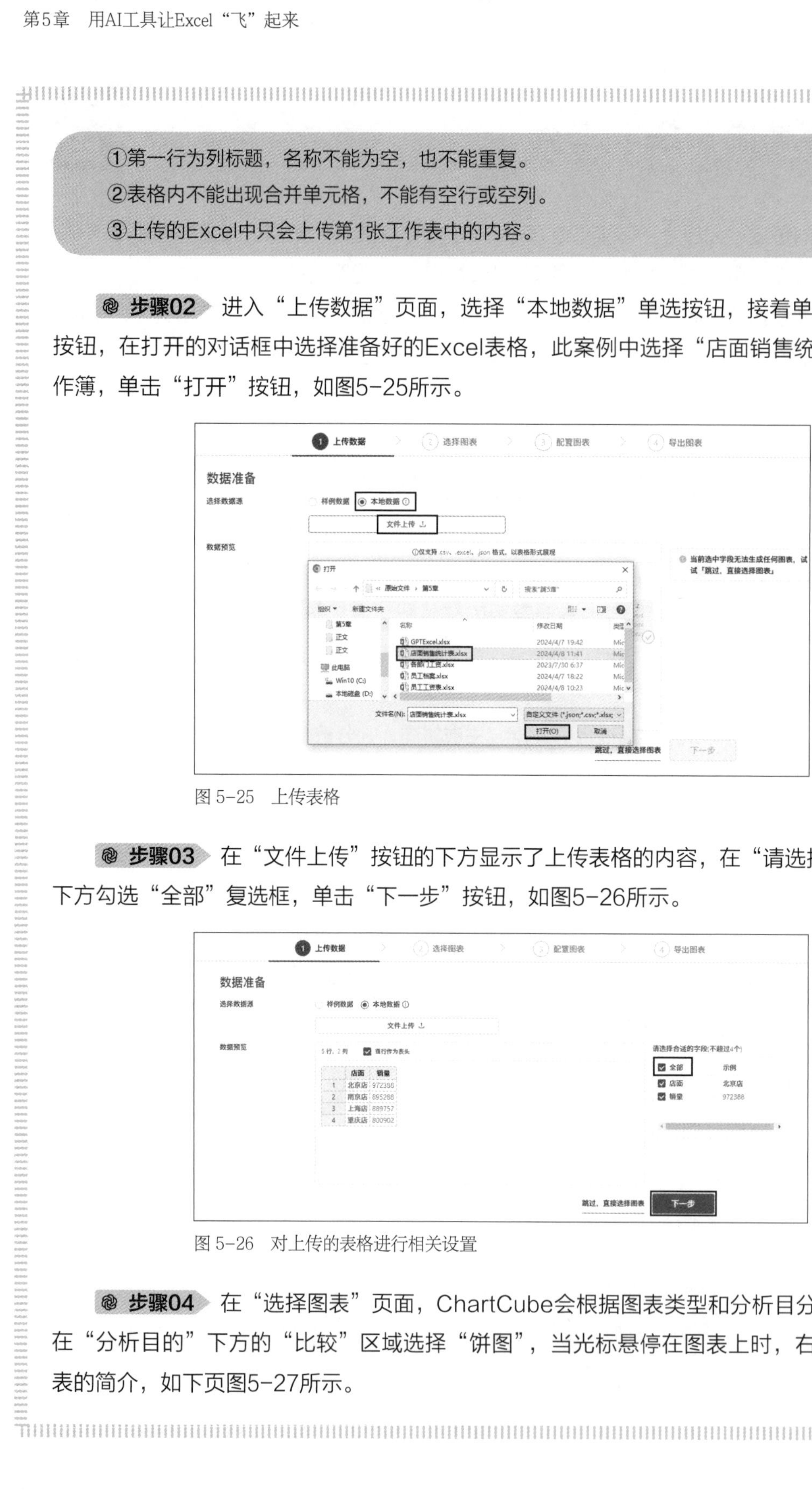

图5-25　上传表格

步骤03 在“文件上传”按钮的下方显示了上传表格的内容，在“请选择合适的字段”下方勾选“全部”复选框，单击“下一步”按钮，如图5-26所示。

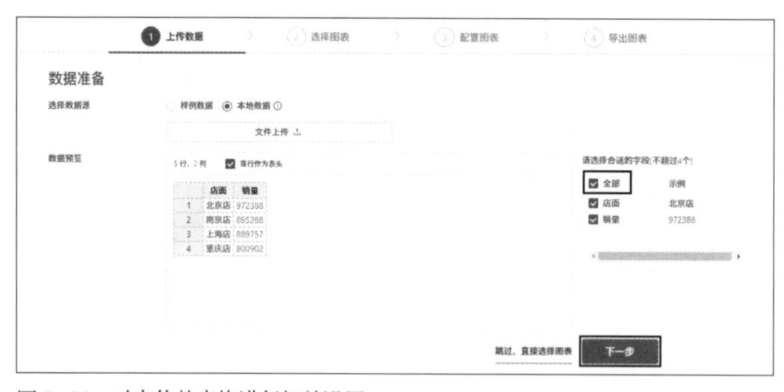

图5-26　对上传的表格进行相关设置

步骤04 在“选择图表”页面，ChartCube会根据图表类型和分析目分别推荐图表。在“分析目的”下方的“比较”区域选择“饼图”，当光标悬停在图表上时，右侧会显示该图表的简介，如下页图5-27所示。

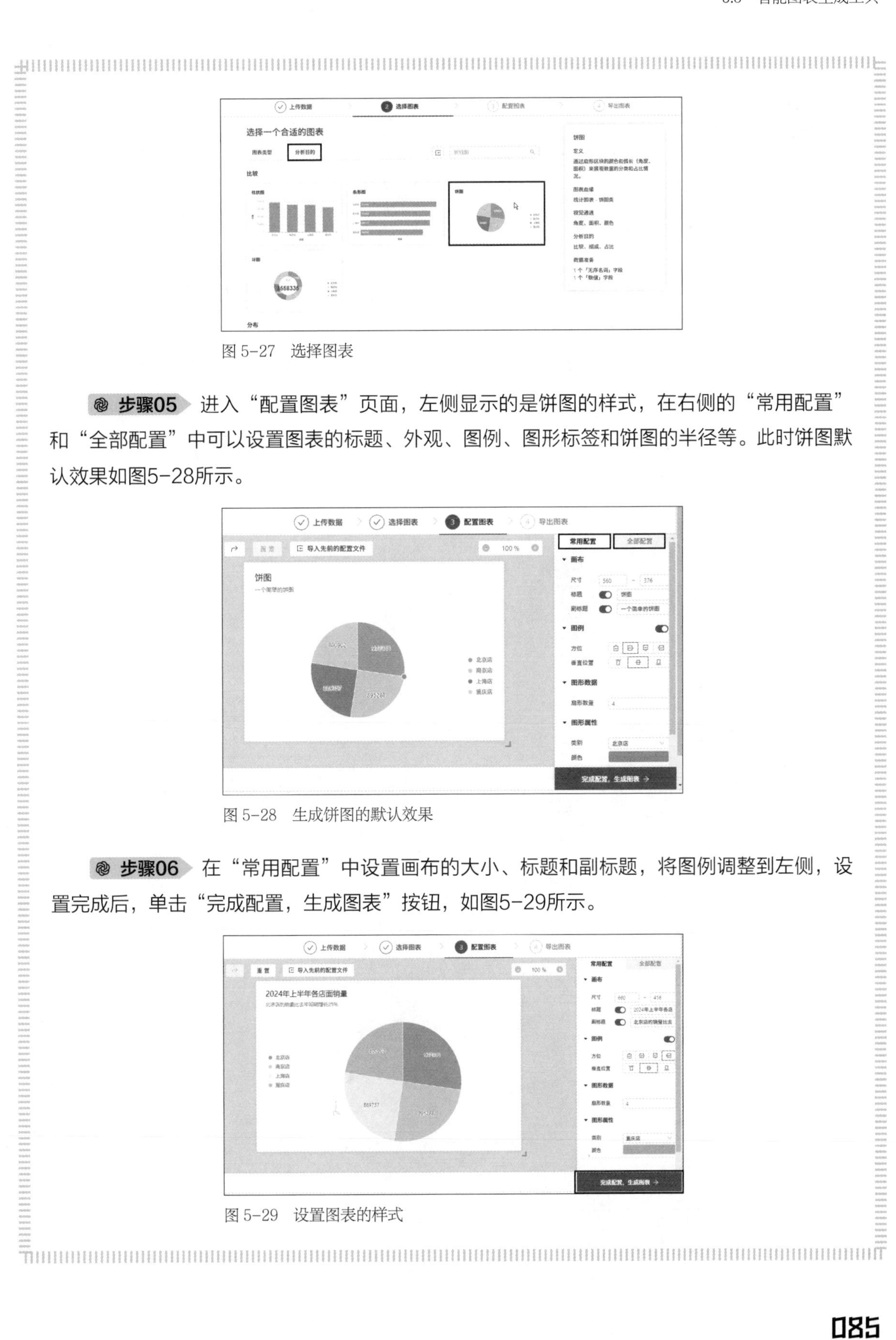

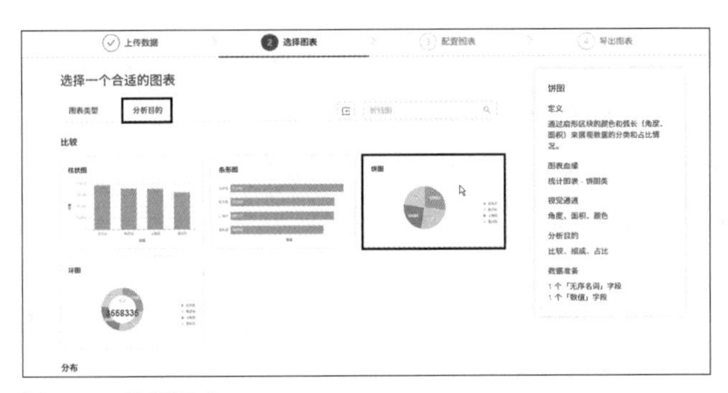

图 5-27　选择图表

步骤05 进入“配置图表”页面，左侧显示的是饼图的样式，在右侧的“常用配置”和“全部配置”中可以设置图表的标题、外观、图例、图形标签和饼图的半径等。此时饼图默认效果如图5-28所示。

图 5-28　生成饼图的默认效果

步骤06 在“常用配置”中设置画布的大小、标题和副标题，将图例调整到左侧，设置完成后，单击“完成配置，生成图表”按钮，如图5-29所示。

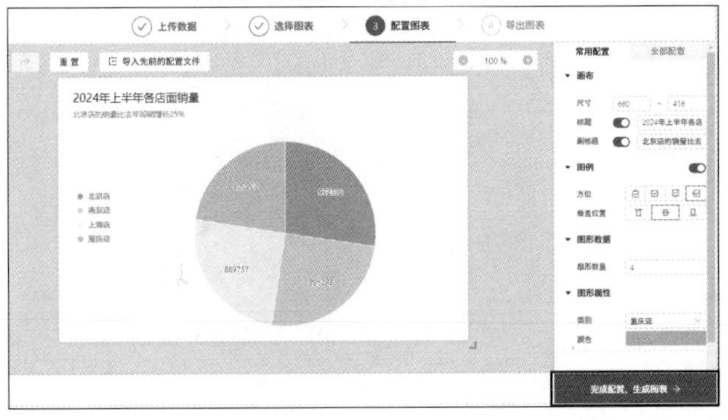

图 5-29　设置图表的样式

提 示　图表元素

目前使用ChartCube制作图表时，只能修改标题、图像、数据系列等图表元素。例如在“图例”区域可以设置图例的显示位置，在“全部配置”中可以设置图例在*X*或*Y*轴上的偏移。如果不需要显示某图表元素，单击右侧的图标，即可隐藏对应的图表元素。

步骤07 进入“导出图表”页面，在“选择要导出的内容”区域可以导出图表、数据、代码，以及配置文件。本案例中只导出图表，图表可以以3种格式导出，分别为.png、.svg和.jpg。保持“图片”区域的.png复选框为勾选状态，单击“导出”按钮，如图5-30所示。

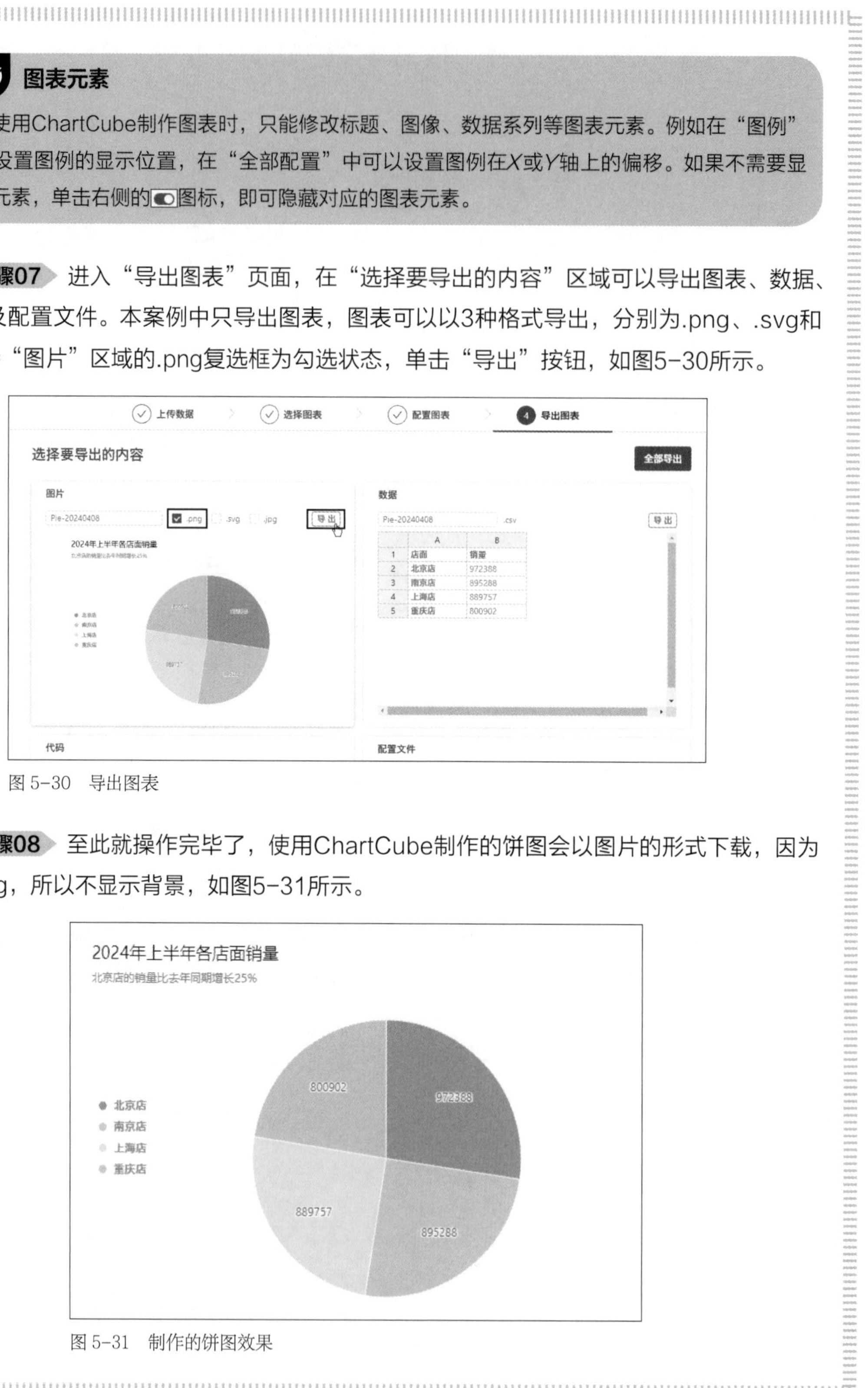

图 5-30　导出图表

步骤08 至此就操作完毕了，使用ChartCube制作的饼图会以图片的形式下载，因为格式为.png，所以不显示背景，如图5-31所示。

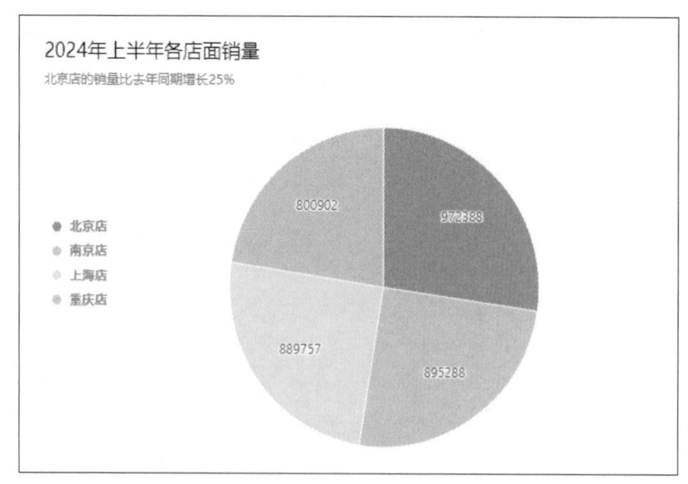

图 5-31　制作的饼图效果

实战演练：使用ChatGPT生成柱形图

在第2章介绍了使用ChatGPT生成Excel图表的方法，本案例将介绍使用ChatGPT生成VBA代码，然后在Excel中自动生成图表的方法。具体操作如下。

步骤01 打开ChatGPT，输入提示词，为了使ChatGPT生成的VBA代码更准确，需要将生成数据的详细信息介绍清楚，如图5-32所示。

你
请帮我编写Excel的VBA代码，要求：
根据“各部门工资.xlsx”工作簿中的Sheet1工作表中A1:B5单元格区域内容的数据生成柱形图，其A1:B1为表格的标题行。

图 5-32　输入提示词

步骤02 发送指令后，ChatGPT会根据要求生成VBA代码，如图5-33所示。

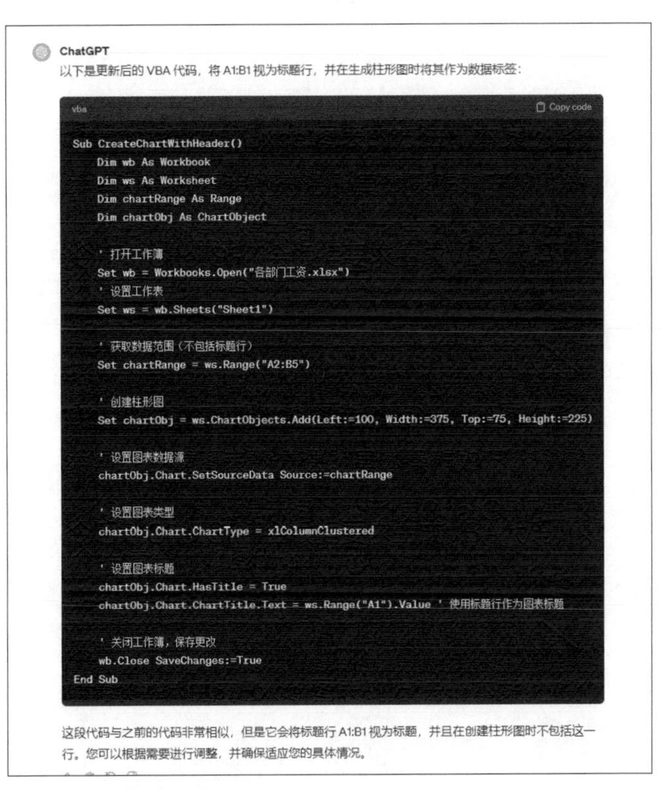
ChatGPT
以下是更新后的 VBA 代码，将 A1:B1 视为标题行，并在生成柱形图时将其作为数据标签：

vba　Copy code

```
Sub CreateChartWithHeader()
    Dim wb As Workbook
    Dim ws As Worksheet
    Dim chartRange As Range
    Dim chartObj As ChartObject

    ' 打开工作簿
    Set wb = Workbooks.Open("各部门工资.xlsx")
    ' 设置工作表
    Set ws = wb.Sheets("Sheet1")

    ' 获取数据范围（不包括标题行）
    Set chartRange = ws.Range("A2:B5")

    ' 创建柱形图
    Set chartObj = ws.ChartObjects.Add(Left:=100, Width:=375, Top:=75, Height:=225)

    ' 设置图表数据源
    chartObj.Chart.SetSourceData Source:=chartRange

    ' 设置图表类型
    chartObj.Chart.ChartType = xlColumnClustered

    ' 设置图表标题
    chartObj.Chart.HasTitle = True
    chartObj.Chart.ChartTitle.Text = ws.Range("A1").Value ' 使用标题行作为图表标题

    ' 关闭工作簿，保存更改
    wb.Close SaveChanges:=True
End Sub
```

这段代码与之前的代码非常相似，但是它会将标题行 A1:B1 视为标题，并且在创建柱形图时不包括这一行。您可以根据需要进行调整，并确保适应您的具体情况。

图 5-33　生成 VBA 代码

提 示　**使用文心一言也可以生成VBA**

在第4章介绍了使用文心一言生成Word的VBA代码的方法，在本案例中也可以使用文心一言代替ChatGPT生成VBA代码。

步骤03 单击代码区右上角的“Copy code”按钮复制代码。打开“各部门工资.xlsx”工作簿，切换至“开发工具”选项卡，单击“Visual Basic”按钮，打开VBA编辑器，插入新模块，然后粘贴代码，如图5-34所示。

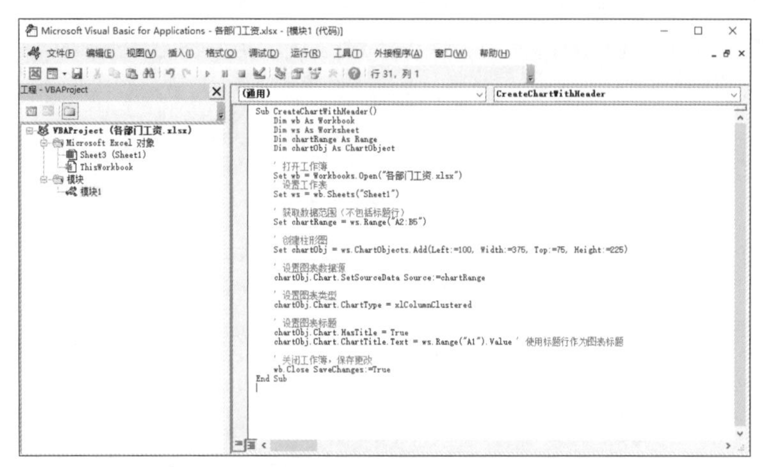

图 5-34　复制粘贴 VBA 代码

步骤04 将最后关闭的工作簿的代码删除，然后按F5功能键运行代码，此时会弹出提示对话框，显示无法找到“各部门工资.xlsx”文件，单击“调试”按钮，如图5-35所示。

步骤05 定位到出现问题的代码行，此时该工作簿已经打开，直接删除“.Open”，如图5-36所示。如果没有打开该工作簿，则需要在VBA代码中的工作簿名称前添加完整的路径。

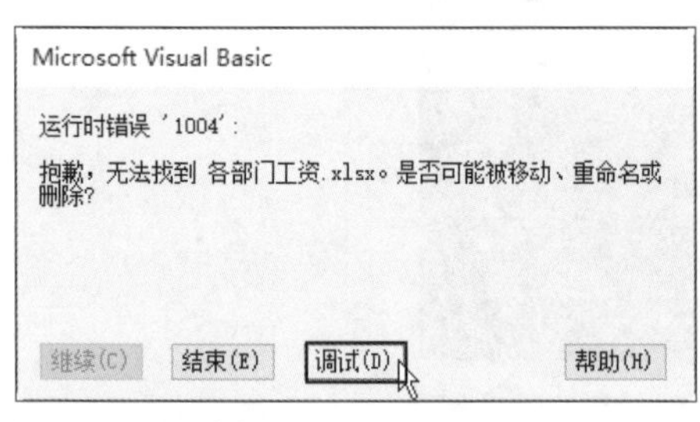

图 5-35　调试代码

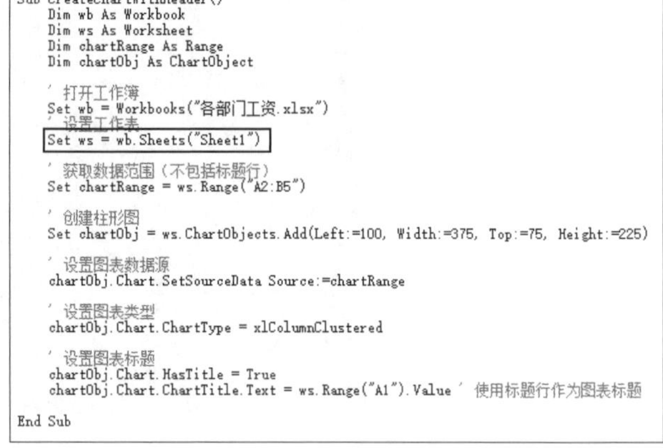

图 5-36　修改代码

提 示　使用ThisWorkbook

本案例生成的VBA代码是在“各部门工资.xlsx”工作簿中运行的，因此，可以将打开工作簿的对应代码删除，然后修改设置工作表对应的代码。将Set ws = wb.Sheets("Sheet1")代码修改为Set ws = ThisWorkbook.Sheets("Sheet1")，代码中使用ThisWorkbook引用当前正在运行的工作簿。

步骤06 修改完成代码后，返回Excel工作簿中，查看生成的柱形图效果，如图5-37所示。生成图表后，用户可以在Excel中对其进行美化。

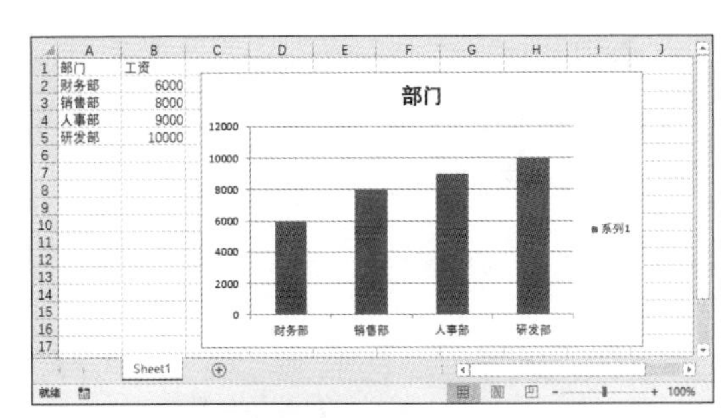

图 5-37　查看生成图表的效果

实战演练：使用办公小浣熊制作图表

办公小浣熊是商汤科技基于深度学习和自然语言处理技术打造的一款智能助手。它专为办公数据分析场景设计，可以处理多种文件类型，如xlsx、xls、csv、txt、json等，并能够对不同类型的数据执行提取、计算、代码解释及分析任务命令。

本节将使用办公小浣熊提供的数据，生成图表，然后分析数据，最终将数据和图表保存到txt和Excel文件中。下面介绍具体操作方法。

步骤01 进入“小浣熊家族”官网，如图5-38所示。注册登录后，在“办公小浣熊”选项卡下就可以处理数据。

图 5-38　办公小浣熊的页面

提 示　小浣熊的其他功能

办公小浣熊的功能除了本案例介绍的生成图表之外，还有强大的数据处理能力，可以对提供的数据进行操作、计算和分析。目前，办公小浣熊支持xlsx、xls、csv、txt和json的文件格式。

步骤02 在页面中可以单击左侧小浣熊下方的图标，打开“打开”对话框，选择需要分析数据的Excel文件，本案例中选择“4月份销售明细表.xlsx”工作簿，单击“打开”按钮，如图5-39所示。

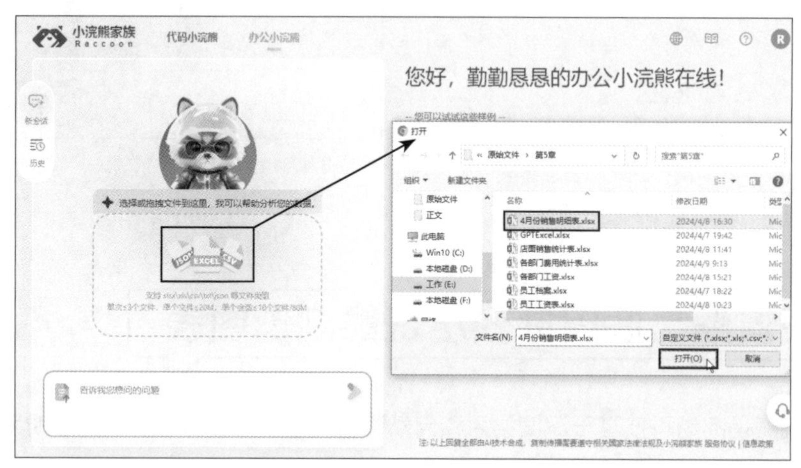

图5-39　添加需要分析的文件

步骤03 上传文件后，在右侧的“文件预览”中查看上传文件的效果，日期列显示的非日期格式不会影响后期图表显示。在输入框中输入“你好！根据上传的数据生成图表”提示词，发送后稍等片刻后，在右侧会生成折线图，如图5-40所示。

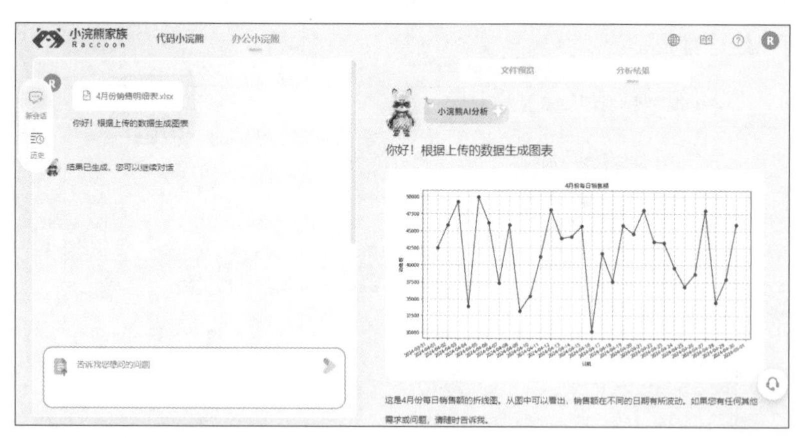

图5-40　生成折线图

提 示 **查看生成图表的过程**

在本页面的左侧，将光标移到小浣熊回答的结果上方，右侧就会显示“展开解析”文本，单击后，在下方显示生成图表的过程。首先，小浣熊打开上传的文件，分析数据结构，接着根据数据结构选择合适的图表类型，最后使用Python生成图表，如下页图5-41所示。

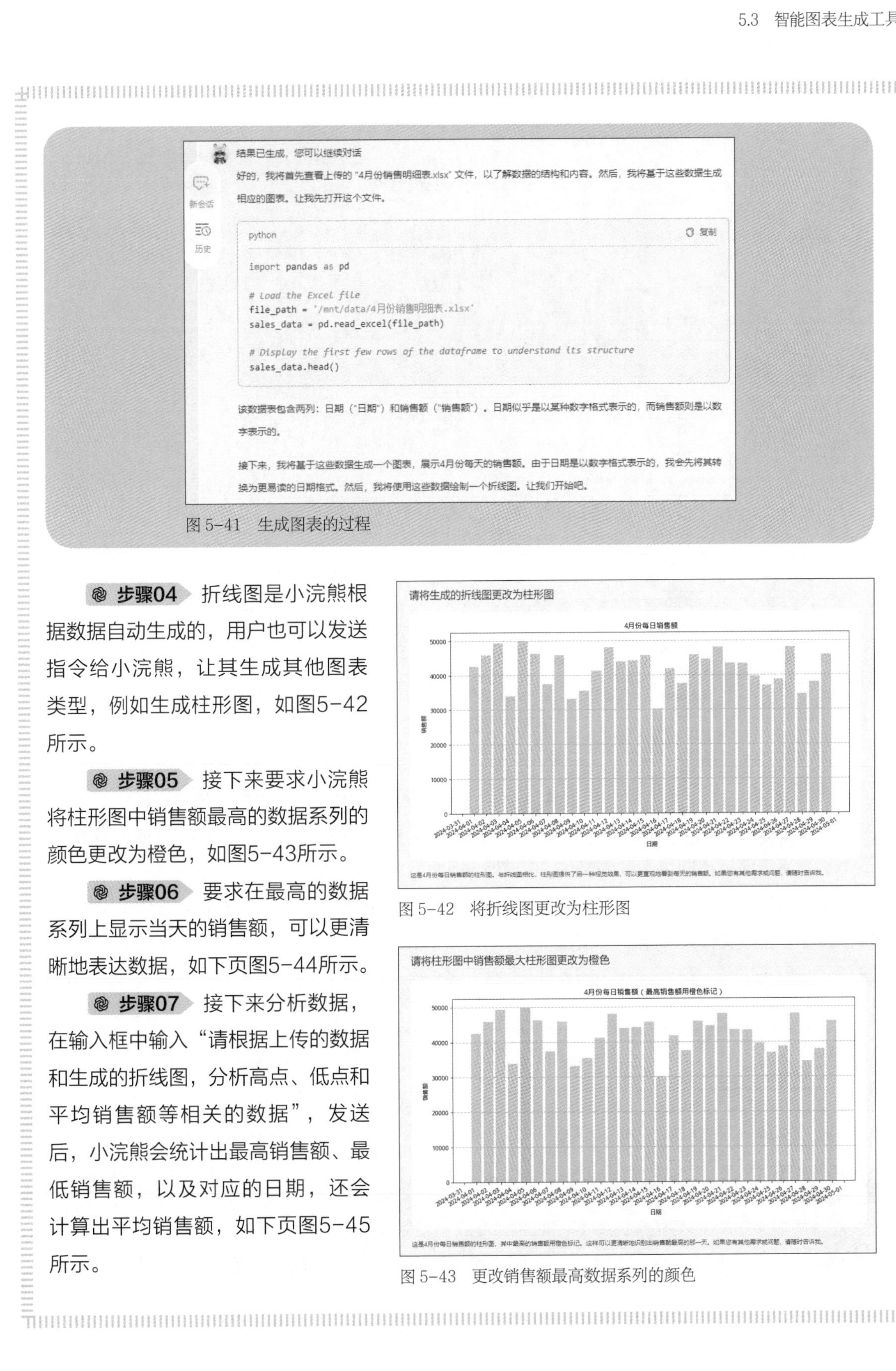

图5-41　生成图表的过程

步骤04 折线图是小浣熊根据数据自动生成的，用户也可以发送指令给小浣熊，让其生成其他图表类型，例如生成柱形图，如图5-42所示。

步骤05 接下来要求小浣熊将柱形图中销售额最高的数据系列的颜色更改为橙色，如图5-43所示。

步骤06 要求在最高的数据系列上显示当天的销售额，可以更清晰地表达数据，如下页图5-44所示。

步骤07 接下来分析数据，在输入框中输入“请根据上传的数据和生成的折线图，分析高点、低点和平均销售额等相关的数据”，发送后，小浣熊会统计出最高销售额、最低销售额，以及对应的日期，还会计算出平均销售额，如下页图5-45所示。

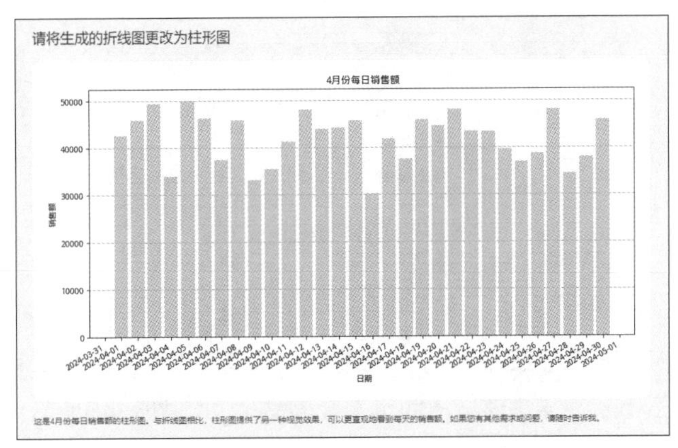

图5-42　将折线图更改为柱形图

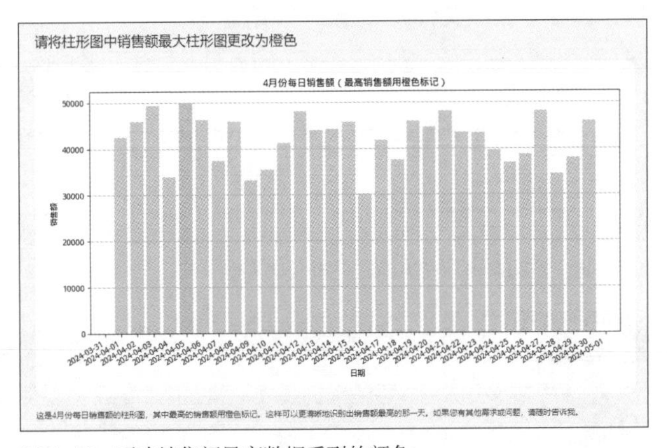

图5-43　更改销售额最高数据系列的颜色

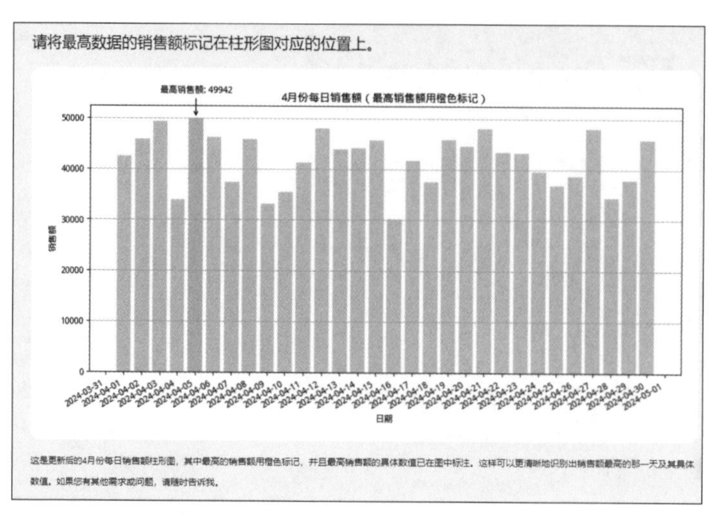

图 5-44　添加数据标签

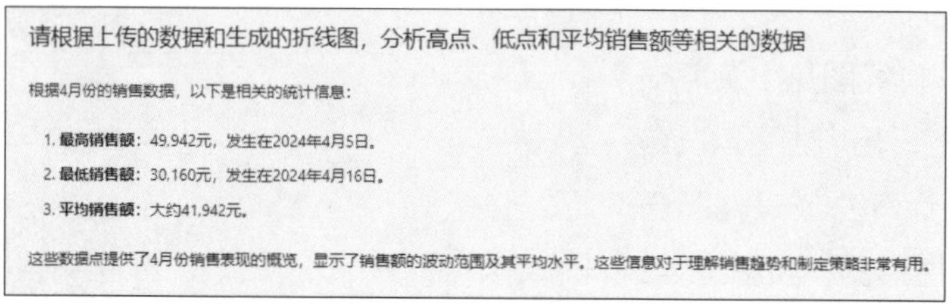

请根据上传的数据和生成的折线图，分析高点、低点和平均销售额等相关的数据

根据4月份的销售数据，以下是相关的统计信息：

1. **最高销售额**：49,942元，发生在2024年4月5日。
2. **最低销售额**：30,160元，发生在2024年4月16日。
3. **平均销售额**：大约41,942元。

这些数据点提供了4月份销售表现的概览，显示了销售额的波动范围及其平均水平。这些信息对于理解销售趋势和制定策略非常有用。

图 5-45　分析数据

步骤08 将分析的数据存放在txt文件中，在输入框中输入“请将分析的数据存放在txt文件中”，发送后，小浣熊自动生成txt文件，并且自动将文件命名为“4月份销售数据分析.txt”。单击该链接即可下载该文件，如图5-46所示。

步骤09 用相同的方法将生成的图表保存在Excel文件中，在下方同样会产生链接，单击即可下载该文件，如图5-47所示。

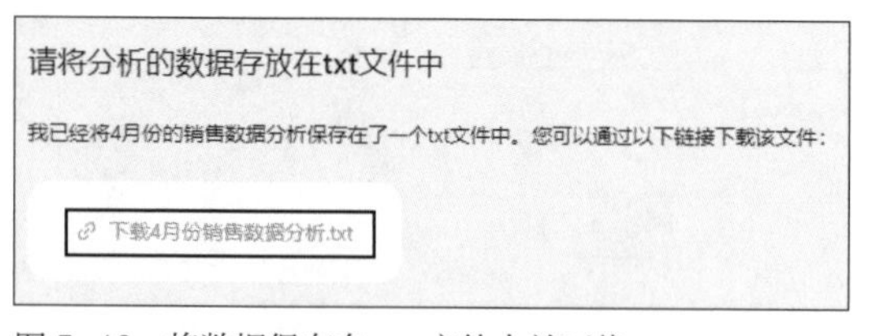

图 5-46　将数据保存在 txt 文件中并下载

请将最近生成的图表存放到Excel文件中

我已经将最近生成的图表保存到了一个Excel文件中。您可以通过以下链接下载该文件：

下载4月份销售数据图表.xlsx

图 5-47　将图表保存在 Excel 文件中并下载

提 示　图表以图片形式保存

使用办公小浣熊保存生成的图表，是以图表的形式保存到Excel中，因此无法再通过Excel继续编辑图表。

第6章 用AI工具让PowerPoint“飞”起来

在不使用AI工具制作PPT之前，制作PPT的过程十分繁琐。首先要准备文案、搜集大量的图片素材，接着在初稿时拟订大纲，设置环节，包括设置排版、制作图表，最后还要添加备注、设置动画，这一套流程不仅费时费力，还不一定能达到满意的效果。

现在有了AI工具，制作PowerPoint的过程就变得简单了，为现代演示文稿的制作带来了革命性的变革。通过融入人工智能的先进技术，AI工具不仅提升了PowerPoint的制作效率，更在内容创新、个性化设计以及用户交互等方面展现了巨大的潜力。

本章主要介绍5款AI工具，分别为ChatPPT、Gamma、Tome、AIPPT和讯飞智文。这5款工具可以根据提供的主题快速生成PPT，我们就可以有更多的时间和精力聚焦在想法和创意上，从而制作出更具有说服力的演示文稿。这5款工具中，ChatPPT和讯飞智文支持多种生成方法，除了对话的方式，还可以通过上传文件并自动提取文件的大纲来生成PPT。

6.1　使用ChatPPT一键生成演示文稿

传统的PPT制作工具需要用户手动进行排版、设计和编辑内容，过程繁琐且耗时。为了解决这一问题，ChatPPT应运而生。ChatPPT利用人工智能技术，将自然语言处理、机器学习和自动化排版等技术相结合，为用户提供了一个更加智能、高效的演示文稿制作工具。

ChatPPT是珠海必优科技有限公司旗下一款能自动生成幻灯片演示文稿的软件。对于PPT来说，ChatPPT是一款功能强大且齐全的软件。该软件能够自动排版和布局，选择配色文案，根据文本智能推荐图片和图表，除此之外，还可以生成动画效果。

目前，ChatPPT提供了在线体验版和Office插件版两大版本。在线体验版，即用户可以在线体验AI生成PPT的服务，无需安装任何软件，直接通过网页即可使用。而Office插件版则是基于微软Office与WPS提供的完整的AI生成PPT的功能，用户可以在熟悉的Office环境中直接使用ChatPPT的各项功能。

6.1.1　ChatPPT在线体验版的使用方法

ChatPPT在线体验版是基础版本，用户可以直接访问ChatPPT官网并注册，在线生成PPT文档。下面介绍具体操作。

步骤01 打开计算机中的IE浏览器，在搜索框中输入ChatPPT的官网网址。按Enter键进入页面，如图6-1所示。

图6-1　ChatPPT的页面

步骤02 单击右上角的“登录/注册”按钮，跳转到下一页面，使用手机微信扫描二维码即可登录ChatPPT，如下页图6-2所示。此时，用户是作为普通用户登录的。

图 6-2 扫描二维码登录

提 示 ChatPPT的普通用户

ChatPPT的普通用户是免费的，但是有很多限制，例如生成PPT页面的数量是20页/天、生成图片的数量是10张/天、不支持MotionGo会员功能。如果用户想更好地使用ChatPPT，可以升级为会员，每人的费用是¥199/年。

步骤03 登录后即可使用ChatPPT，在输入框中输入指令“你好！帮我生成一份关于5G新时代的PPT文案”，然后单击“立即体验 · AI创作PPT”按钮。页面跳转到下一页，此时ChatPPT生成了3个主题，选择合适的主题，单击“确认”按钮，如图6-3所示。

图 6-3 选择 PPT 的主题

步骤04 确认主题后，再选择PPT内容丰富程度，本案例中选择“中等”，如下页图6-4所示。

步骤05 ChatPPT根据要求生成了PPT的目录，共5个章节，每个章节包含两部分，内容结构也比较合理，对目录感到满意就单击“使用”按钮，如下页图6-5所示。用户可以根据自己的要求进行修改。

步骤06 ChatPPT根据内容生成了4种主题风格，选择其中一种，单击“使用”按钮，如图6-6所示。如果对这4种主题风格都不满意，可以单击“AI重新生成”按钮，重新生成4种主题风格。

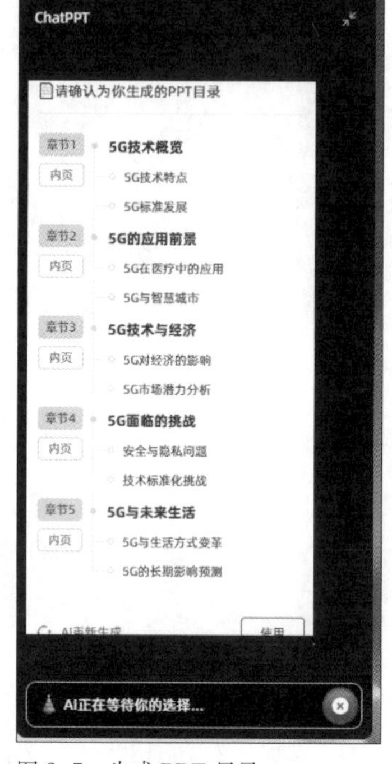

图6-4 选择PPT内容丰富度　　图6-5 生成PPT目录　　图6-6 选择主题风格

步骤07 ChatPPT需要时间进行创作，创作成功后的内容将显示在页面的左侧。本示例共生成18张幻灯片，风格统一，结构完整，包括封面、目录、转场、内容和结束。单击右上角的下载按钮，下载生成的PPT，如图6-7所示。

图6-7 创建PPT并下载

下载完成后，打开生成的演示文稿，播放并查看效果，每页幻灯片的图片和文字是相关联的，而且设置了动画效果和切换方式。用户还可以根据需要进一步编辑下载后的演示文稿。

实战演练：根据Word文档生成PPT

ChatPPT在线体验版还可设置生成PPT的内容风格，以及将其他文件转为PPT。ChatPPT可以将Word、PDF、TXT、X-Mind、MarkDown、剪切板和Html文件等转为PPT，本案例以将Word文档转换为PPT为例介绍具体操作方法。

步骤01 单击输入框左侧■图标，在列表中选择“专业”选项，再单击■图标，在列表中选择Word选项。在打开的对话框中选择“关于企业体制改革文案.docx”文档，ChatPPT会根据文档内容，确认PPT的标题，单击“确认”按钮，如图6-8所示。

步骤02 ChatPPT会根据文档的内容生成PPT大纲，要是提练的大纲和Word文档一致，单击“使用”按钮，如图6-9所示。

步骤03 根据文档的内容，确认生成的PPT风格，单击“使用”按钮，如图6-10所示。

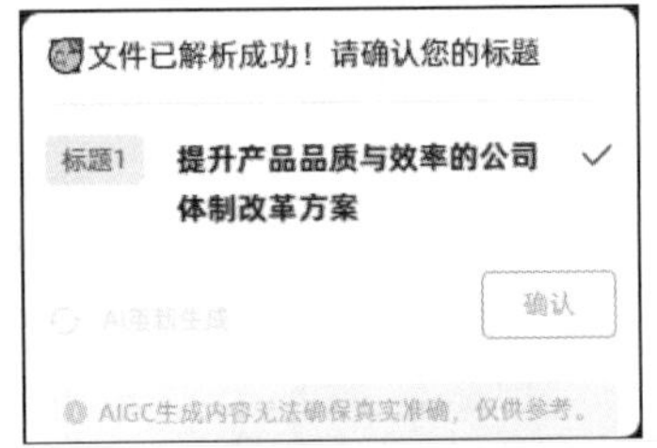

图 6-8 确认标题

图 6-9 生成 PPT 大纲

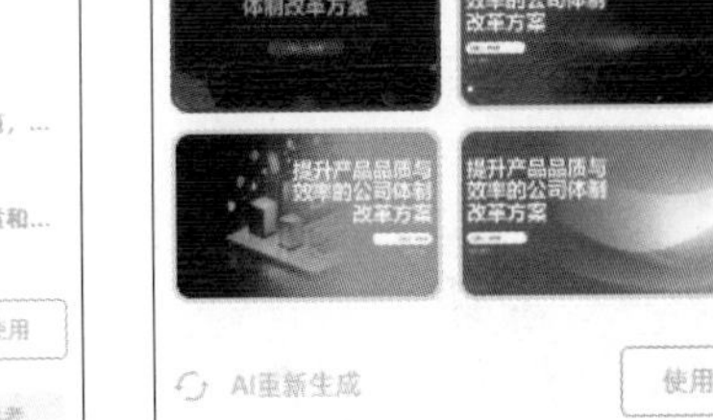

图 6-10 确认风格

步骤04 ChatPPT会按要求将Word文档转成PPT，效果如下页图6-11所示。

图 6-11　将 Word 文档转成 PPT 的效果

6.1.2　ChatPPT的Office插件版的使用方法

ChatPPT的Office插件版可以与Microsoft Office和WPS Office无缝集成，用户无需在多个应用间切换，直接在熟悉的Office环境中就能进行AI生成和美化PPT的操作，提升了使用体验和便利性。

安装插件的方法也比较简单，下面介绍具体操作方法。

步骤01 在ChatPPT的页面中单击“下载插件安装包”按钮，即可下载ChatPPT的插件，如图6-12所示。

步骤02 双击下载的插件，即可自动安装。安装完成后打开演示文稿，若显示“ChatPPT”选项卡，即表示安装成功，效果如图6-13所示。

图 6-12　下载的插件

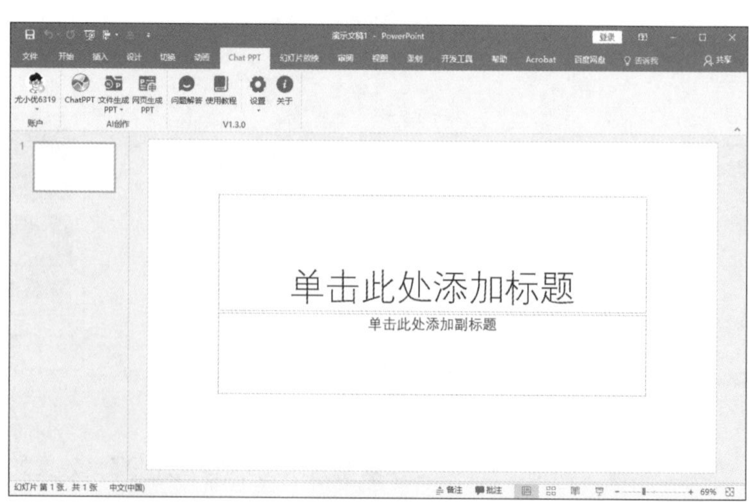

图 6-13　安装插件后的效果

实战演练：与ChatPPT对话并创建PPT

本案例将通过使用ChatPPT插件在演示文稿中快速生成PPT，生成的PPT主题是：人工智能的机遇、挑战与未来。使用ChatPPT插件制作PPT时，可以发送指令来对其进行修改，下面介绍具体操作方法。

步骤01 打开演示文稿，切换至“ChatPPT”选项卡，单击“登录”按钮，使用微信扫描二维码登录，然后单击“ChatPPT”按钮，在右侧打开与ChatPPT的对话界面，如图6-14所示。

步骤02 将光标定位在输入框中，在弹出的列表中选择“生成PPT”选项，因为接下来要生成的是关于人工智能的PPT，如图6-15所示。

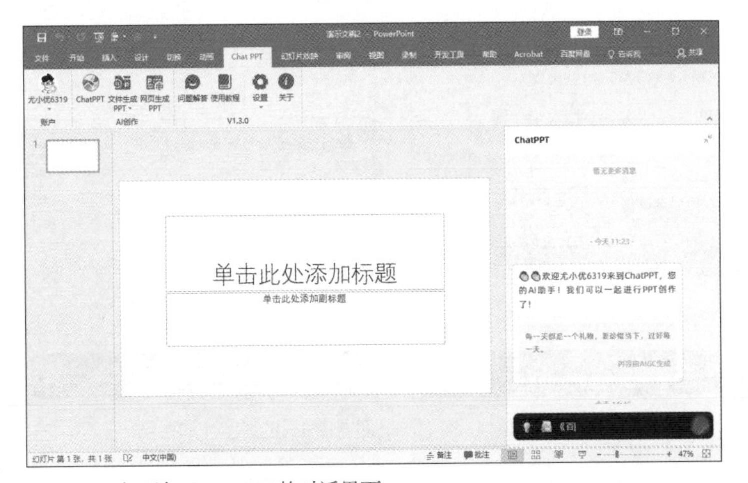

图 6-14　打开与 ChatPPT 的对话界面

图 6-15　选择“生成 PPT”选项

步骤03 输入“生成一份关于人工智能的机遇、挑战与未来的PPT”的提示词，然后按Enter键，ChatPPT就生成了3个主题，选择主题后单击“确认”按钮，如图6-16所示。

步骤04 接下来选择PPT内容丰富度，本案例中想要生成的内容很丰富，因此选择“复杂”，如图6-17所示。

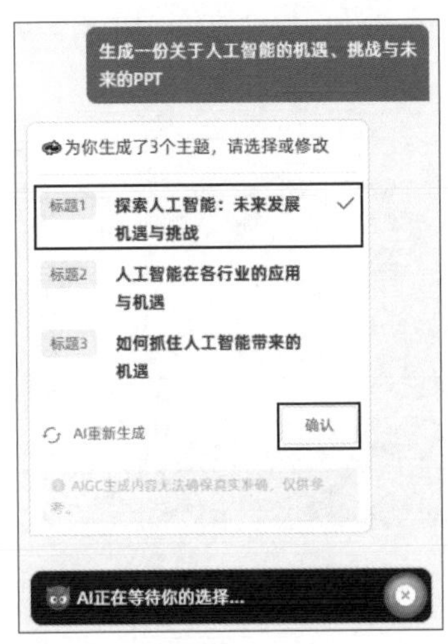

图 6-16　选择主题

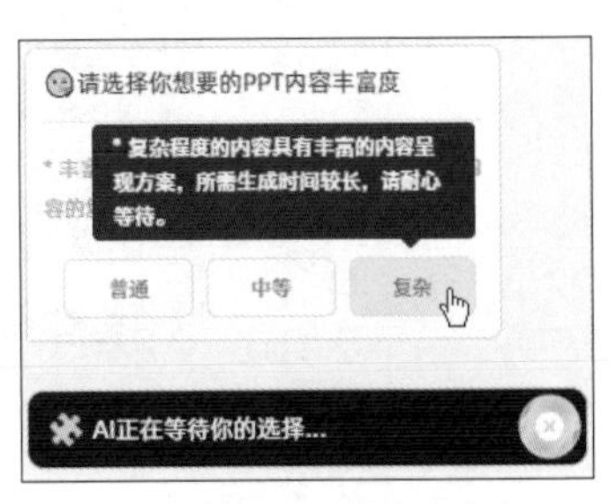

图 6-17　选择 PPT 内容丰富度

步骤05 然后ChatPPT生成了一份大纲，如果需要对大纲进行修改，将光标定位在文本上，右侧会出现3个按钮，分别为“缩进”“添加”和“删除”，根据需要进行修改即可。用户对生成的大纲满意后，单击“使用”按钮，如图6-18所示。

步骤06 ChatPPT提供了4种生成的PPT风格，选择合适的后，单击“使用”按钮，如图6-19所示。接下来选择生成的图片或图标的质量，本案例中选择“高质量”，如图6-20所示。

图6-18　生成PPT大纲

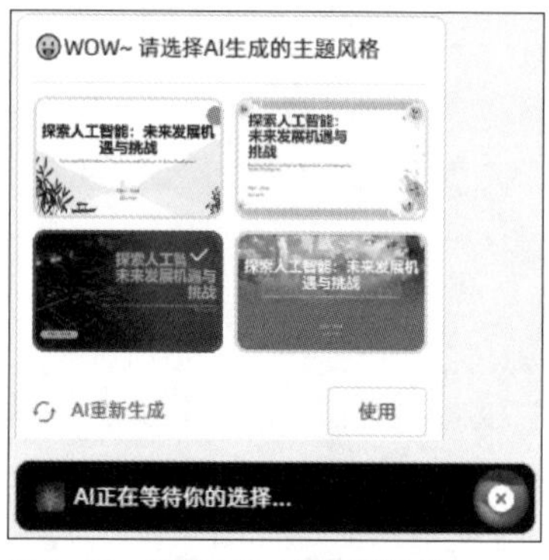

图6-19　确认PPT的主题风格

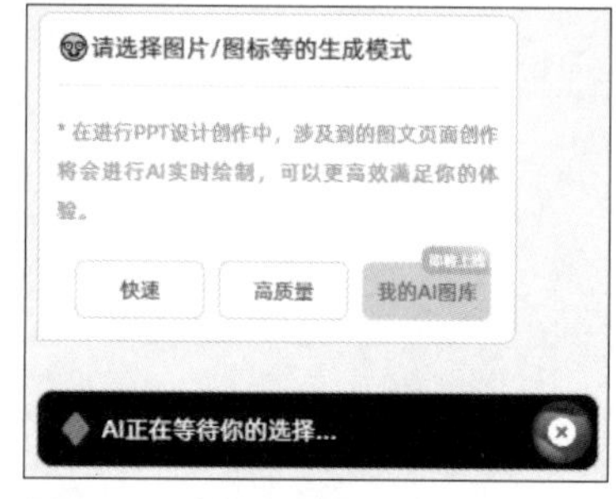

图6-20　选择图片的质量

步骤07 ChatPPT能根据所有的要求自动生成PPT，在生成时会根据内容调整文本的大小、颜色和位置。生成后自动将PPT导出，并询问是否生成演讲备注，单击“需要”按钮，如图6-21所示。

图6-21　生成演讲备注

步骤08 ChatPPT之后会分析每页的内容，并在每页下方的备注框中输入备注内容。接下来询问是否生成演示动画，单击“需要”按钮，如图6-22所示。

步骤09 动画添加完成后，全部的PPT就完成了，共18页。将生成的PPT保存，查看最终效果，如图6-23所示。

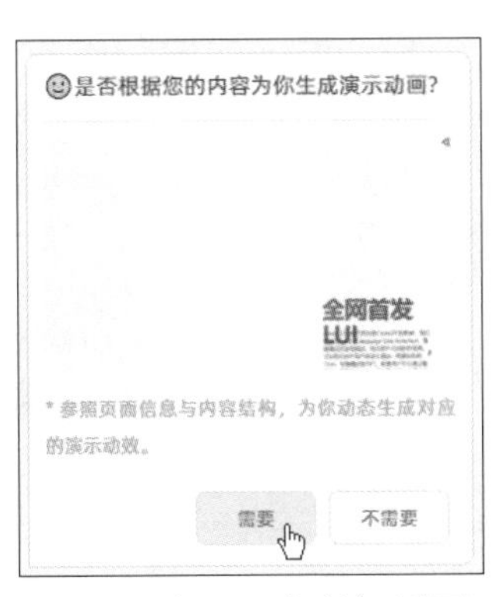

图 6-22 为 PPT 生成演示动画

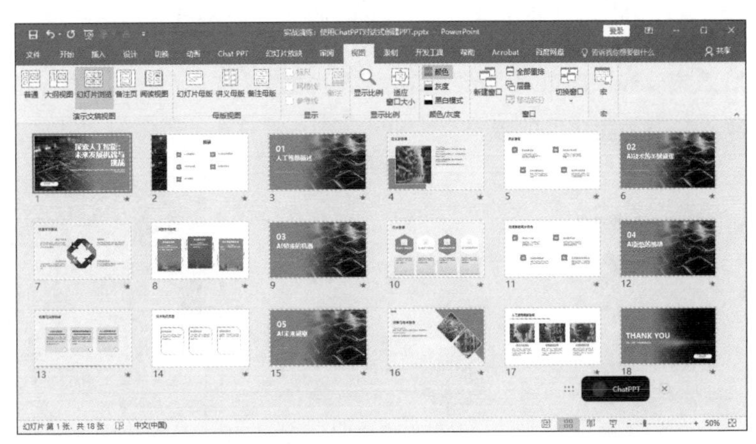

图 6-23 查看生成 PPT 的效果

实战演练：使用ChatPPT修改PPT

在上一个实战演练中是使用ChatPPT生成一份关于人工智能的PPT，用户可以进一步通过ChatPPT去修改PPT，例如更换图片、重新排版、修改主题颜色等。下面介绍具体操作方法。

步骤01 打开使用ChatPPT创建的PPT，切换至第4张幻灯片，将本页的图片换成与医疗有关的图片。在输入框中输入“将本页图片换为与医疗有关的图片”，发送后，效果如图6-24所示。

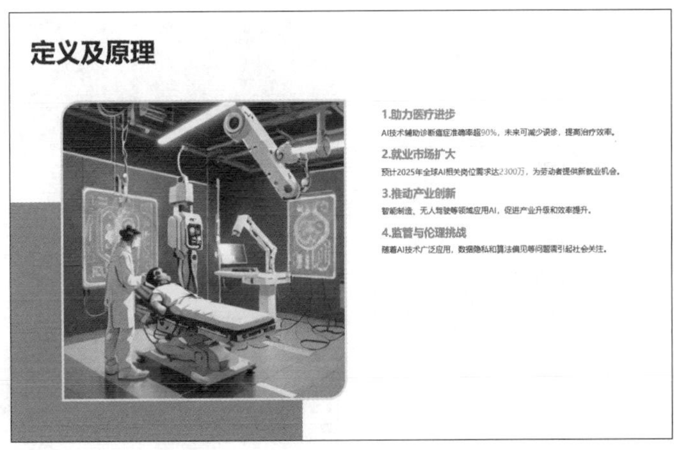

图 6-24 更换后的图片

提 示　ChatPPT可以生成文字云

ChatPPT能够分析当前页面中输入的相关文本或关键词，并根据其重要性、频率或其他相关指标，自动调整每个词在文字云中的大小、颜色或位置，从而生成文字云。

步骤02 切换至第11张幻灯片，在输入框中输入“更改本页排版”，发送后会发现排版效果一般。再输入“帮我美化这一页面”，选择合适的效果。图6-25的左侧为重新排版的效果，右侧为美化后的效果。

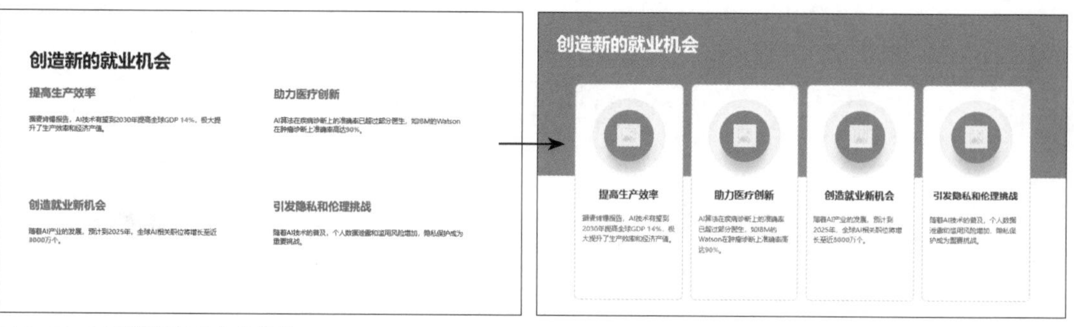

图6-25　重新排版并美化的效果

步骤03 切换至第14张幻灯片，添加视频作为背景。在输入框中输入“帮我在本页插入视频背景”，ChatPPT会提供8个供选择的视频，选择合适的视频，单击“使用背景”按钮，如图6-26所示。

步骤04 将选中的视频作为背景添加到该页幻灯片中，效果如图6-27所示。

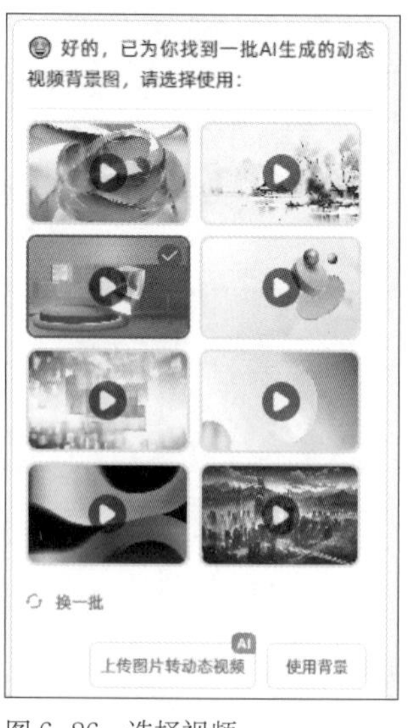

图6-26　选择视频

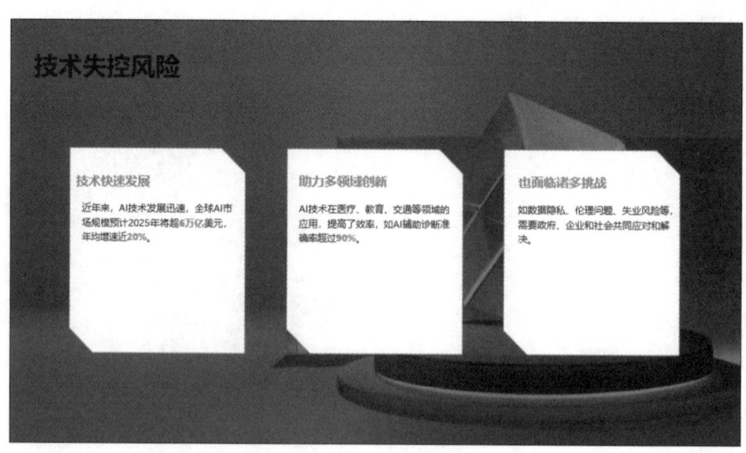

图6-27　添加背景视频的效果

提 示 **添加本地视频**

用户也可以通过演示文稿的“插入>视频>PC上的视频”功能添加本地视频。

步骤05 在输入框中输入指令更改主题色，例如，输入“将主题色更改为海天蓝色”，在列表中选择合适的主题色，单击“使用”按钮，效果如图6-28所示。

图 6-28 更改主题色的效果

6.2 Gamma和Tome的应用

AI工具在PPT制作中的应用变得日益广泛和深入。这些工具通过利用人工智能技术，可以自动完成PPT的设计、内容生成以及优化工作，极大地提高了制作效率和演示效果。

本节将介绍两款能自动生成PPT的AI工具，分别为Gamma和Tome。Gamma可以利用深度学习和大数据分析，自动调整字体、颜色和布局等；Tome可以将文本和图像无缝结合，丰富PPT的视觉表现力。

6.2.1 Gamma简介

Gamma是一款基于人工智能的PPT制作平台，它可以根据用户的主题、内容、风格和需求，自动为用户生成适合的PPT的布局、配色、字体、图表、图片和动画等。Gamma支持对话式编辑PPT，生成PPT后，用户可以通过对话的方式，让Gamma进行PPT的内容精简和美化调整等。

使用Gamma之前需要进入其官网注册并登录，在主页面就可以对话，如图6-29所示。

图 6-29　Gamma 的主页面

用Gamma生成PPT的过程和上一节介绍的用ChatPPT生成PPT的过程基本一致，首先生成PPT大纲，接着确定主题，最后生成PPT。

实战演练：使用Gamma快速生成工作总结PPT

本案例中将作为一名电商运营人员，让Gamma生成一份年终总结的PPT，下面介绍具体的操作方法。

步骤01 在Gamma主页面确保“演示文稿”为选中状态，接着在输入框中输入“你好！我是一名电商运营人员，请帮我生成一份年终总结PPT”，单击“生成大纲”按钮，如图6-30所示。

图 6-30　输入提示词

步骤02 Gamma会根据输入词生成PPT的大纲，其中共包含8项内容，可以将光标定位到大纲内容中进行编辑，也可以删除不需要的内容。如果需要添加，就单击下方的“添加卡片”按钮。PPT大纲如下页图6-31所示。

步骤03 单击“继续”按钮后，选择PPT的主题，可以单击“黑暗”“细”“专业人员”或“多姿多彩”按钮对主题进行筛选，选择合适的主题后，单击“生成”按钮，如图6-32所示。

图 6-31 生成的 PPT 大纲

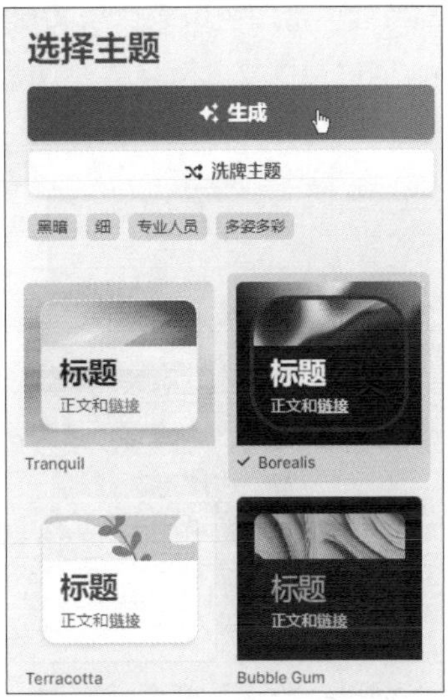

图 6-32 确定主题

> **提 示** **设置生成大纲的数量**
>
> 在输入框的右上角显示的“8cards”，表示将生成的大纲包含8项。单击右侧下三角按钮，在列表中选择适合的数量，例如选择“10cards”，然后单击“再生大纲”按钮，即可重新生成PPT大纲，此时包含10项内容。

步骤04 此时在Gamma网站上生成了8页的幻灯片内容，每一页的内容都是生成的PPT大纲。图6-33显示的是生成的PPT封面。

图 6-33 PPT 封面

步骤05 要想通过AI对第4页进行修改，就选择第4页，单击右侧的“使用AI编辑”按钮，打开对话页面，在输入框中输入“请更改第4页排版”，发送后，Gamma会显示修改前和修改后的对比效果，如图6-34所示。

步骤06 对第4页进行重新排版，再发送指令让其对该页进行美化，如图6-35所示。Gamma会通过设置文本颜色并添加圆角矩形进行修饰。

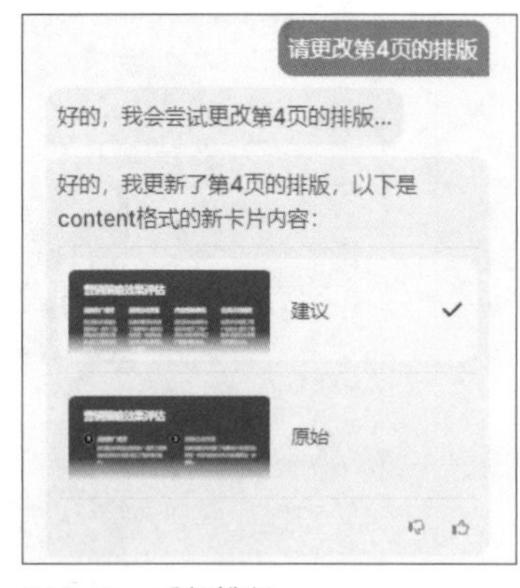

图6-34　重新排版

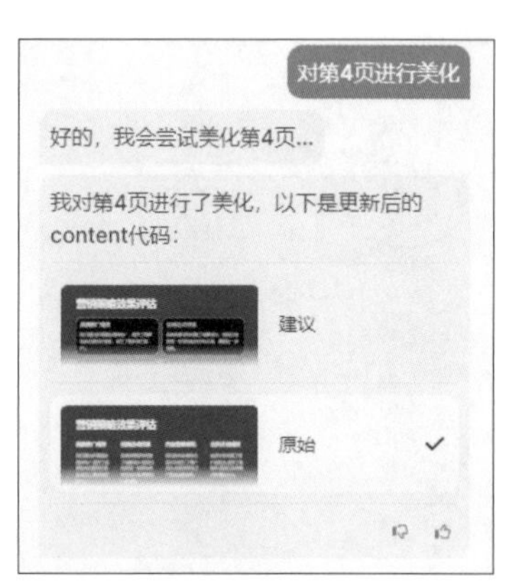

图6-35　美化页面

步骤07 本PPT是Gamma根据大纲生成的对应内容，但还缺少目录页和其他页面。在输入框中输入“在第1页和第2页之间添加目录页”，然后发送，即可生成目录页，如图6-36所示。Gamma生成的目录页虽然简单，但可以自动链接到对应的页面。

图6-36　生成目录页

提　示　手动编辑生成的PPT

在Gamma页面中右侧的“使用AI编辑”按钮下方有一列按钮，包括“卡片模板”“布局模板”“基本区块”“图片”和“视频和媒体”等。用户可以通过这些按钮手动添加模板并输入文本或添加图片等。

步骤08 设置好PPT后，单击上方的“分享”按钮，在打开的页面中单击“导出”按钮，在下方选择“导出到PowerPoint”，如图6-37所示。

步骤09 片刻后即可将生成的内容导出为PPT，如图6-38所示。最后进行下载。

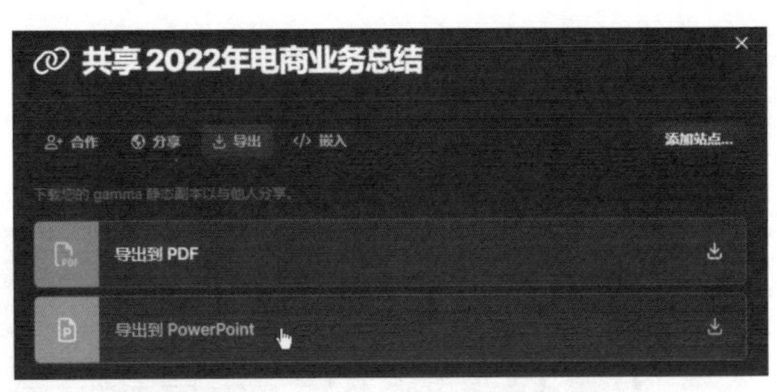

图 6-37 导出文件

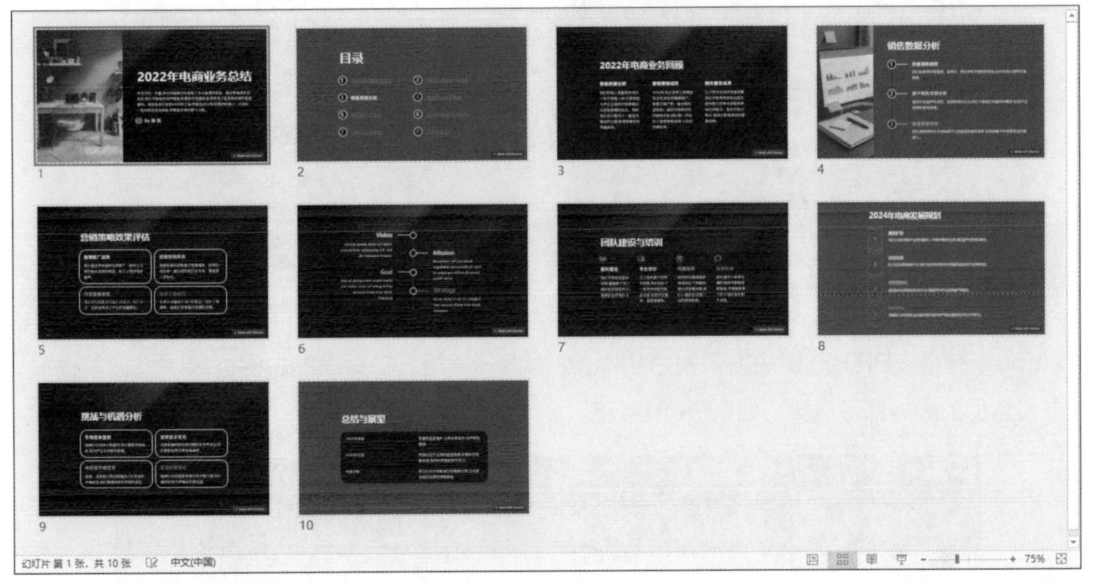

图 6-38 导出生成的 PPT

提 示 分享的其他方式

Gamma除了能将生成的PPT导出为PowerPoint之外，还可以导出为PDF格式、通过邮件的方式将其发送给收件人等。总之Gamma可以以多种方式分享生成的PPT。

6.2.2 Tome简介

Tome AI是一款创新型的AI演示工具，它重新定义了沟通思想的方式，为用户提供了快速创建多媒体演示文稿、微型网站等内容的平台。Tome AI通过借助OpenAI的GPT和DALL—E2的AIGC技术，可以将文本和图像无缝结合，创造出动态的视觉效果。

Tome AI能够根据用户的输入或提示，自动生成演示文稿、单页等内容。用户只需要提供关键的信息，Tome AI便能够迅速将其转化为精美的PPT。

要想使用Tome AI，首先要在浏览器中打开Tome AI的官网，单击右上角的“登录”按钮，进入“注册或登录”界面。根据提示进行注册，可以使用邮箱注册，或者直接使用谷歌邮箱登录。登录后还需要输入个人资料、设置工区，以及默认主题，最后，用户会以普通会员进入Tome的首页，如图6-39所示。

图6-39　Tome首页

Tome中有很多PPT的模板供用户使用，也可以编辑模板。在页面的左侧选择“模板”选项，在右侧单击合适的模板即可选择，如图6-40所示。

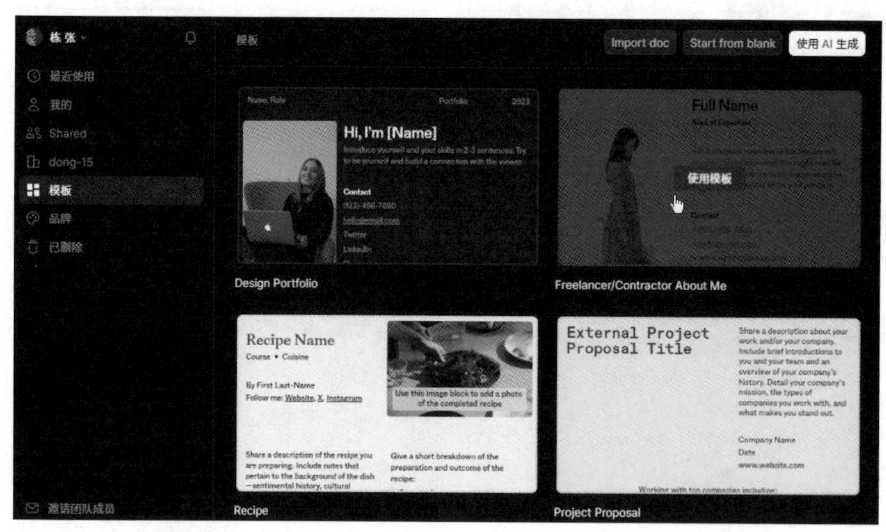

图6-40　选择模板

打开模板后，效果如下页图6-41所示。

用户可以在模板中修改文本，还可以通过右侧的按钮在页面中添加文本、图片、形状、表格、图表等。该模板默认为两页，单击左下角的“添加页面”按钮，在列表中选择合适的布局，即可再添加页面。

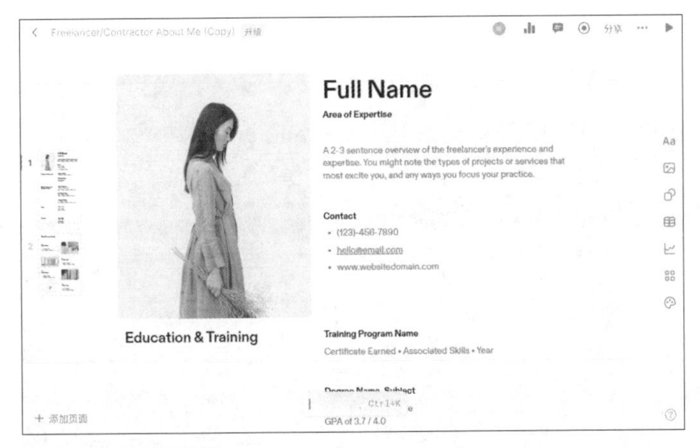

图 6-41　打开的模板

实战演练：使用Tome快速生成工作总结PPT

使用Tome可以快速生成工作总结PPT，下面介绍具体的操作方法。

步骤01 在Tome的主页面中，单击右上角的“使用AI生成”按钮，进入“生成演示文稿”页面，在输入框中输入提示词“生成一份关于自动驾驶技术的PPT”，单击“生成大纲”按钮，如图6-42所示。

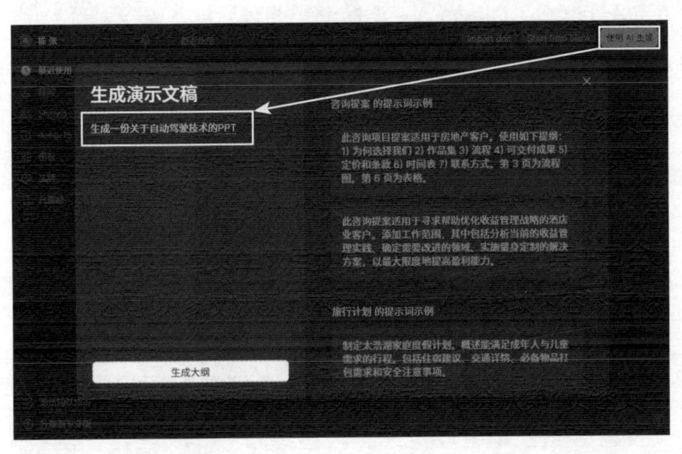

图 6-42　输入提示词

步骤02 Tome会在页面右侧生成自动驾驶技术的大纲，其中包含5项内容，用户可以修改、删除或添加大纲，还可以修改标题。本案例中，在第3项内容下方添加“自动驾驶技术的应用场景”，如下页图6-43所示。

步骤03 单击右上角的“选择布局”按钮，Tome会从第1页逐页生成，人工选择喜欢的布局，例如第1页的封面布局，如下页图6-44所示。

图 6-43　添加“自动驾驶技术的应用场景”

图 6-44　选择布局

步骤04 单击“生成所有页面”按钮，即可生成所有页面，左侧为每页的缩略图，右侧为当前页的内容，如图6-45所示。

图 6-45　生成的 PPT

6.3 AIPPT的应用

AIPPT是2024年1月由夸克App推出的，在短时间吸引了大量用户。AIPPT是基于机器学习和自然语言处理等技术来生成PPT的。通过对大量PPT样本的学习和分析，AIPPT能够自动生成符合特定主题和需求的PPT。

AIPPT内置了大量丰富的模板素材，并按照颜色和风格分类，种类繁多，能助力用户快速产出专业级的PPT。AIPPT也能根据用户输入的主题自动生成包含图片、文本等元素的完整PPT。

使用AIPPT之前需要先注册。进入官网，单击右上角的免费注册按钮，在打开的页面中可以使用微信扫描二维码登录，也可以使用邮箱登录。登录后的页面如图6-46所示。

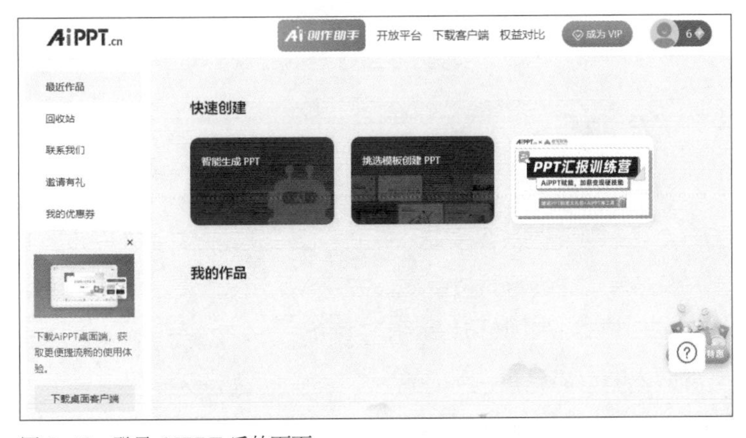

图 6-46 登录 AIPPT 后的页面

在“快速创建”区域有“智能生成PPT”和“挑选模板创建PPT”两个按钮。AIPPT包含大量高质量的模板，而且根据模板场景、设计风格和主题颜色进行了分类。单击“挑选模板创建PPT”按钮后，即可选择合适的模板，单击“下一步”按钮生成模板，如图6-47所示。

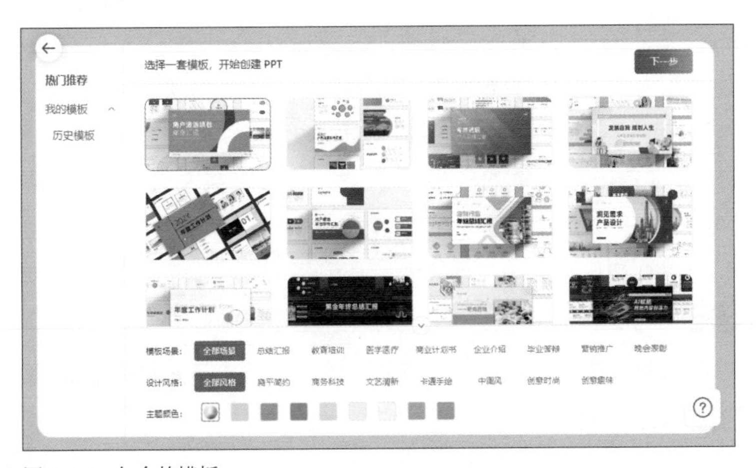

图 6-47 包含的模板

实战演练：使用AIPPT生成关于环境保护的PPT

本案例中将使用AIPPT生成一份关于环境保护的PPT，此处使用“智能生成PPT”功能，下面介绍具体操作方法。

步骤01 在“快速创建”区域中单击“智能生成PPT”按钮，接下来选择生成PPT的方式，本案例中选择“AI智能生成”，如图6-48所示。

步骤02 在打开的输入框中输入PPT的主题，此处输入“守护绿色地球：环境保护的紧迫性与行动指南”，单击发送按钮，如图6-49所示。

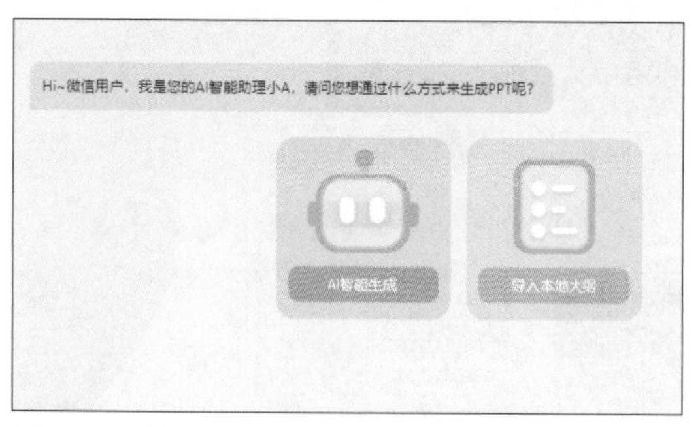

图6-48 选择“AI智能生成”

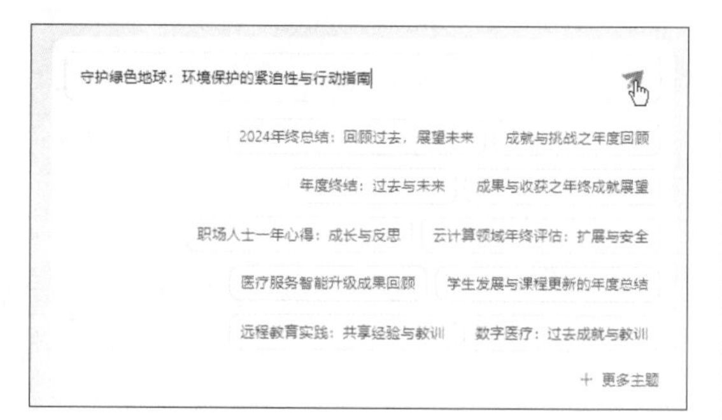

图6-49 输入主题

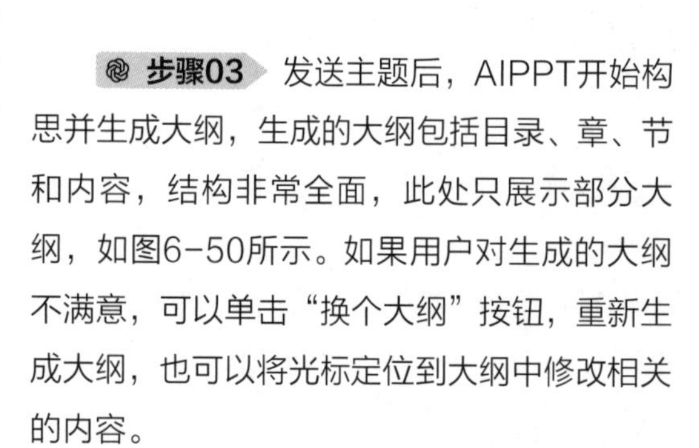

步骤03 发送主题后，AIPPT开始构思并生成大纲，生成的大纲包括目录、章、节和内容，结构非常全面，此处只展示部分大纲，如图6-50所示。如果用户对生成的大纲不满意，可以单击“换个大纲”按钮，重新生成大纲，也可以将光标定位到大纲中修改相关的内容。

步骤04 确认大纲后，单击“挑选PPT模板”按钮，在打开页面中选择模板，确定设计风格为“中国风”、主题颜色为绿色，选择第1个PPT模板，单击右上角的“生成PPT”按钮，如下页图6-51所示。

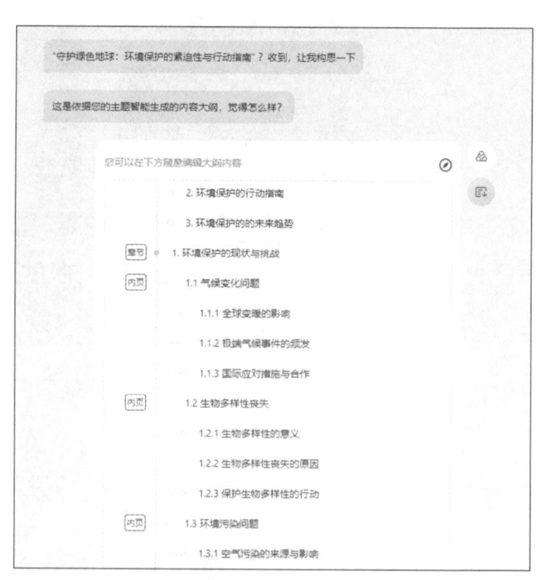

图6-50 生成的部分大纲

步骤05 AIPPT根据大纲和选择的模板生成了结构完整的PPT，共22页，如下页图6-52所示。

步骤06 在AIPPT中还可以编辑生成的PPT，单击右下角的“去编辑”按钮，进入编辑页面，如下页图6-53所示。

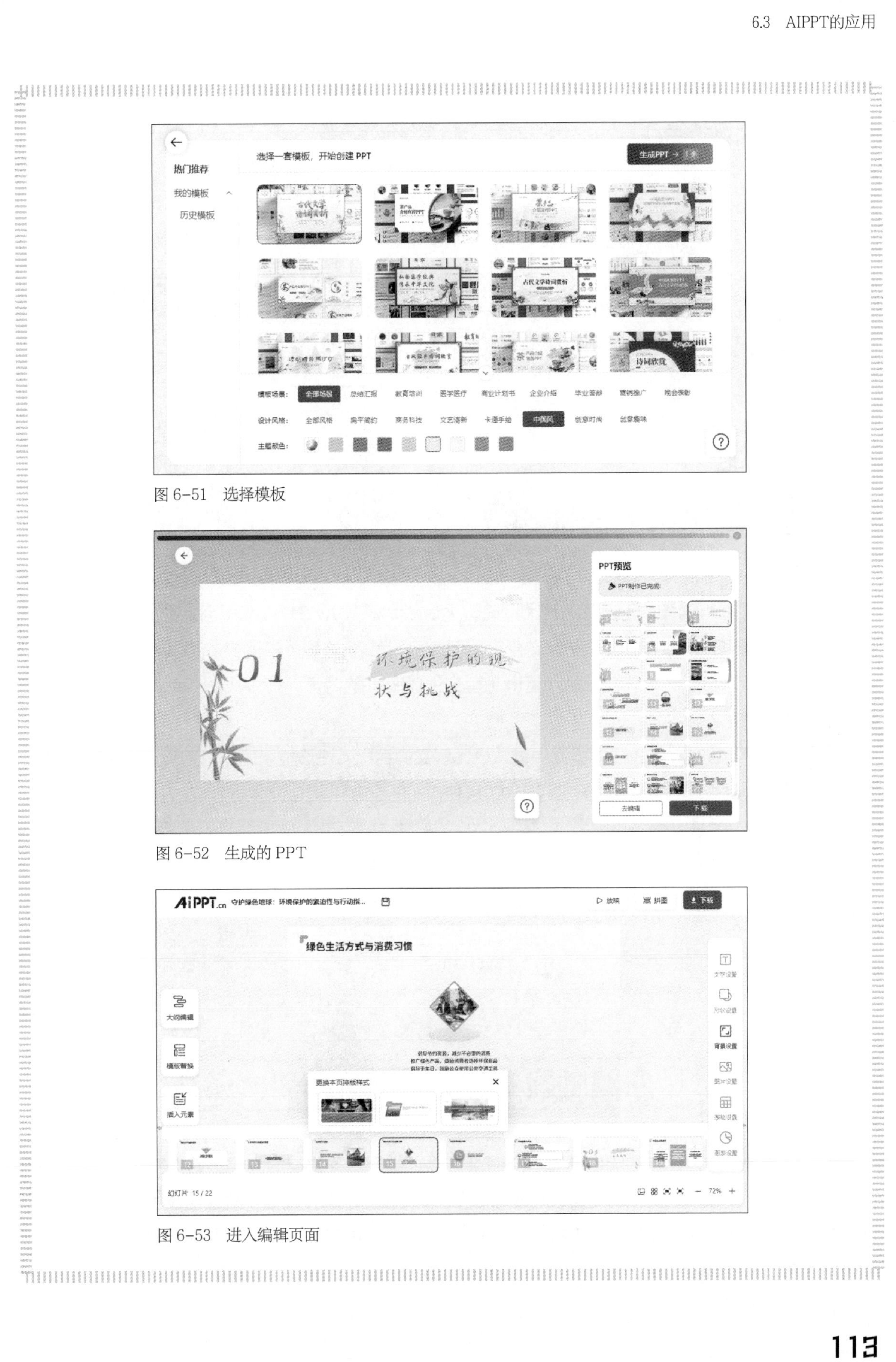

图 6-51　选择模板

图 6-52　生成的 PPT

图 6-53　进入编辑页面

提 示　编辑页面简介

页面左侧的“大纲编辑”“模版替换”和“插入元素”，分别可以编辑大纲的内容、更改其他模板以及在当前页面插入文本、形状、图片和表格等元素。

在下方缩放显示生成的PPT，当选择某页时，在上方会显示3个其他排版样式，用户可直接选择并更改当前版式。当在页面中选择某元素后，右侧的部分按钮会激活，单击后可以修改元素。

在页面的右上角单击“放映”按钮可以预览生成的PPT效果；单击“下载”按钮可以以“PDF文件”“PPT”或“图片”的形式下载，但是这是会员享有的权限。

6.4　讯飞智文的应用

讯飞智文是在2024年1月30日的科大讯飞星火认知大模型V3.5升级发布会上推出的。讯飞智文可以一键生成PPT或Word文档，并且支持英、俄、日、韩等10种外语的文本生成、多语种文本互译、无缝衔接翻译功能。本节将主要介绍讯飞智文生成PPT的内容，在生成PPT时，它还会基于该页内容自动生成备注。

要想使用讯飞智文，首先在浏览器中进入讯飞智文的官网，注册登录后进入首页，然后就可以智能创建PPT和Word了，而且PPT的创建方式有4种，如图6-54所示。

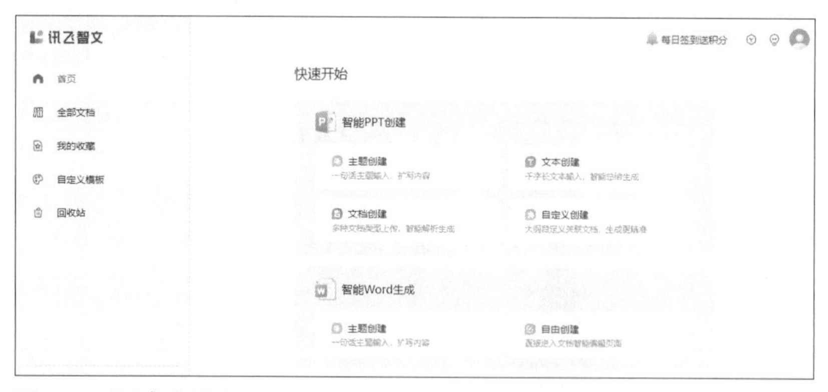

图6-54　讯飞智文页面

主题创建是通过对话的形式给讯飞智文PPT主题，然后根据生成的大纲去制作PPT；文本创建可以通过输入或粘贴创建文档的内容，但是字数不能超过8000字；文档创建是通过上传文档，根据文档的内容来创建PPT，文档格式支持doc、docx、txt和md格式；自定义创建是给讯飞智文一段文本，然后AI会总结提炼，最终完成标题、大纲和内容的编写。

实战演练：使用讯飞智文生成关于新媒体运营的PPT

本案例中将使用讯飞智文生成关于新媒体运营的PPT，下面介绍具体的操作方法。

步骤01 在讯飞智文首页的“智能PPT创建”区域单击“主题创建”，在打开页面的输入框中输入“新媒体运营实战指南：策略、技巧与案例解析”，然后发送，如图6-55所示。

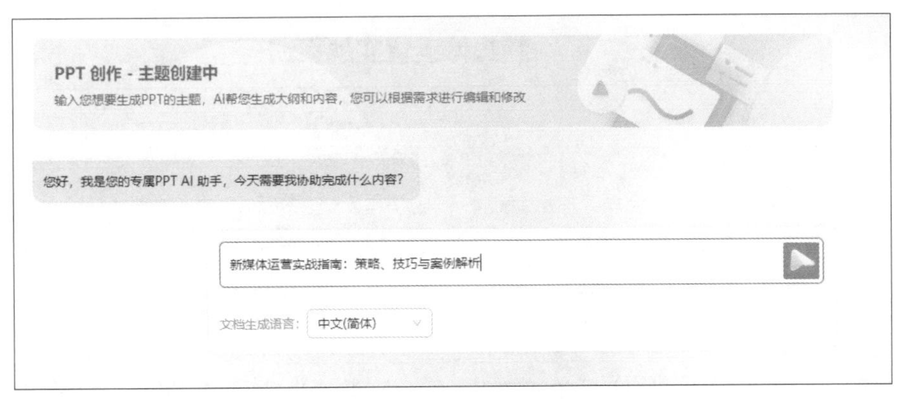

图 6-55　输入提示词

步骤02 然后讯飞智文会生成PPT大纲，结构完整，内容全面，包括主标题、副标题、章和内容，并且总共生成8章，每章包含3项内容，如图6-56所示。用户是可以对大纲进行编辑，还可以调整内容的等级，例如，将内容升级为章。

步骤03 单击“下一步”按钮，选择合适的模板配色，本案例中选择“清新翠绿”配色文案，单击“下一步”按钮，如图6-57所示。

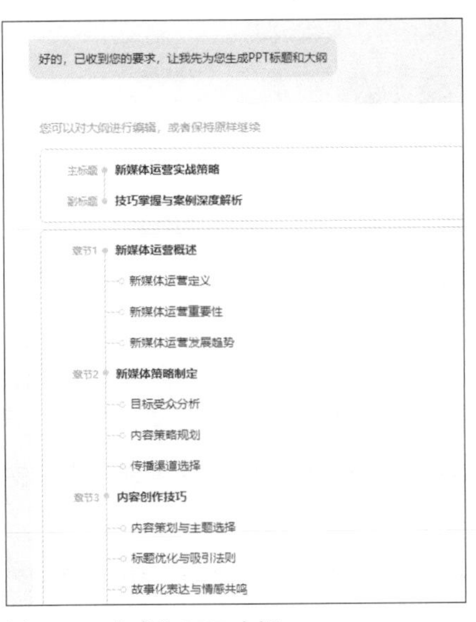

图 6-56　生成的 PPT 大纲

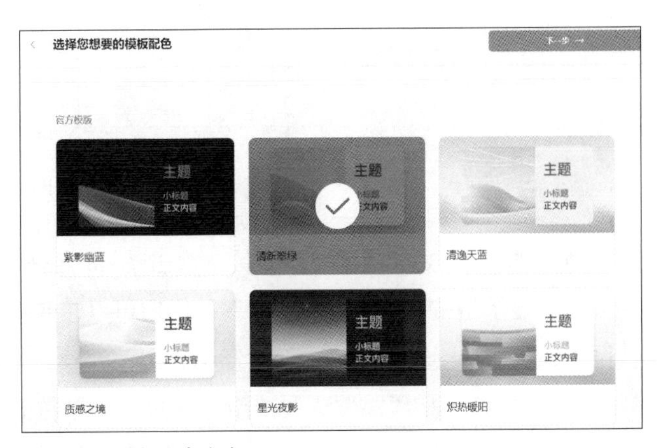

图 6-57　选择配色文案

步骤04 讯飞智文会分析PPT的内容并生成PPT，本案例中共生成35张幻灯片，而且速度很快，效果如图6-58所示。

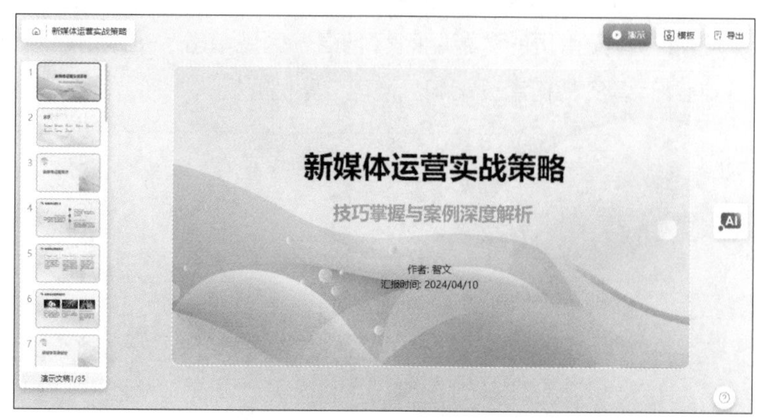

图6-58　生成PPT的效果

步骤05 如果需要编辑PPT中的文本，可以在选中文本后，于其上方显示的浮动工具栏中编辑文本的字形、对齐方式等，如图6-59所示。

步骤06 选择某段文本，单击浮动工具栏右侧的AI按钮，在列表中可以选择“润色”“扩写”和“精简”选项。选择“润色”选项，在右侧打开“智文AI撰写助手”，就可以通过输入提示词修改选中的文本，如图6-60所示。

图6-59　编辑文本格式

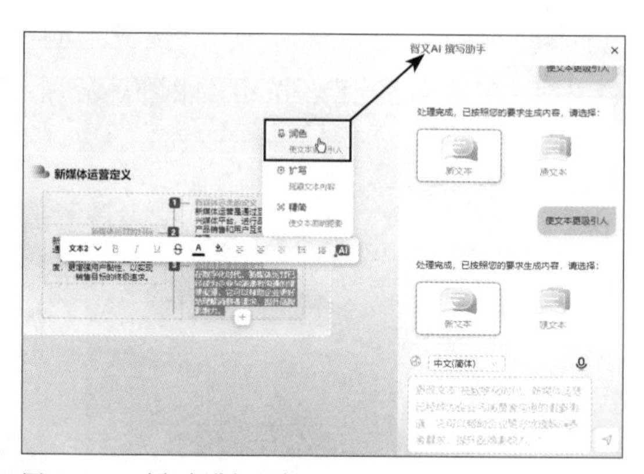

图6-60　对文本进行润色

步骤07 如果需要修改图片，单击图片，在右侧打开“图片编辑”面板，在“提示词”文本框中显示了生成该图片的提示词。用户可以修改提示词，也可以重新输入提示词，重新生成图片，如下页图6-61所示。

步骤08 如果需要更改使用的模板，单击右上角的“模板”按钮，打开“模板切换”面板，重新选择模板，生成的PPT即会自动应用新模板，如下页图6-62所示。

图 6-61 编辑图片

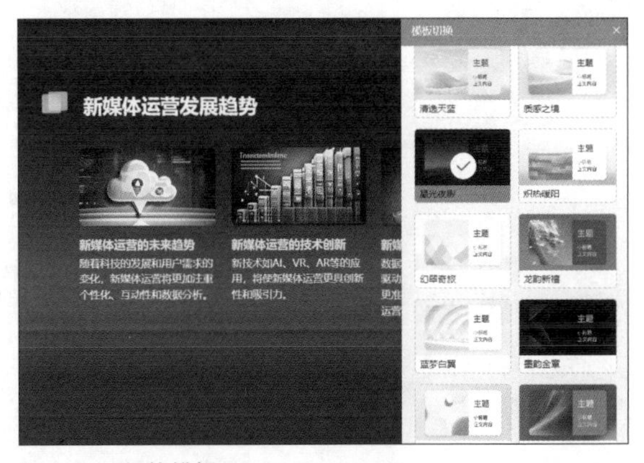

图 6-62 切换模板

步骤09 编辑完PPT后，可以将其以PPT文件、PDF文件或Word文件的形式导出。单击右上角的“导出”按钮，再单击“导出到PPT文件”按钮，即可导出文件，效果如图6-63所示。

图 6-63 导出文件后的效果

提 示 **查看讯飞智文自动生成的备注**

在页面中当光标悬停在幻灯片上时，下方会显示两个按钮，一个按钮为“添加空白卡片”，另一个按钮为“演讲备注”。单击“演讲备注”按钮，在幻灯片的下方会显示备注内容，再次单击该按钮，就会隐藏备注内容。

其他生成PPT的AI工具

除了以上介绍的生成PPT的AI工具之外，还有很多AI工具，例如MindShow，也是一款好用的AI工具。MindShow可以根据主题或一段文案生成大纲，并自动创建PPT。

第7章 AI智能绘画的无限可能

AI智能绘画是近年来快速发展的一种技术，它利用人工智能算法和机器学习模型来模拟和生成绘画作品。简而言之，AI智能绘画技术使计算机能够像人类艺术家一样进行创作。

与传统的计算机图形设计不同，AI智能绘画更注重模拟人类艺术家的创作过程。它不仅能够复制已有的绘画风格，还可以创造出全新的、独特的艺术风格。这使得AI智能绘画在艺术创作、设计、娱乐等领域具有广泛的应用前景。

本章主要介绍8款AI智能绘画工具，包括Midjourney、Dreamina、文心一格、Artbreeder、Pixian.AI、remove.bg、Remini和Bigjpg。这些工具功能各异，Midjourney通过对话形式生成有创意的图像；Dreamina也可以根据描述生成图像，还支持扩展图像的功能；文心一格具有3大功能，包括一语成画、东方元素、多种功能；Artbreeder是人工智能合成创意工具，可以合成肖像；Pixian.AI和remove.bg主要用于智能抠图；Remini和Bigjpg主要用于修复老照片和无损放大图片。

7.1　Midjourney的应用

Midjourney是一款于2022年3月面世的AI绘画工具，创始人是David Holz。该AI绘画工具可以根据自然语言描述生成图像，以架设在Discord上的服务器的形式推出，用户可以直接注册Discord并加入Midjourney服务器，然后即可开始AI创作。

7.1.1　Midjourney的安装方法

Midjourney以架设在Discord上的服务器的形式推出，因此用户需要先注册一个Discord平面账号，然后加入Midjourney服务器。

步骤01 进入Discord官网，单击右上角的“Login”按钮，进入登录页面，然后单击“注册”按钮，如图7-1所示。

步骤02 进入“创建一个账号”页面，填写个人相关信息，包括电子邮件、昵称、用户名、密码、出生日期，单击“继续”按钮，如图7-2所示。

图7-1　注册账号

提示　进行验证

创建账号后，再根据提示进行验证，首先验证用户是人类，系统会向注册的邮箱发送一封电子邮件，需要通过邮箱验证。验证完成后Discord账号就注册完成并登录了。

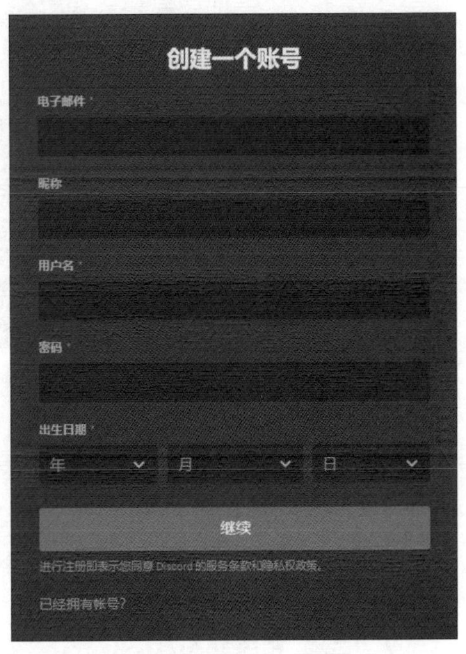

图7-2　输入信息

步骤03 进入Midjourney官网，如图7-3所示。单击下方的“Join the Beta”按钮，进入Midjourney服务器邀请页。

步骤04 根据页面提示设置用户名，单击“Continue”按钮，根据提示通过人机验证测试，然后显示用户被邀请加入Midjourney，单击“接受邀请”按钮，如下页图7-4所示。

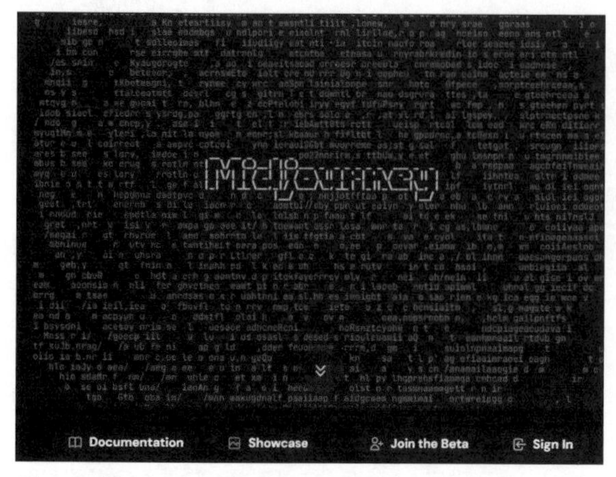

图 7-3　Midjourney 官网

图 7-4　Midjourney 服务器的邀请页面

步骤05 加入成功后即可进入Midjourney服务器，页面如图7-5所示。

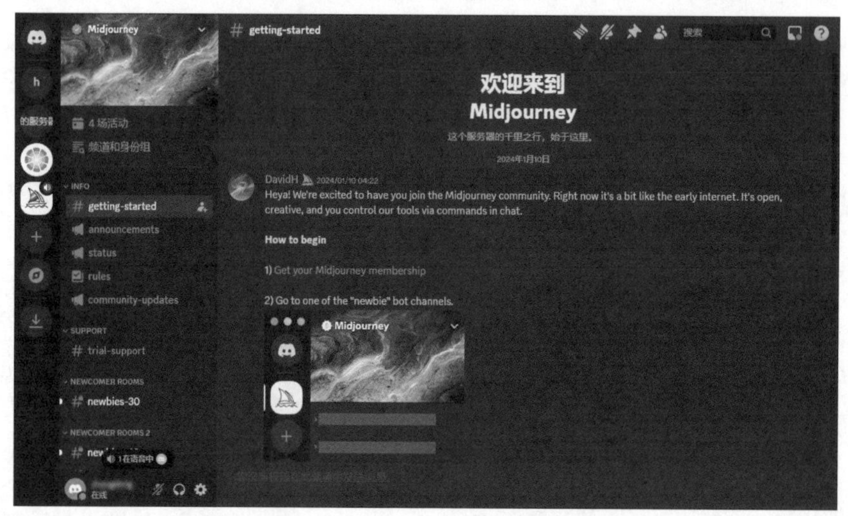

图 7-5　Midjourney 服务器页面

提示 **设置界面语言**

Discord默认是英文界面，用户可以设置中文界面。单击页面左上角账户右侧的“用户设置”按钮，在左侧选择“语言（Language）”选项，在右侧选择“中文”选项即可。

7.1.2　创建Midjourney的个人服务器

要是在公共频道使用Midjourney进行图像生成，则很容易被其他用户的消息刷掉，为了避免干扰，最好先建立一个属于自己的服务器。下面介绍具体操作方法。

步骤01 在Midjourney服务器中，单击左侧的“添加服务器”按钮，如图7-6所示。

步骤02 进入“创建您的服务器”页面，选择“亲自创建”选项，如图7-7所示。

步骤03 在打开的新页面中选择“仅供我和我的朋友使用”选项，进入“自定义您的服务器”页面，在“服务器名称”文本框中输入个人服务器的名称，单击“创建”按钮，如图7-8所示。

图 7-6　添加服务器

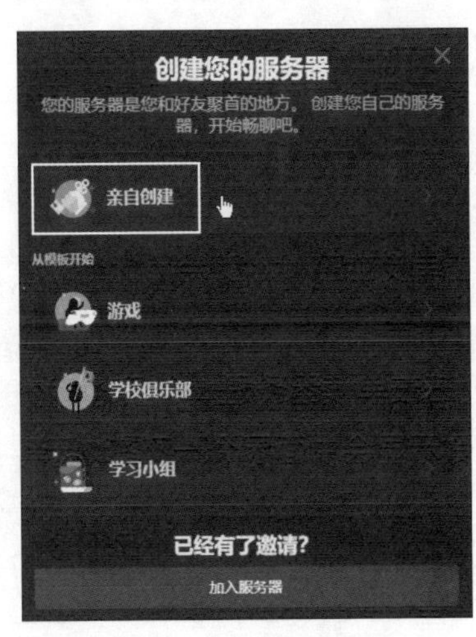

图 7-7　选择“亲自创建”选项

图 7-8　设置服务器的名称

步骤04 将Midjourney Bot添加到个人服务器，单击左侧图标，然后单击顶部的“显示成员名单”按钮，在右侧打开成员名单，如图7-9所示。

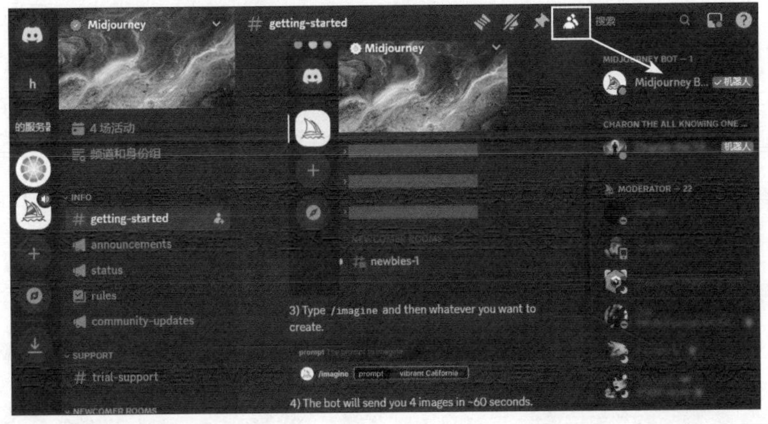

图 7-9　打开成员名单

提 示　为个人服务器设置头像

在步骤03中单击中间的照像机图标，打开“打开”对话框，选择合适的图片作为服务器的头像。

步骤05 在成员名单中单击Midjourney Bot，在左侧单击“添加APP”按钮，如下页图7-10所示。

步骤06 选择之前创建好的服务器，单击“继续”按钮，就可以将Midjourney Bot添加到用户的服务器中了，如下页图7-11所示。在下一个界面中会显示授予Midjourney Bot在个人服务器上的权限，单击“授权”按钮。

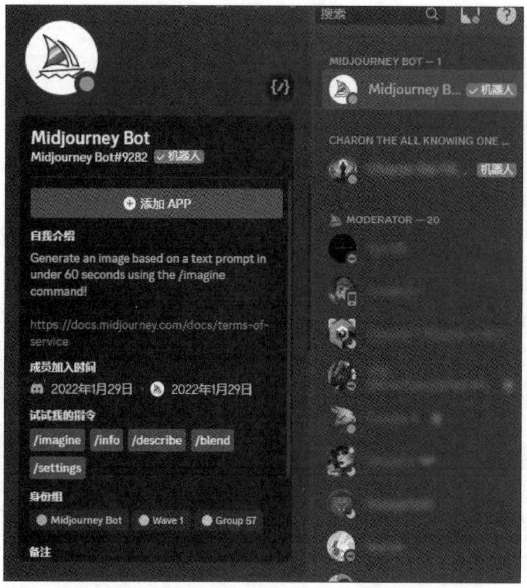

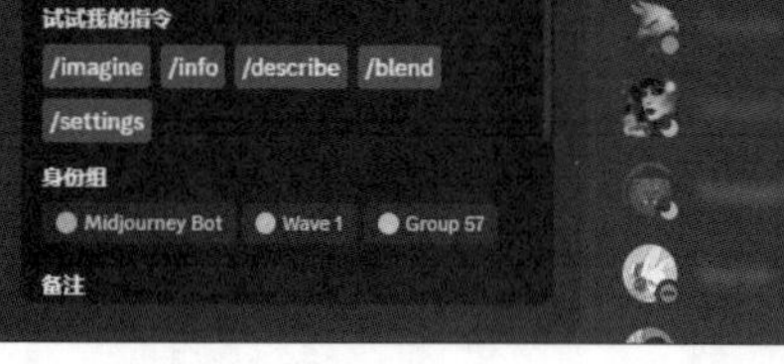

图 7-10　添加 APP

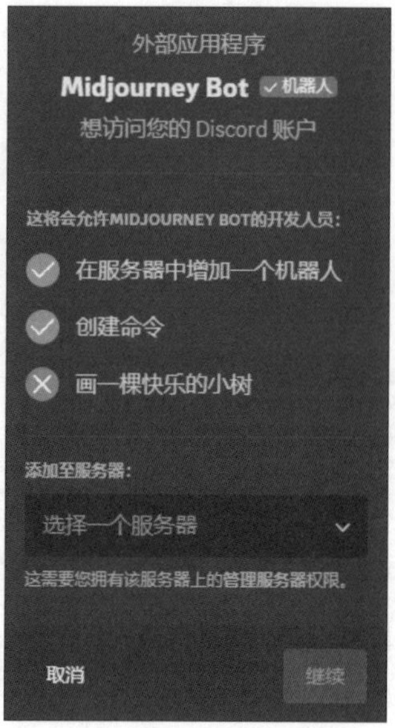

图 7-11　添加到服务器

实战演练：快速生成深海秘境中的水母图像

Midjourney是根据提示指令生成图像的，Midjourney的绘画风格多变，包括UI设计、游戏角色创作、包装设计和室内设计等诸多风格。本小节将介绍如何使用Midjourney生成图像。下面是具体操作方法。

步骤01 在创建的个人服务器下方单击输入框左侧的加号图标，在打开的列表中选择“使用APP”选项，如图7-12所示。

步骤02 找到Midjourney，选择“/imagine”选项，如图7-13所示。

图 7-12　选择“使用 APP”选项

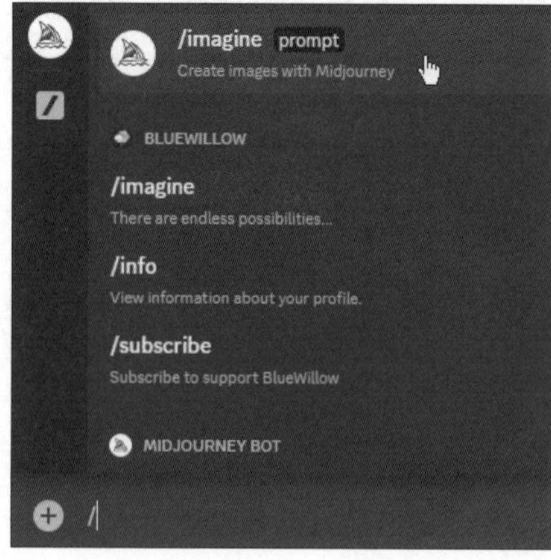

图 7-13　选择“/imagine”选项

步骤03 在prompt后的输入框中输入要生成图像的英文描述信息，为“A transparent jellyfish floats gracefully in the depths of the ocean, like a dreamlike dancer of the sea.”（一只透明的水母在海洋深处优雅地漂浮着，宛如海中的梦幻舞者），如图7-14所示。

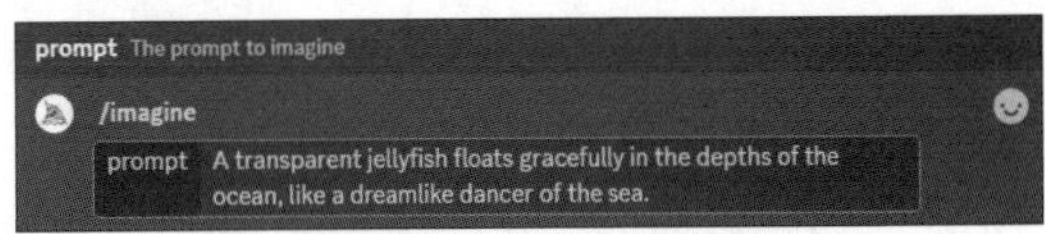

图7-14 输入英文提示词

提示 Midjourney的口令

Midjourney是一个利用人工智能技术生成图像的应用程序，它提供了一系列以“/”开头的口令或命令。例如，在步骤03中的输入“/imagine”Midjourney的口令，下面介绍主要Midjourney口令的含义。

◎ /imagine：绘图调用指令，在该口令后输入描述性的文本，即可生成图像。

◎ /settings：用于查看和调整Midjourney的设置，例如模型、样式和升级版本等。

◎ /fast和/relax：用于调整图像生成的时间。

◎ /blend：用2～5张图像合成新图，建议使用同比例的图像。

◎ /describe：根据图像生成关键词。

◎ /subscribe：前往订阅页面。

步骤04 按Enter键后等待片刻，Midjourney会根据输入的描述信息生成4张关于水母的图像，如图7-15所示。

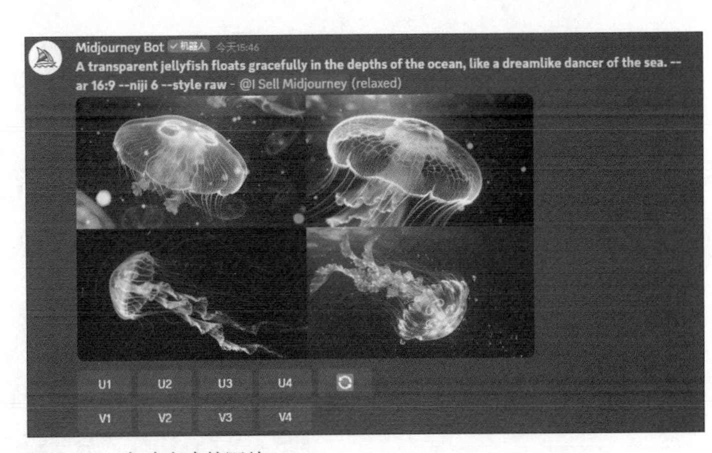

图7-15 自动生成的图片

提示 Midjourney后缀的含义

从图7-15中可见，在提示词的后面会自动生成如“--ar 16:9”的后缀，下面介绍常见后缀的含义。

◎ --ar 16:9：控制图像的比例。

◎ --no：描述不需要在图像中出现的内容。例如，--no hand，表示在图像中不出现手。

◎ --stop 100：范围是10~100，用于控制图像渲染的进度。

步骤05 如果用户对生成的图像不满意，就单击下方🔄图标重新生成。在生成的4张图像中，第2张图像的效果令人满意，要是还想生成类似的图像，单击“V2”按钮，将重新生成4张与第2张类似的图像，不过这些图像只是在细节上有一些微小的变化，如图7-16所示。

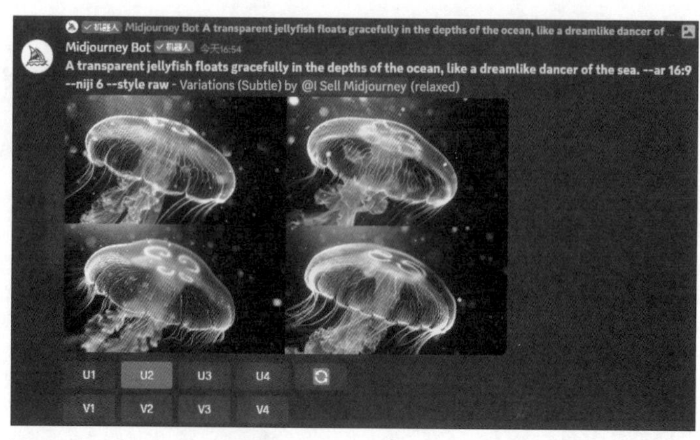

图 7-16　重新生成 4 张图像

提 示　U和V的含义

在生成的图像下方有两行按钮，按钮的序号对应生成的4张图像。其中U代表放大重绘图像，即将序号对应的图像放大优化，放大后的图像与原图的内部细节会有一些不同；V代表变体，即以序号对应的图像作为基础，在保持整体风格和构图不变的情况下生成4张图像。

其中的数字1对应左上角图像，2对应右上角图像，3对应左下角图像，4对应右下角图像。

步骤06 用户要是想对第2张图像进一步优化，就单击“U2”按钮，片刻后，Midjourney会以第二张图像为基础进行放大优化，得到的图像效果如图7-17所示。

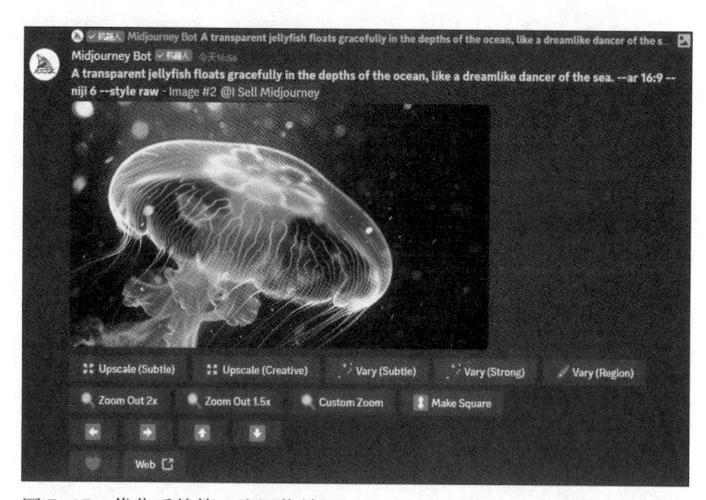

图 7-17　优化后的第 2 张图像效果

提 示　保存生成的图像

如用户对生成的图像很满意，可以将其保存起来。在图像上右击，在快捷菜单中选择“另存为图片”命令，在打开的对话框中选择保存的路径并设置文件名称，单击“保存”按钮即可。

实战演练：基于参考图像生成奇境蘑菇屋

在上一个实战演练中介绍了使用Midjourney以文生成图像的方法，本案例将介绍以图生图的方法。以图生图是指根据参照图像和提示词生成风格类似的图像。用户发现一张比较满意的图像时，就可以根据这个方法生成类似的图像。

步骤01 单击输入框左侧的加号图标，在列表中选择“上传文件”选项，在打开的“打开”对话框中选择准备好的素材图像，本案例中选择“素材.jpg”，单击“打开”按钮，如图7-18所示。

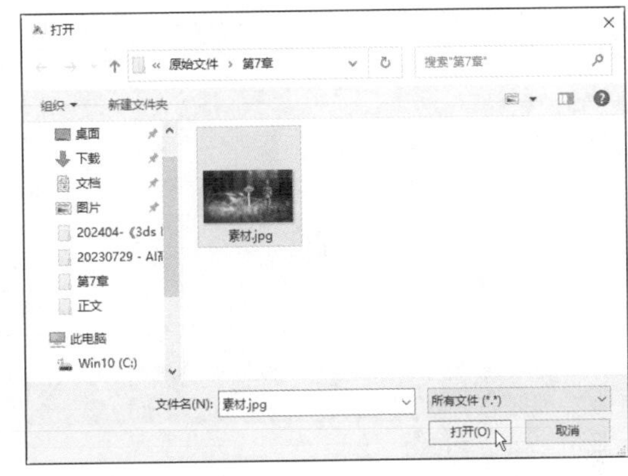

图 7-18 上传图像

步骤02 然后图像会出现在输入框中，单击图像，接着在浏览器中打开并复制其链接，将链接粘贴到prompt后的输入框中，如图7-19所示。

图 7-19 将图片链接粘贴到 prompt 后的输入框中

步骤03 接着再在输入框中输入英文提示词，其含义为“一个活泼可爱的小女孩生活在森林里，她很小，蘑菇房子的周围全是花和草”，如图7-20所示。

prompt The prompt to imagine
/imagine
prompt https://cdn.discordapp.com/attachments/1229234615030513807/1229238027990204416/7c8e62bb54b4cc05.jpg?ex=662ef420&is=661c7f20&hm=f45e192e71c8e848678c21605e460e3b90639ff5a5c9bf00d30f542c64bc41b1& A lively and lovely little girl lives in the forest,She is quite small,With a mushroom-shaped house,Surrounded by flowers and grasses.

图 7-20 输入提示词

提示 打开“打开”对话框的其他方法

除了本案例中介绍的打开“打开”对话框的方法之外，也可以双击输入框左侧的加号图标，打开该对话框。

步骤04 片刻后，Midjourney就会根据参考的图像和提示词生成图像，生成的图像和参考图像有一定的联系，如图7-21所示。

步骤05 单击“V1”按钮，基于第1张图像再生成4张图像。要是在生成的图像中对第4张图像比较满意，就单击“U4”按钮，最终图像效果如图7-22所示。

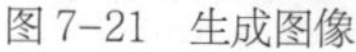
图7-21 生成图像

图7-22 查看最终生成的图像效果

实战演练：使用“/blend”指令混图，生成夜色街边双饮图

本案例中将使用“/blend”指令，将两张图像混合成一张图像。下面介绍具体操作方法。

步骤01 在输入框中输入“/blend”指令，按Enter键后可以添加两张图像，如图7-23所示。

步骤02 单击上传图像的图标，在打开的对话框中选择需要混合的图像，如图7-24所示。

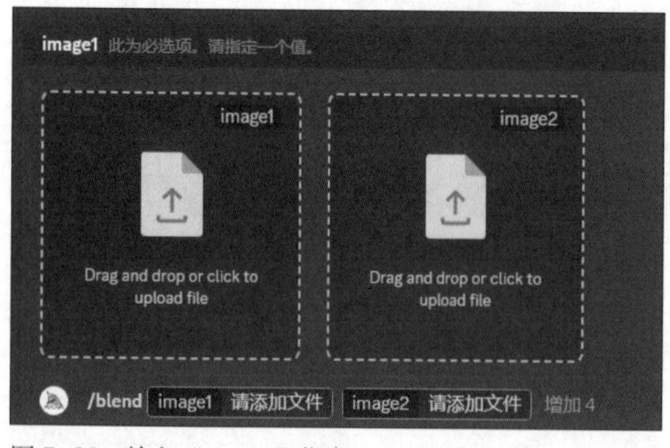

图7-23 输入“/blend”指令

图7-24 添加两张图片

步骤03 片刻后，Midjourney会以第1张图像的主体为主体，以第2张图像为背景，生成4张图像，如图7-25所示。

步骤04 单击“V1”按钮，根据第1张图像进行变化，在生成的图像单击“U4”按钮，对第4张图像进行细节处理，如图7-26所示。

图 7-25 混合后生成的图像

图 7-26 图像的最终效果

7.2 Dreamina的应用

Dreamina是由字节跳动旗下的抖音推出的AI图片创作和绘画工具。Dreamina的核心功能在于，用户只需输入提示描述，它便能快速将创意和想法转化为图像。该工具支持多种风格的图像生成，包括动漫、写实、摄影、插画等，从而满足不同用户的创作需求。

Dreamina还提供了图片修整功能，用户可以对生成的图片进行大小比例调整以及模板类型的选择，进一步增强了其灵活性和实用性。

实战演练：用Dreamina生成青龙图像

Dreamina的界面设计直观易用。本案例中将使用Dreamina生成梵高向日葵风格的青龙图像。下面介绍具体操作方法。

步骤01 进入Dreamina官网，然后注册并登录，可以使用抖音直接扫描二维码注册。进入首页，页面主要包括两部分，其一为图片生成，其二为视频生成，下方还展示了图片和视频的效果，如图7-27所示。

图 7-27　Dreamina 的首页

步骤02 单击“图片生成”区域中的“文生图”按钮，在打开的页面左侧可以设置提示词、比例、精细度和模型。输入提示词，选择16：9的比例，如图7-28所示。

步骤03 单击“立即生成”按钮，在页面右侧会生成4张图像，如图7-29所示。

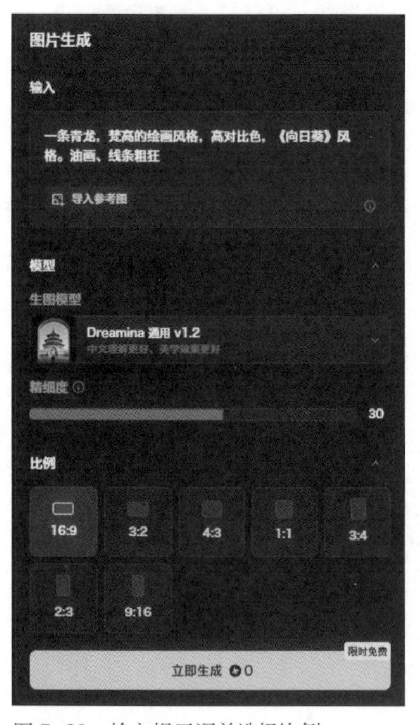

图 7-28　输入提示词并选择比例

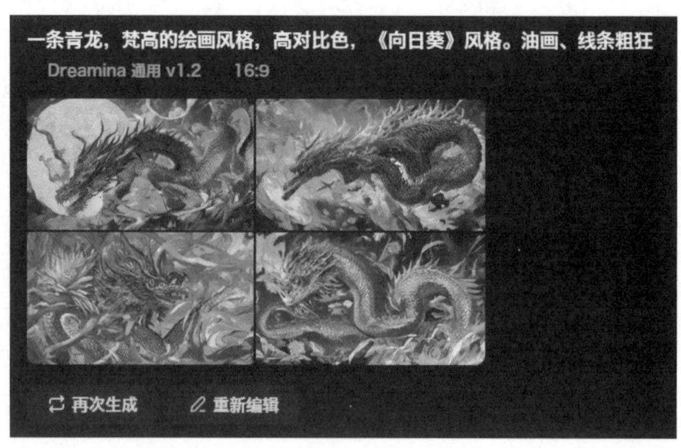

图 7-29　显示的生成图像

步骤04 将光标定位在生成的图像上，会显示3个按钮，分别为“细节重绘”“超清图”和“下载”，单击第1张图像的“细节重绘”按钮，则在下方会重新根据第1张图对细节进行优化，效果如图7-30所示。

图 7-30 重新优化后效果

提 示 视频生成功能还在内测阶段

Dreamina目前主要功能分为两部分，第一部分是图片生成，第二部分是视频生成。但是视频生成功能还在内测阶段，如果使用则必须提交申请，然后等待通知。

实战演练：用Dreamina扩展图像

Dreamina除了能生成图像外，还可以将图像扩展，即根据提示词显示周围的内容。下面介绍具体操作方法。

步骤01 在“图片生成”区域单击“智能画布”按钮，如图7-31所示。

步骤02 在页面中单击“上传图片”按钮，在打开的对话框中选择需要扩展的图像，单击上方的“扩图”按钮，在下方输入提示词，在比例区域保持“原比例”为选中状态，然后选择图像下方的“1.5X”选项，表示将图片扩展1.5倍，如图7-32所示。

图 7-31 单击“智能画布”按钮

图 7-32 设置扩图的参数

步骤03 单击“立即生成”按钮，Dreamina会根据描述扩展图像，在右侧显示了4张扩展后的图像，然后选择自己满意的一张，如图7-33所示。

图 7-33　选择满意的图像

步骤04 单击上方的“消除笔”按钮，在帽子顶端的多余部分涂抹，可以使其消失，与背景融为一体。单击“立即生成”按钮，即可完成图像的修补，如图7-34所示。

步骤05 用户对扩展的图像满意后，单击右上角的“导出”按钮，在列表中设置保存的格式、尺寸和导出内容，然后单击“下载”按钮，如图7-35所示。

图 7-34　使用消除笔修补图像

图 7-35　设置导出参数

步骤06 查看扩展的图像效果，图像周围的环境更丰富了，而且与原图很协调，如图7-36所示。

图 7-36　查看扩图的效果

7.3 文心一格的应用

文心一格是百度依托飞桨、文心大模型的技术创新，推出的AI艺术和创意辅助平台。该平台的定位为面向有设计需求和创意的人群，基于文心大模型，智能生成多样化AI创意图像，辅助创意设计，打破创意瓶颈。

目前，文心一格主要有三大特色，其一是一语成画；其二是东方元素，中文原生；其三是多种功能。文心一格在生成图像时，为用户提供了更多选项，包括画面类型、比例、数量和灵感模式等。所以用户在写提示词的时候只需要关注图片的内容即可。

要想使用文心一格，首先在浏览器中进入文心一格官网，注册并登录后，进入首页。页面上方显示的是文心一格举办的投稿活动、新手教程和用户信息。中间介绍了AI创作功能，下方展示了优秀的作品，如图7-37所示。

图 7-37 文心一格首页

实战演练：用文心一格生成童趣雪韵图像

本案例中将使用文心一格生成一个小女孩在雪地里开心地行走的图像。下面介绍具体操作方法。

步骤01 在文心一格首页单击“立即创作”按钮，在输入框中输入提示词，在“比例”区域选择“横图”选项，保持数量为4，在“画面类型”区域选择“智能推荐”选项，如下页图7-38所示。

步骤02 单击“立即生成”按钮，在右侧会生成4张图像，如下页图7-39所示。

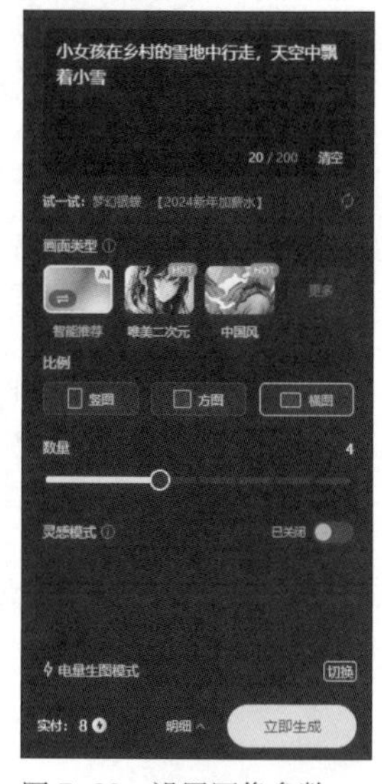

图7-38　设置图像参数　　图7-39　生成的图像

步骤03 将光标悬停在生成的任意图像上，左上角会显示两个按钮，分别为“去编辑”和“作为参考图”。单击第1张图像的“作为参考图”按钮，在左侧继续设置参数，如图7-40所示。

步骤04 单击“立即生成”按钮，即可在右侧生成两张图像，如图7-41所示。

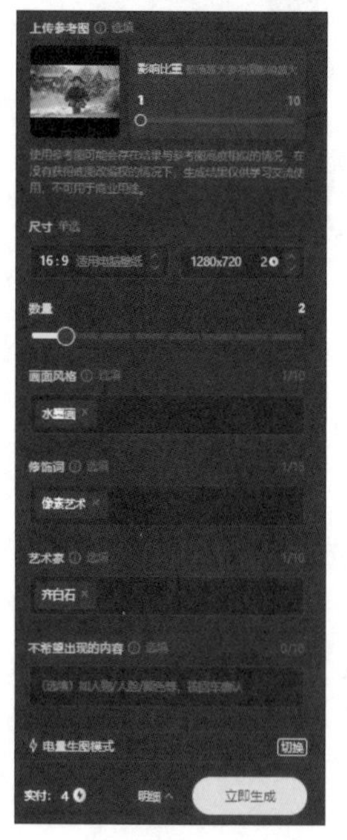

图7-40　继续设置生成参数　　图7-41　生成的图像

实战演练：用文心一格生成插画风格的海报背景

本案例中将制作一张保护动物的海报，画面中有狮子，背景为蓝天、星空等，旨在表现动物与自然的和谐。下面介绍具体操作方法。

步骤01 在文心一格的首页单击“立即创作”按钮，在页面左侧选择“海报”选项，在中间选择排版布局、风格、主体描述、背景描述，单击“立即生成”按钮，在右侧会出现4张根据提示词生成的图像，如图7-42所示。

图 7-42　生成的海报图像

> **提示　生成图像的效果**
>
> 生成图像的整体色彩、构图很准确，但是每张都会存在一些细节上的问题。例如第1张图片，小女孩的左脚旁出现狮子的尾巴；第2张天空有两个月亮；第3张是太阳落山的背景，但是天空中有月亮和星星；第4张有一条狮子的后腿没显示完整，而且尾巴显示不正常。

步骤02 4张图像中第4张的效果是比较理想的，单击并将该图像的尺寸放到最大，单击左下角的“编辑本图片”按钮，在列表中选择“涂抹消除”选项，通过涂抹将狮子多余的尾巴删除，如下页图7-43所示。

步骤03 在下方调整画笔的大小，在多余的尾巴处进行涂抹，文心一格会对涂抹区域进行消除重绘，并且不影响背景，如下页图7-44所示。

图 7-43　选择“涂抹消除”选项

图 7-44　涂抹多余部分

提 示　海报的风格

目前，文心一格生成海报的风格只有“平面插画”，期待更多风格的出现。

步骤04 单击“立即生成”按钮，涂抹处多余的尾巴就清除了，并且不影响背景，如图7-45所示。

步骤05 但是狮子的左后腿还没有显示完全，单击“编辑本图片”按钮，在列表中选择“涂抹编辑”选项。在左侧“涂抹编辑”区域设置相关参数，在中间的输入框中输入编辑的要求，然后在需要修改的部分涂抹，单击“立即生成”按钮，如图7-46所示。

图 7-45　删除多余尾巴后的效果

图 7-46　“涂抹编辑”面板

步骤06 片刻后，狮子的左后腿就被修复了，如图7-47所示。但还存在小问题，例如腿和脚的衔接处不合理。

步骤07 用户可以继续使用“涂抹编辑”功能修复，也可在Photoshop中进行修复，图7-48为修复后的效果。

图 7-47 修改左后腿的效果

图 7-48 修复后的最终效果

7.4 Artbreeder的应用

Artbreeder是由Morphogen工作室开发的一款在线人工智能合成创意工具。该工具利用先进的人工智能技术，结合生成和遗传算法，允许用户使用它创作人物肖像、人物形象、动漫角色、建筑、画作、自然景观、福瑞、科幻场景等内容。接下来，介绍Artbreeder的应用方法。

首先，在浏览器中打开Artbreeder的官网，然后注册并登录。可以使用谷歌账号直接登录，也可以使用其他邮箱注册登录。进入Artbreeder主页，能看到有许多优秀的作品，如图7-49所示。

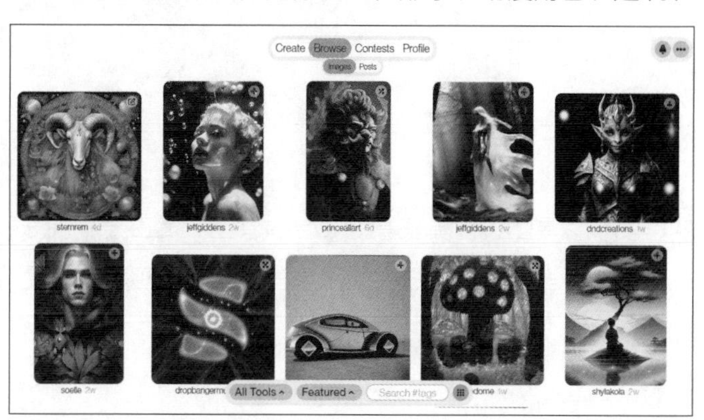

图 7-49 Artbreeder 的主页

实战演练：用Artbreeder合成独特的头像

本案例中将使用Artbreeder将两张人物肖像图片合成独特的头像，通过修改面部和风格，以及调整相关参数达到微调肖像的效果。下面介绍具体操作方法。

步骤01 进入Artbreeder首页后，单击上方的“Create”按钮，在打开的页面中保持选中“Splicer”下方的“Portraits”（肖像）选项，单击下方“New Image”按钮，如图7-50所示。

步骤02 在打开的页面中单击“Add Parent”按钮，然后选择一张人物肖像，再添加第二张人物肖像，如图7-51所示。

图 7-50 创建肖像

图 7-51 添加肖像

步骤03 之后在下方会根据默认的设置生成4张合成后的人物肖像，如图7-52所示。

步骤04 用户添加的两张照片下方有“face”和“style”两个参数，要想在混合时让男生的面部更清晰，女生的风格更突出，就调整这两个参数，调整后的效果如图7-53所示。

图 7-52 肖像混合后的效果

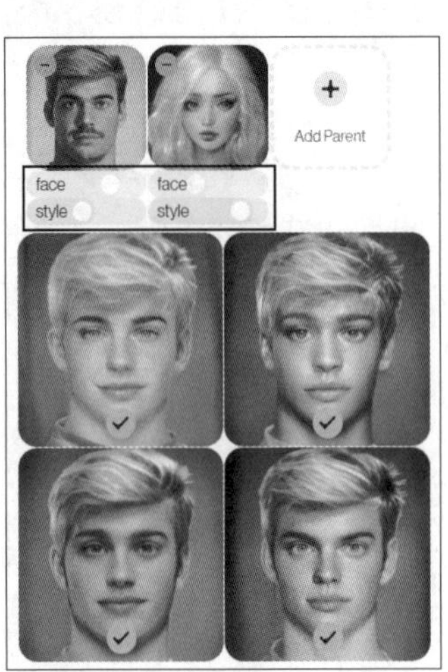

图 7-53 调整参数后的效果

步骤05 在生成肖像右侧的“genes”区域中设置“gender”为5、“age”为3、“blue eyes”为3、“mouth open”为8、“happy”为10，单击“Generate”按钮，效果如图7-54所示。

步骤06 然后选择用户自己喜欢的一张人物肖像，在下方会显示出该人物肖像，将光标悬停在人物肖像上，单击上方的“Splicer”按钮，如图7-55所示。

图 7-54　设置基因参数后的效果

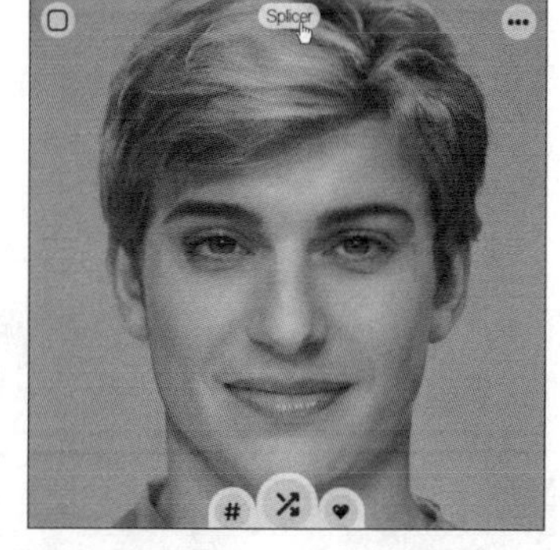

图 7-55　单击“Splicer”按钮

步骤07 在打开的树状图中显示了每张人物肖像的合成过程，并且每张人物肖像都可以编辑的，如图7-56所示。

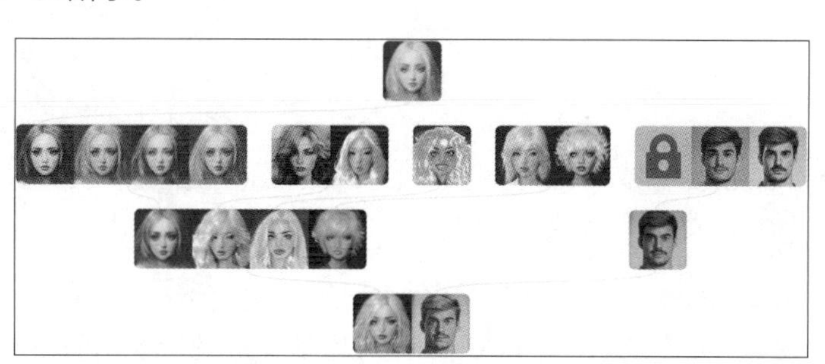

图 7-56　查看生成过程

步骤08 页面最下方会显示用户满意的一张肖像，单击右下角的“下载或升级”按钮，在列表中选择下载尺寸，下载保存肖像。如果还想基于当前的肖像继续创作，单击“Remix in Splicer”按钮，就能根据之前介绍的操作继续创作，如图7-57所示。

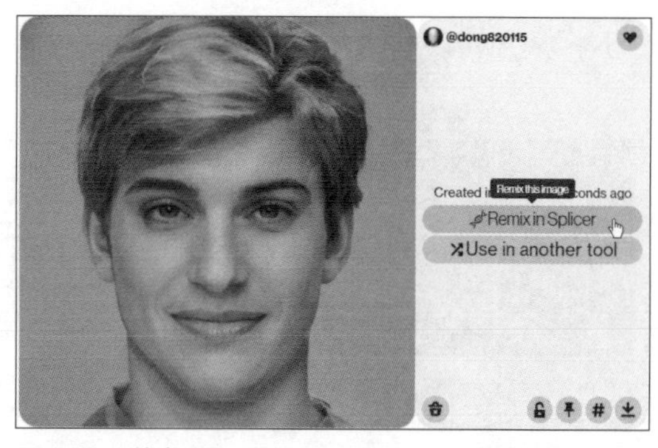

图 7-57　单击“Remix in Splicer”按钮继续制作

实战演练：用Artbreeder智能补全人像

本案例中将介绍使用Artbreeder为一张人物肖像图片添加人物的身体，并根据设置展示不同的姿势。下面介绍具体操作方法。

步骤01 在Create页面中单击“Poser”下方的“New Image”按钮，然后单击“Faces”下方的“Upload”按钮，如图7-58所示。

步骤02 在打开的“打开”对话框中选择准备好肖像，单击“打开”按钮，如图7-59所示。

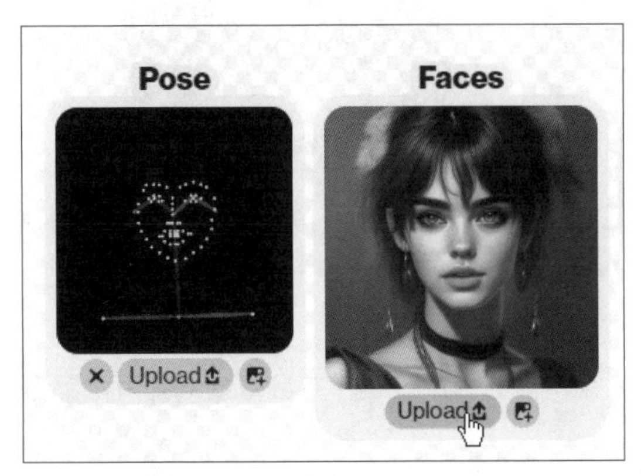

图7-58　单击“Upload”按钮

图7-59　上传肖像

步骤03 单击“Pose”下方的按钮，在打开的区域中显示了“Portrait（肖像）”“Seated（坐姿）”“Torso（躯干）”和“Full Body Model（全身）”选项。选择“Seated”选项后在其下方选择第1个姿势，如图7-60所示。

步骤04 在“Description”区域的输入框中输入英文提示词，含义是“在办公楼前，一个身穿职业西服的女性”，在“Settings”区域设置生成图像的比例和速度，单击下方的“generate 0.075”按钮，如图7-61所示。

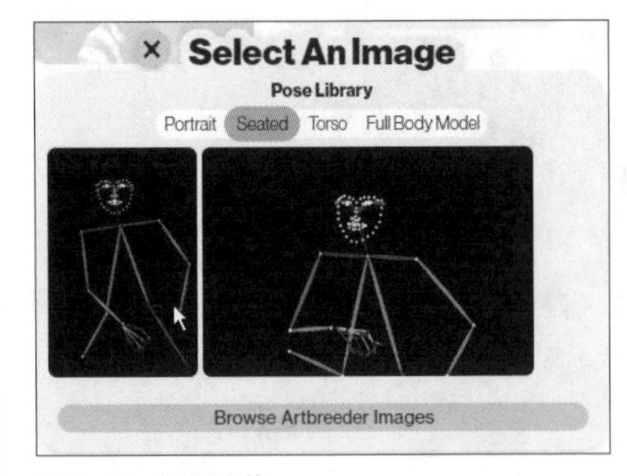

图7-60　选择姿势

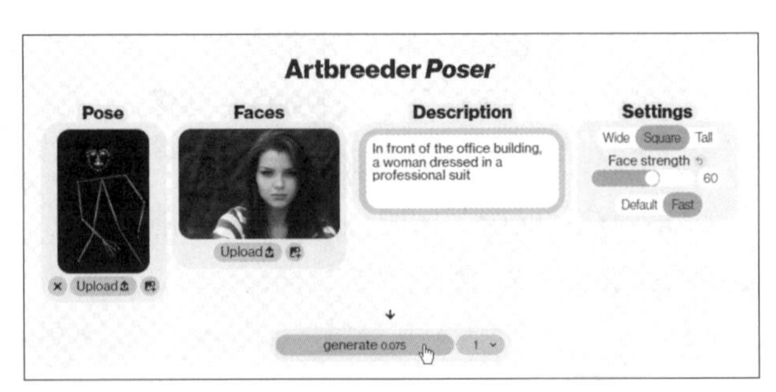

图7-61　输入提示词并生成图像

步骤05 片刻后就会在页面下方根据上传人物的肖像和提示词生成图像，如图7-62所示。在图像的下方单击对应的按钮可以下载图像或将图像保存到库。

步骤06 接下来再生成一张全身图像，上传一张男人的肖像，并删除步骤02中上传的图像。设置Pose为Full Body Model，并选择动作，在“Description”区域的输入框中输入英文提示词，含义为“在大街上，一个身着破烂的男人”，如图7-63所示。

图 7-62 查看生成图像的效果

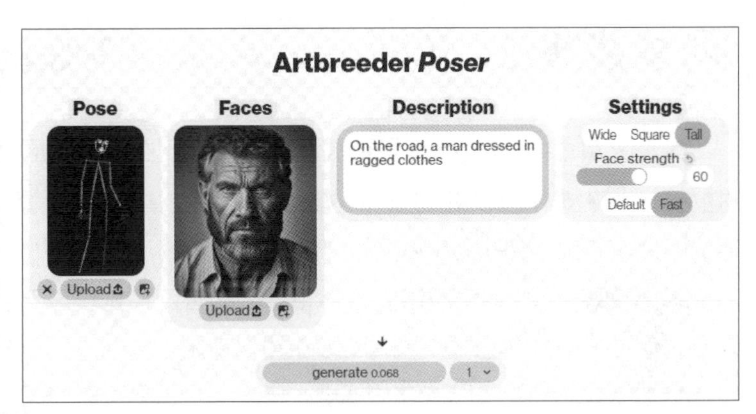

图 7-63 设置参数

提 示 调整面部强度

在“Settings”区域有“Face strength”参数，默认值是60，该值越高，生成图像的人物面部就越和上传图像中的人物相像。

步骤07 保持“Face Strength”的值为60，生成的图像如图7-64所示。

步骤08 再设置“Face Strength”的值为100，生成的图像如图7-65所示。比较生成的两张图像，图7-65中的人物更像上传的图像中的人物。

图 7-64 “Face Strength”值为 60

图 7-65 “Face Strength”值为 100

7.5 智能抠图工具的应用

用户在进行图片设计时，经常需要从复杂的背景中抠出主体，这是一项费时费力的工作。而现在，人工智能可以快速帮用户去除图片背景，保留主体，而且操作方法特别简单。本节主要介绍两款智能抠图AI工具的应用，分别为Pixian.AI和Removal.AI。

实战演练：用Pixian.AI快速删除复杂背景

Pixian.AI是一款基于人工智能的在线抠图工具，可以自动去除图片的背景。该工具利用先进的机器学习技术，能够识别出要分离图片中的前景对象与背景，从而去除背景，生成背景透明的图片。下面介绍Pixian.AI具体的使用方法。

步骤01 从浏览器中进入Pixian.AI的官网，首页显示了删除图片背景的区域，如图7-66所示。Pixian.AI不需要注册登录就可以使用。

步骤02 用户可以单击中间虚线部分，也可以单击“PICK IMAGES TO PROCESS”按钮，在打开的“打开”对话框中选择需要删除的背景图片，单击“打开”按钮，如图7-67所示。

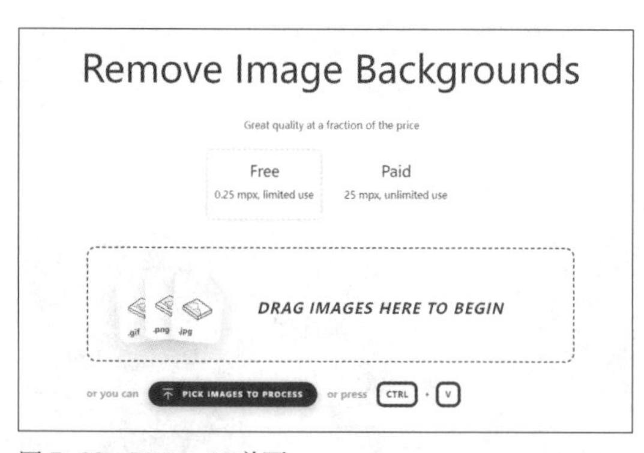

图7-66 Pixian.AI首页

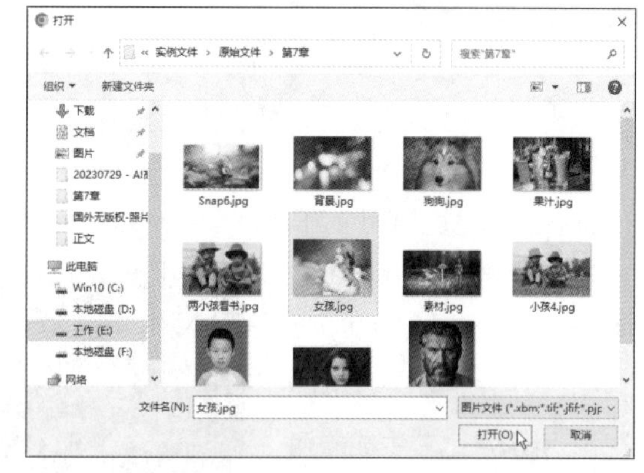

图7-67 添加图片

提示 **Pixian.AI支持的图片格式**

Pixian.AI支持多种图片格式，包括JPEG、PNG、BMP、GIF和WebP等。输出的图片格式支持PNG和JPEG。

步骤03 进入删除背景的页面，用户可以调整裁剪框的大小，使需要保留的主体在裁剪框内，单击下方的“OK”按钮即可裁剪，如下页图7-68所示。

步骤04 片刻后，Pixian.AI会自动识别图片背景并进行删除，可以看到整体效果非常理想。在图片下方可以设置导出图片的参数，在“Background”中选中“Transparent”单选按钮，表示输出透明背景的图片。选择JPEG格式时，可以通过“JPEG Quality”设置图片的质量。本案例中设置透明背景的图片，在“Filename Suffix”中选择“None”单选按钮，表示输出时图片末尾不显示“_pixian_ai”，如图7-69所示。

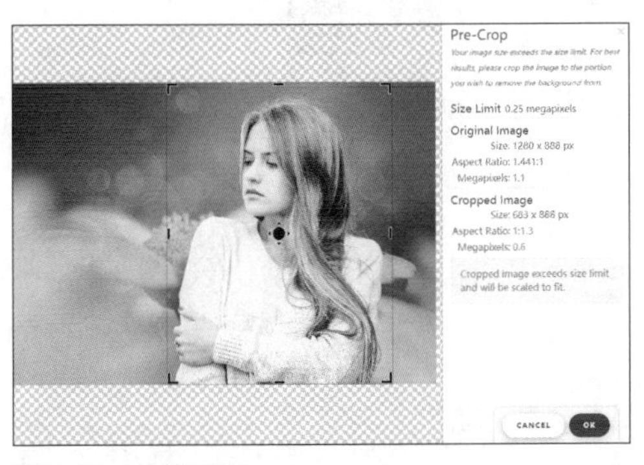

图 7-68 裁剪图片

图 7-69 设置输出的参数

提 示 **查看删除背景前后的效果**

在步骤04中，将光标悬停在右上角叉号上方会显示删除背景前的效果，移开显示删除后的效果。

步骤05 设置好输出参数后单击下方的“DOWNLOAD ALL”按钮，可下载删除背景后的图片，效果如图7-70所示。

步骤06 Pixian.AI还支持批量删除图片背景。在“打开”对话框中，按住Ctrl键选择多张图片，单击“打开”按钮，如图7-71所示。

图 7-70 删除背景的图片效果

图 7-71 上传多张图片

步骤07 Pixian.AI会自动将上传图片的背景删除，如图7-72所示。然后根据步骤04和步骤05设置输出参数并下载图片即可。

图7-72 批量处理图片

提 示 **脸部贴纸**

Pixian.AI除了提供删除图片背景的功能外，还提供脸部贴纸功能。其操作方法和删除图片背景类似，上传图片，Pixian.AI将删除背景和身体部分，只保留头部内容。

实战演练：用remove.bg一键删除图片背景

使用Remove.bg工具删除图片背景时，无论是人像、产品、动物等，上传后只需要几秒，Remove.bg就会自动去除背景。Remove.bg还提供魔力笔刷，只需要使用光标涂抹便可精准地移除或还原图片中的物体。下面介绍具体使用方法。

步骤01 从浏览器中进入remove.bg官网，单击“上传图片”按钮，或者将需要删除背景的图片拖到该区域，如图7-73所示。

图7-73 remove.bg 首页

步骤02 打开“打开”对话框，选择需要删除背景的图片，例如“猫猫.jpg”，单击“打开”按钮，如图7-74所示。

步骤03 此时remove.bg会自动删除背景，在图片的下方可以放大或缩小图像，还可以按住“按住以比较”按钮，比较删除背景前后的图片效果，如图7-75所示。

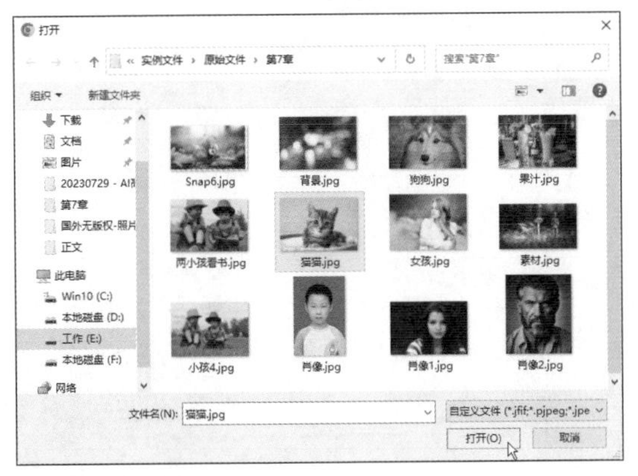

图 7-74　上传图片

图 7-75　删除背景后的效果

步骤04 原图中猫咪是趴在篮子里的，所以还需要将篮子也显示出来。单击右侧的“擦除/恢复”按钮，在打开的面板中单击“恢复”按钮，并调整“画笔尺寸”的大小，如图7-76所示。

步骤05 在左侧图像中涂抹需要保留的区域，remove.bg会自动恢复该区域，单击“完成”按钮，效果如图7-77所示。如果需要保存删除背景后的图片，可以单击“下载”按钮将其保存。

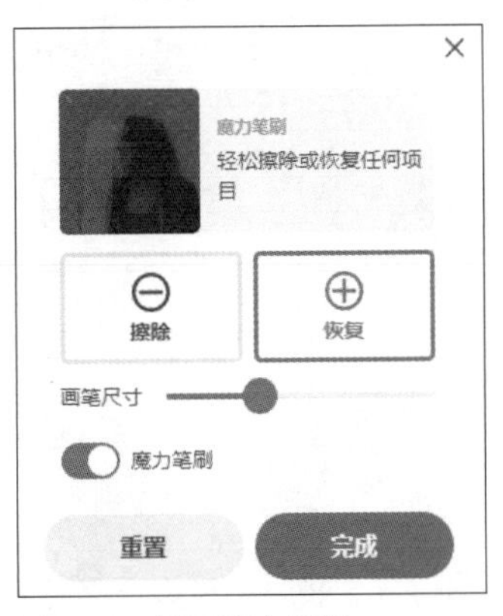

图 7-76　设置魔力笔刷

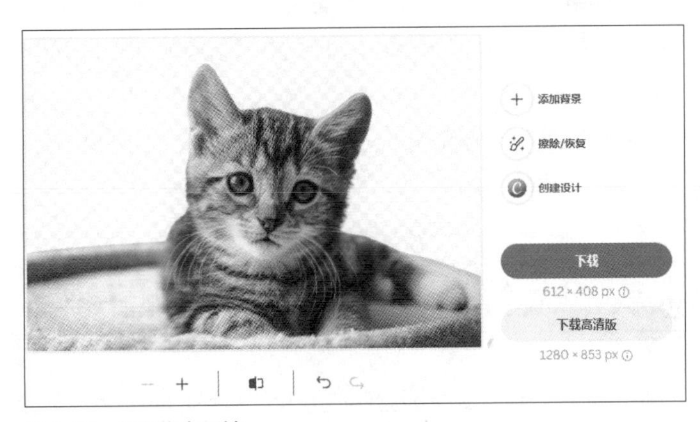

图 7-77　保留指定区域

步骤06 要想为照片重新添加背景，就单击右侧的“添加背景”按钮，在打开面板的“照片”列表中选择合适的照片作为背景，单击“完成”按钮，如下页图7-78所示。

图 7-78　更换图片的背景

提示　上传照片作为背景

在步骤06中共包含3种类型的背景，分别为“照片”“颜色”和“虚化”。在“照片”列表中可以单击加号按钮，在打开的对话框中选择准备好的照片作为背景。在“虚化”列表中可以通过开启“模糊背景”，调整“模糊量”的值来设置添加背景的虚化效果。

7.6　智能修图工具的应用

能够智能修复图片的AI工具借助先进的人工智能技术，让模糊、破损的老照片得以重现昔日风采，还可以将像素小的图片无损放大。使用AI工具能让图片的每一处细节都被精心修复，使色彩更加鲜亮，画面更为清晰。

本节主要介绍Remini和Bigjpg这两款AI工具，其中Remini可以修复老照片，Bigjpg可以无损放大图片。

实战演练：用Remini修复旧照片

Remini是一款人工智能驱动的照片和视频增强工具，它能够通过先进的AI技术，对模糊、失焦、噪点等问题进行修复，让老照片重现往日光彩。下面介绍使用Remini修复旧照片的方法。

步骤01 从浏览器中进入Remini的官网，在首页中单击“Try Remini”按钮，如下页图7-79所示。

步骤02 在打开的页面中，单击“Choose files”按钮，在打开的“打开”对话框中选择“旧照片.jpg”，单击“打开”按钮，如图7-80所示。

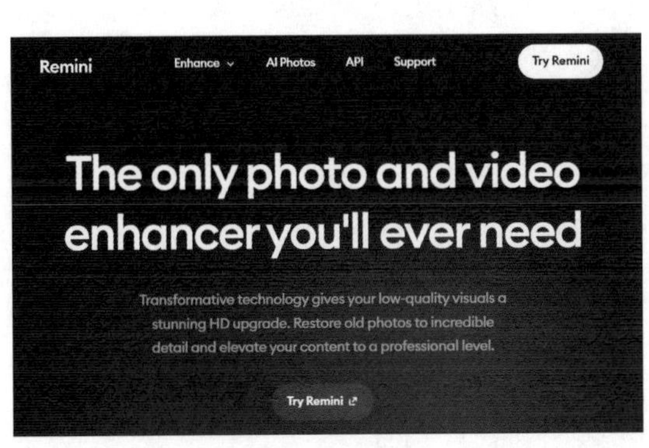

图 7-79　Remini 的首页

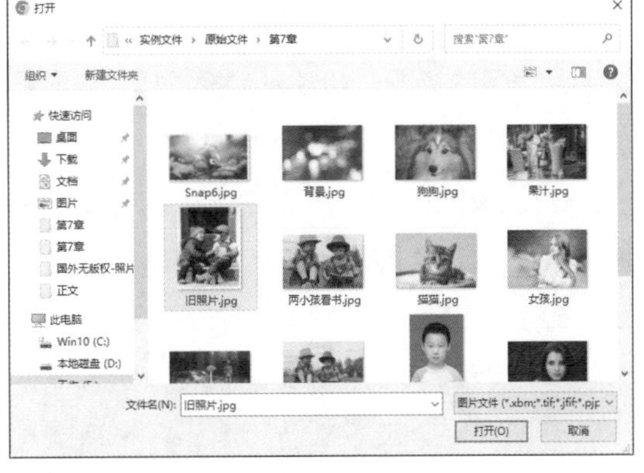

图 7-80　上传图片

步骤03 Remini会自动修复旧照片，用户可以在图片的中间调整查看修复前和修复后的效果，修复后的图像更清晰，如图7-81所示。

步骤04 在左侧展开“Beautify”列表，选择“Cute”选项，用于设置美化；在“Back-ground Blur”中选择“High”选项，用于设置背景质量；在“Auto Color”中选择“Golden”选项，用来设置颜色，单击“Apply”按钮。片刻后，照片的修复就完成了，单击右上角的“Download”按钮下载图片，效果如图7-82所示。

图 7-81　查看修复前后对比效果

图 7-82　修复后的照片

实战演练：用Bigjpg无损放大图片

Bigjpg是一款非常强大的图片无损放大工具，它利用人工智能和深度神经网络来实现对图片的放大处理，同时保持图片的质量不受损害。这款工具特别适用于需要放大图片但又不想损失图片质量的场景，如动漫、插画等二次元图片的放大处理。下面介绍使用Bigjpg将图片无损放大的方法。

步骤01 从浏览器中进入Bigjpg的官网，其页面非常简洁，单击“选择图片”按钮，如图7-83所示。

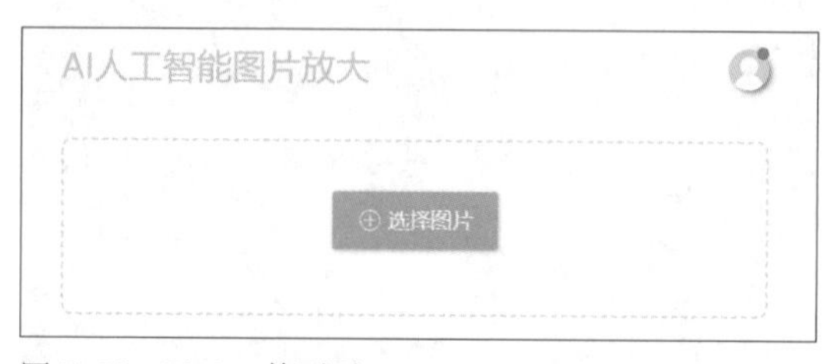

图7-83　Bigjpg的页面

步骤02 在打开的对话框中选择需要放大的图片，单击“打开”按钮，将该图片上传到Bigjpg中。此时会显示图片大小为“421×419px 403.11KB”，单击“开始”按钮，如图7-84所示。打开“放大配置”面板，进行相关参数设置，单击“确定”按钮，如图7-85所示。

图7-84　上传图片

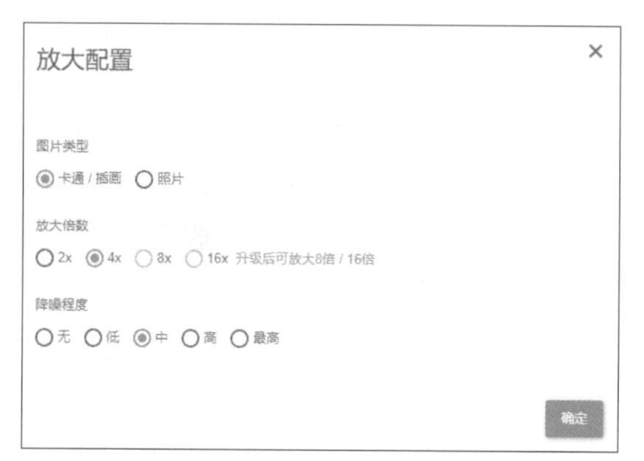

图7-85　设置放大参数

步骤03 Bigjpg会自动放大图片，同时显示剩余时间。完成后单击“下载”按钮，该按钮右侧显示了放大后图片的大小为1.03MB，如图7-86所示。

步骤04 打开放大后的图片，用户会发现图片的清晰度非常理想，效果如图7-87所示。

图7-86　单击“下载”按钮下载图片

图7-87　查看效果

第 8 章 AI 影音的创新突破

AI生成音频和视频的技术取得了显著的进步，为相关领域带来了革命性的变革。在音频生成方面，AI能通过机器学习算法和神经网络模型，从文本或音频数据中学习到声音的特征和规律，自动生成符合要求的音频数据。

在视频生成方面，AI技术同样展现出了强大的能力。例如，视频生成模型Sora能够以更高的质量和流畅度生成超逼真的高清视频，为视频制作行业带来了全新的生产方式。

本章主要介绍9款AI工具，包括Udio、Suno、天工SkyMusic、NaturalReader、讯飞智作、Stable Video、一帧秒创、D-ID和Sora。其中Udio、Suno和天工SkyMusic可以创作出优美的音乐；NaturalReader和讯飞智作可以将输入的文本转成语音；Stable Video、一帧秒创和D-ID可以生成高质量的视频；而Sora已经突破了技术壁垒，可以生长达1分钟的视频，但是它目前处在内测阶段，大家期待着它能够快速投入市场，体验它的魅力。

8.1　Udio多角度生成音乐

Udio是一款功能强大的AI音频工具，由Google DeepMind的前AI研究人员和工程师创立。Udio支持用户通过文本提示生成各类风格的音乐作品，包括乡村、流行、古典、电音、摇滚、嘻哈等多种类型，极大地拓宽了音频创作的边界。

要想使用Udio，首先在浏览器中打开Udio的官网，于面页右上角单击“Sign In”按钮，在打开的界面使用Google邮箱可以直接登录，接着输入个人资料。Udio的首页如图8-1所示。

图 8-1　Udio 的首页

目前，Udio是免费使用的，用户直接注册登录即可使用，而且每月可以有1200首歌曲的创作额度。

实战演练：用Udio生成关于春天的钢琴曲

Udio可以生成纯乐器的音乐，例如钢琴、吉他等。本案例中将创建一首关于“春天”的钢琴曲，然后再进行相关编辑操作。下面介绍具体操作方法。

步骤01 在Udio首页上方的输入框中输入音乐的主题“A lively pop song about 'Spring'”，含义为“一首关于春天欢快的流行歌曲”，然后在下方选择“Instrumental”（乐器）单选按钮，如下页图8-2所示。

步骤02 接下来选择音乐的风格，在输入框的下方显示了音乐风格的关键词，用户单击对应的按钮，即可添加该关键词。例如，单击“pop”按钮，则在提示词末尾添加“,pop,”，如下页图8-3所示。

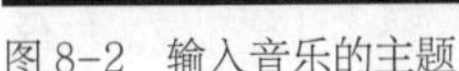
图 8-2 输入音乐的主题

图 8-3 设置音乐的风格

提 示 手动输入提示词

在输入框中也可以手动输入提示词，但需要注意的是，提示词之间要使用英文状态下的“,”（逗号）隔开。

步骤03 如果还想进一步设置音乐的风格，就将光标定位在“pop”的后面并按空格键，在下方选择想要的风格即可，本案例中选择“pop music”，如图8-4所示。

步骤04 在提示词后面输入乐器的名称，本案例中输入“piano”，在下方选择“piano pop”，单击右侧的“Create”按钮，如图8-5所示。

图 8-4 进一步设置音乐风格

图 8-5 设置乐器名称

步骤05 片刻后，在“My Creations”区域会根据提示词生成两首音乐，长度为33秒钟，单击图标即可试听，如图8-6所示。

步骤06 如果用户对生成的音乐比较满意，可以单击右侧的“Extend”按钮，将音乐再延长30秒钟左右。例如，延长第一首音乐，单击“Extend”按钮，在打开的页面中再单击“Extend”按钮，片刻后，即可生成1.06分钟的音乐，如图8-7所示。

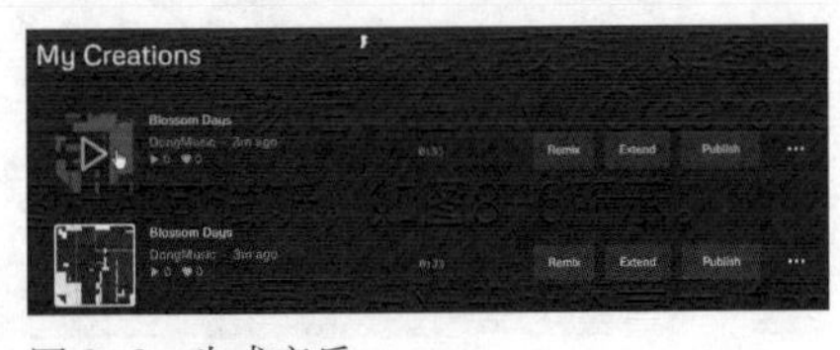

图 8-6 生成音乐

图 8-7 延长音乐

提 示 下载生成音乐

用户对生成的音乐比较满意后，可以单击右侧三点的按钮，在列表中选择“Download”选项，下载音乐。

实战演练：用Udio自创歌曲

Udio可以根据用户提供的歌词和音乐风格生成属于用户自己的歌曲。本案例中将创作关于“校园”的欢快歌曲，下面介绍具体操作方法。

步骤01 在Udio主页上方的输入框中输入音乐的主题和风格，然后在下方选择“Custom”单选按钮，在其下方的输入框中输入自己创建的歌词，然后单击“Create”按钮，如图8-8所示。

步骤02 Udio会根据提示词和歌词，生成两首33秒钟的音乐。用户试听之后，如果比较满意，可以单击“Remix”按钮，根据生成音乐的风格再生成两首音乐，如图8-9所示。

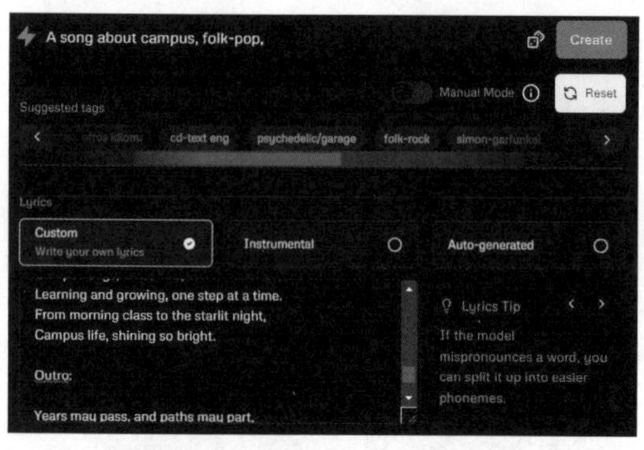

图8-8　根据歌词创建音乐

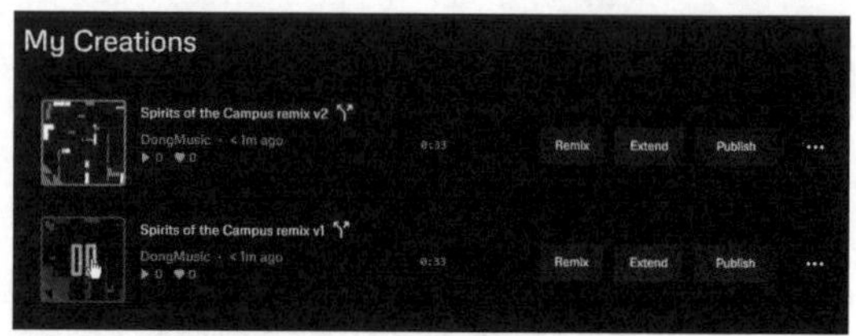

图8-9　生成音乐

步骤03 最后在喜欢的音乐后单击“Extend”按钮，将音乐时长延长到1.06分钟，如图8-10所示。

步骤04 为音乐添加封面，单击歌曲的名称进入该歌曲页面，单击“Edit”按钮，再单击封面上的“Edit Image”，如图8-11所示。

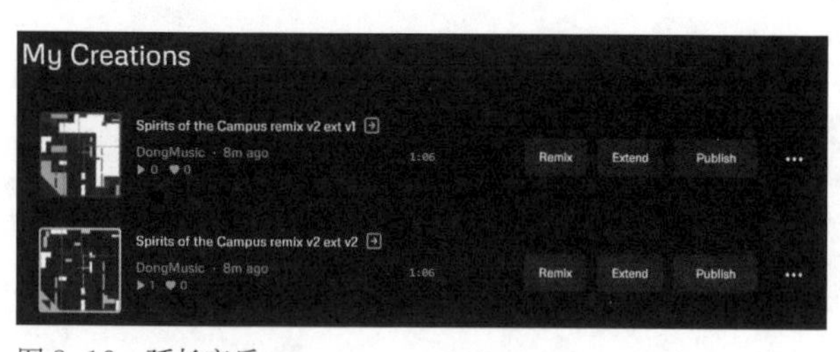

图8-10　延长音乐

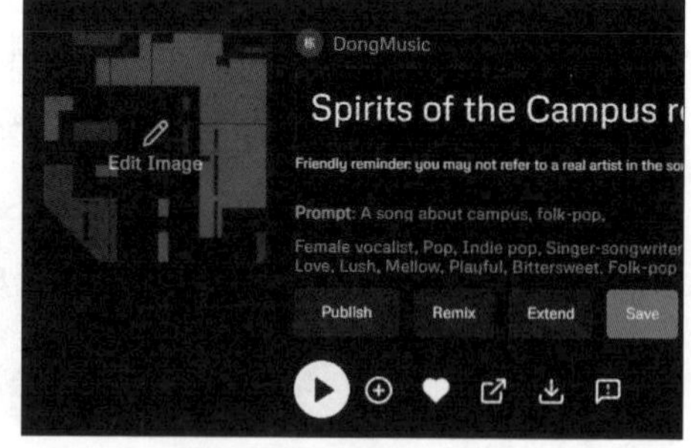

图8-11　编辑音乐的封面

步骤05 进入封面编辑界面，单击“Generate”按钮，就能根据提示词自动生成封面图片，选择合适封面，单击“Save”按钮，如下页图8-12所示。

步骤06 完成以上操作后，即可更换默认的音乐封面，最终效果如下页图8-13所示。

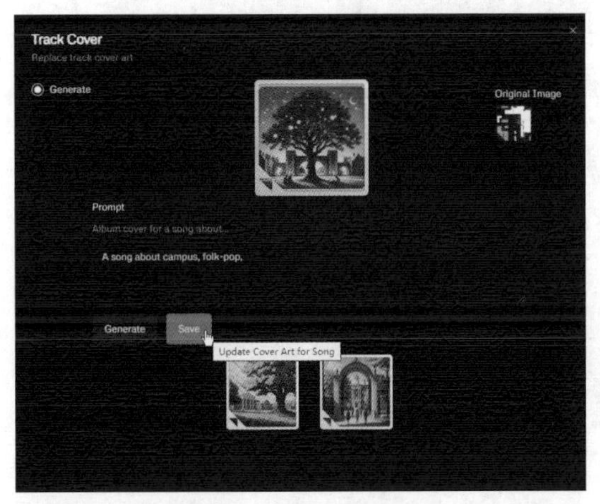

图 8-12　添加封面并单击“Save”按钮

图 8-13　查看更换音乐封面的效果

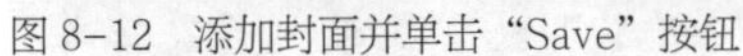

提 示　根据主题自动生成音乐

当用户使用Udio创作音乐时，如果没有好的创意或歌词，就可以在输入框中输入音乐的主题、风格等，再在输入框下方选择“Auto-generated”单选按钮，单击“Create”按钮，Udio会根据主题和风格自动给用户创作音乐。

8.2　Suno让AI与音乐相互交融

Suno是一个革命性的AI音乐创作平台，它以其独特的技术和强大的功能，在音乐创作领域引起了广泛的关注。

Suno的核心在于其强大的AI技术。该平台采用了先进的深度学习算法和神经网络模型，构建了一个智能化的音乐创作引擎。用户只需输入简洁而富有意境的文本描述，无论是细腻的情感描绘、跌宕的故事叙述还是深沉的哲理思考，Suno都能精准地理解并高效地将其转化为高品质且具有原创性的音乐作品。

Suno覆盖了音乐创作的全方位维度，包括主旋律设计、和声编排、乐器伴奏选择、环境音效配置乃至语音情感表现等多个方面。这使得用户能够轻松地将他们的创意和灵感转化为具体的音乐作品，而无需具备专业的音乐技能或知识。

在浏览器中打开Suno的官网，然后使用谷歌邮箱注册账号并登录，即可使用Suno，其首页如下页图8-14所示。

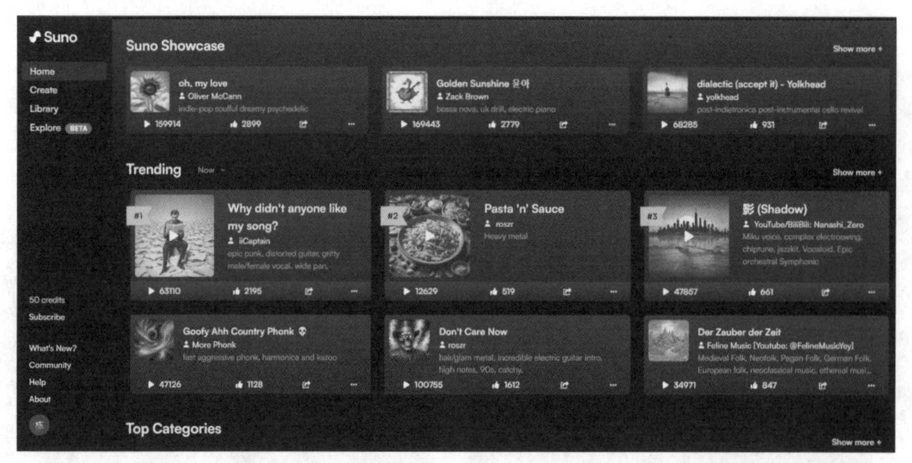

图 8-14　Suno 的首页

提 示　一首歌词的组成部分

一首歌词通常可分为5部分，包括引言、主歌、副歌、桥段和尾声。不同的歌曲可能有不同的结构安排，有些歌曲可能只有主歌和副歌，而有些歌曲则可能包含更多复杂的段落和过渡。因此，在创作歌词时，应根据歌曲的风格、情感和主题来选择合适的结构。

实战演练：用Suno进行音乐创作

Suno可以生成2分多钟的音乐，但这对于一首完整的音乐来说还是不够的，用户可以基于生成的音乐进行延长，最后再结合在一起。下面介绍具体的操作方法。

步骤01　在Suno的首页切换至左侧的“Create”页面，在“Song Description”区域的输入框中输入音乐的主题和风格，然后单击“Create”按钮，如图8-15所示。

步骤02　片刻后，在页面的中间区域会自动生成两首歌曲，如图8-16所示。Suno可以根据输入提示词的语言自动生成对应语言的歌词，本案例中输入的是中文，因此生成的音乐也是中文歌词。

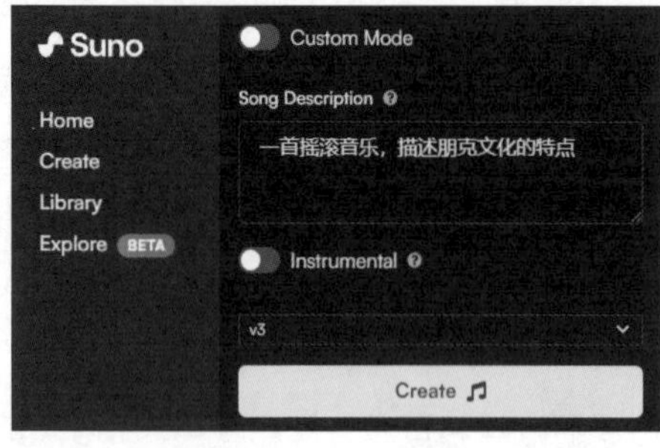

图 8-15　输入提示词

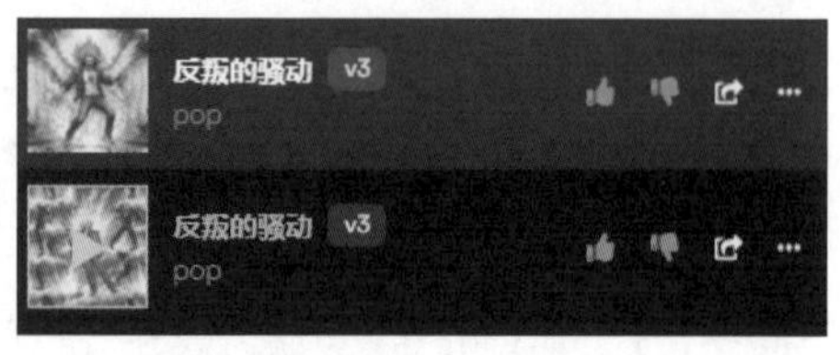

图 8-16　生成的歌曲

步骤03 当用户试听时，会发现该歌曲只有两部分，并不是完整的一首歌曲。单击右侧的“Extend”按钮，在左侧打开“Custom Mode”(自定义模式)，进一步设置歌词、风格、标题，以及延伸的时间。本案例中输入了完整的歌词，所以不需要设置延伸的时间，如图8-17所示。Suno会根据设置重新生成两首歌曲，歌曲的名称和歌词都是在本步骤中设置的，如图8-18所示。

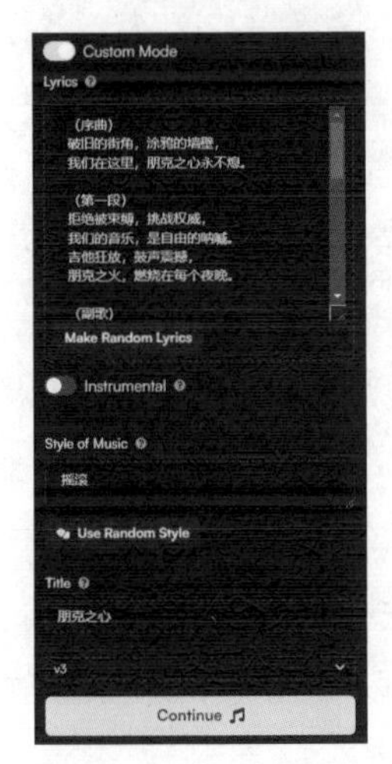

图 8-17 进一步设置音乐参数　　图 8-18 重新生成歌曲

步骤04 再次试听音乐，由于生成音乐的时间为2分钟，部分歌曲没有创作完成。此时再单击“Extend”按钮，在左侧的歌词区域输入未进行音乐创作的歌词，保持“Extend from”为1分钟48秒，单击“Continue”按钮，如图8-19所示。Suno会根据要延长的歌曲的风格继续对未完成的歌词部分进行音乐创造，如图8-20所示。

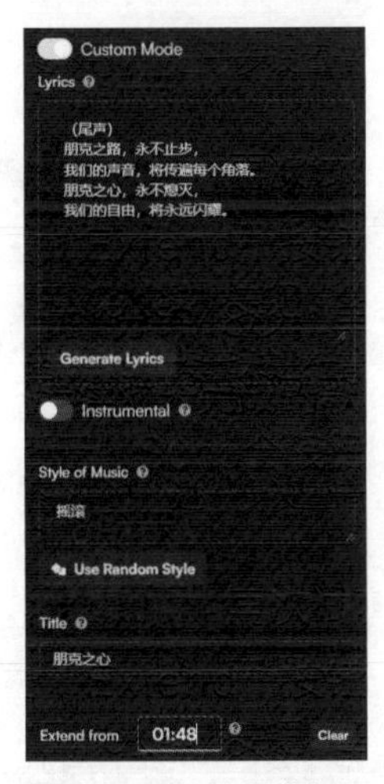

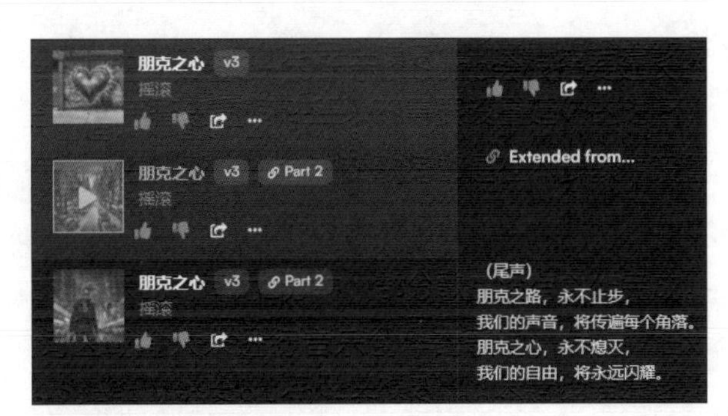

图 8-19 设置未进行音乐创作的歌词　　图 8-20 生成尾声的音乐

步骤05 试听后选择满意的结尾音乐，单击其右侧的三个点按钮，在打开的列表中选择“Get Whole Song”选项，进行音乐合并，如图8-21所示。

步骤06 合并后即可得到一首完整的歌曲，用户试听时，会发现这首歌的完整时间为2分钟18秒，如图8-22所示。

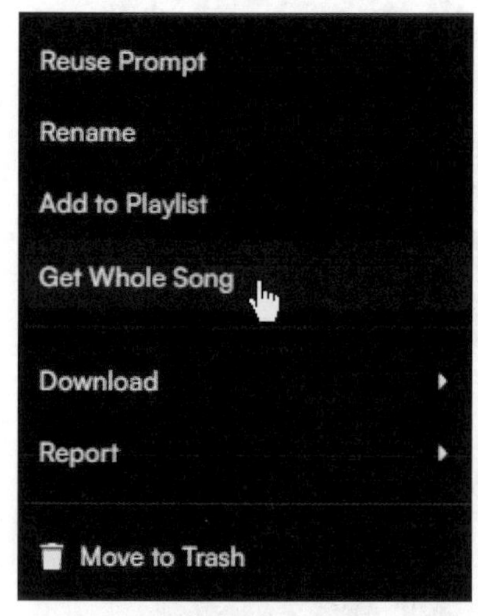

图8-21　选择“Get Whole Song”选项

图8-22　查看完整歌曲的效果

提 示　Suno的学分制

Suno针对普通用户每天会更新50积分，可以创作10首歌曲，但都不可用于商业。用户也可以根据需要订阅收费计划，每月8美元，可更新2500个积分（500首歌曲）；每月24美元，可更新10000个积分（2000首歌曲）。

8.3　天工SkyMusic——AI音乐创作新纪元

天工SkyMusic是基于昆仑万维的“天工3.0”超级大模型打造的一款AI音乐生成大模型，也是中国的首个音乐SOTA模型。天工SkyMusic于2024年4月17日正式开启公测，旨在为用户提供高质量的AI音乐创作体验。用户只需输入几句歌词，并选择自己喜欢的音乐风格，便能快速生成一首属于自己的歌曲。

目前，天工SkyMusic主要是一款基于手机APP的音乐创作工具，暂时还没有推出电脑版或网页版。虽然目前没有电脑版或网页版，但天工SkyMusic的手机APP版本已经提供了丰富的功能和强大的AI音乐生成能力，可以满足大多数用户的需求。用户可以通过手机随时随地进行音乐创作，享受AI技术带来的便捷和乐趣。

昆仑万维的官方应用商店或者“昆仑万维集团”公众号中提供了下载链接，手机应用商城中也可以搜索下载。在手机上安装“天工AI”APP后，在APP界面中找到“音乐”入口，用户即可使用天工SkyMusic进行音乐创作，如图8-23所示。

图 8-23 天工 AI

实战演练：用天工SkyMusic创作雨夜独舞音乐

使用天工SkyMusic创作音乐时，歌词要求工整、押韵、表达清晰，除此之外字数不能超过300字，而且不支持中英文混合。本案例中将创作雨夜独舞这首音乐，下面介绍具体操作方法。

步骤01 打开“天工AI”APP，在“音乐”入口点击“开始写歌”按钮，在“创作歌曲”页面，输入歌名和歌词，如图8-24所示。

步骤02 点击“生成歌曲”按钮，天工AI会根据输入的歌词创曲，并生成3种不同风格的音乐，如图8-25所示。

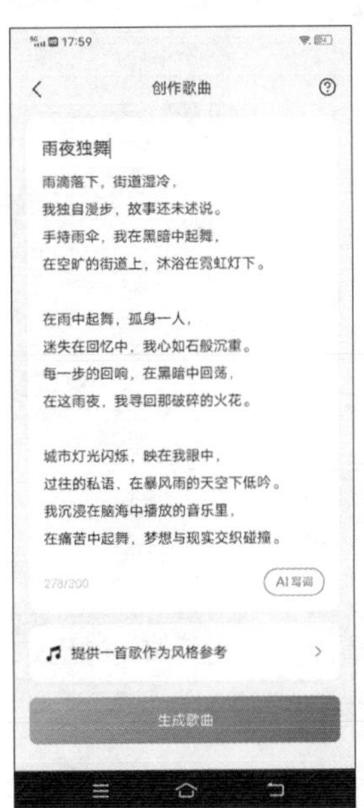

图 8-24 输入歌名和歌词

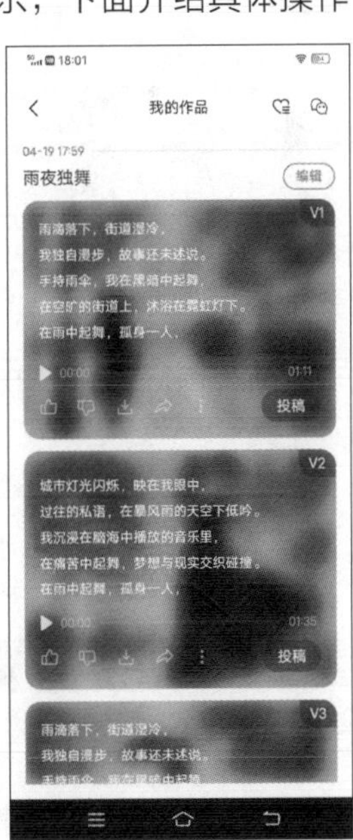

图 8-25 生成3种风格的音乐

提 示　AI自动写词

单击“开始写歌”按钮后，如果用户没有创作灵感，就可以让AI写歌词。单击输入框下方的“AI写词”按钮，就会随机生成歌名并填词，但是每次只能输入一句，然后用户就可以根据AI提供的歌词进行创作。

步骤03 除了直接生成歌曲之外，天工AI也可以提供歌曲作为本音乐的风格参考。单击“提供一首歌作为风格参考”按钮，在“选择参考歌曲”页面，选择其他用户创作的歌曲，如图8-26所示。

步骤04 返回到“创作歌曲”页面，单击“生成歌曲”按钮，天工AI会根据所选歌曲创作出属于用户自己的音乐，如图8-27所示。

步骤05 对创作的音乐感到满意后，用户可以将其下载到手机中。单击下方的“下载”图标，在底部会显示“下载视频MP4”按钮，单击该按钮，即可完成下载，如图8-28所示。

图8-26　选择参考歌曲

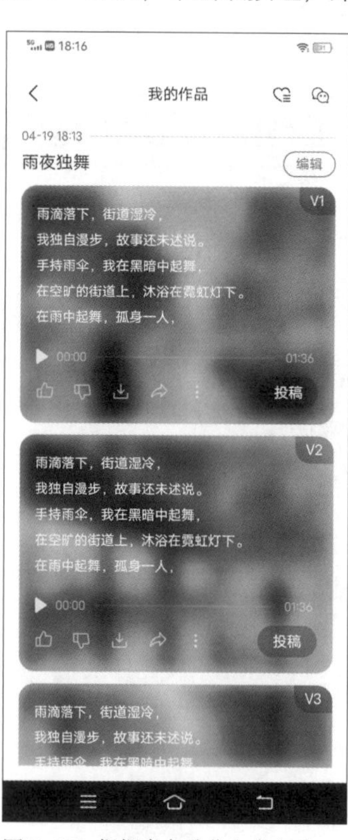

图8-27　根据参考歌曲生成音乐

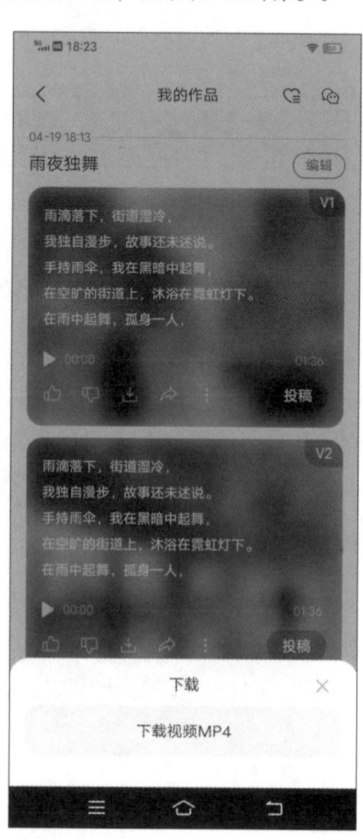

图8-28　下载音乐

8.4 文本生成语音的智能工具

文本生成语音的智能工具是一种将文本内容转换为语音输出的应用程序。这种工具基于先进的语音合成技术，能够将文字信息转化为自然流畅的语音，实现文字内容的朗读功能。

使用文本生成语音的智能工具的优势有很多，例如能够提高阅读效率，特别是对于长篇文本；能够改善阅读体验，让人们以更轻松的方式享受阅读的乐趣；对于需要大量阅读文本的工作人员，如新闻记者、研究人员等，使用这种工具还可以提高生产效率，减少工作量。

本节将介绍两款文本生成语音的工具，分别是NaturalReader和讯飞智作。接下来分别使用这两款工具生成不同风格的音频。

实战演练：让NaturalReader有感情地朗读文章

NaturalReader是一款优秀的文本生成语音的智能工具，能够将文字内容转换为自然流畅的语音。NaturalReader采用先进的语音合成技术，支持多国语言和多种声音效果，使用户可以根据个人喜好自定义语速、音调和音量，实现个性化的语音输出。

打开NaturalReader官网，注册登录后进入首页即可使用，如图8-29所示。

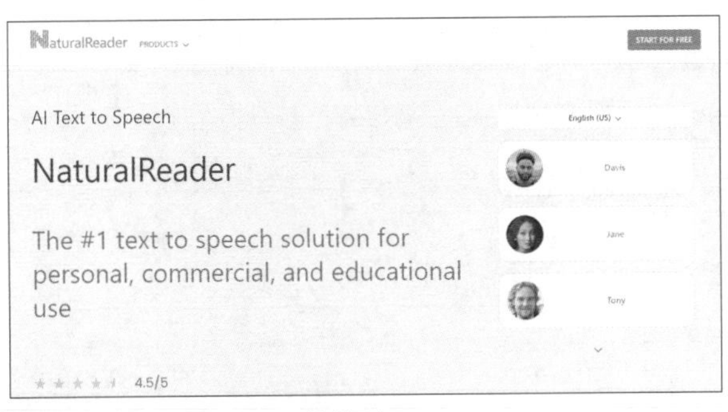

图 8-29 NaturalReader 的首页

本案例中将使用NaturalReader用抒情的语气朗读一篇关于大海的文章，下面介绍具体操作方法。

步骤01 在NaturalReader首页单击右上角的“START FOR FREE”按钮，然后单击左侧的“Add Files”按钮，在列表中选择“Text”选项，如下页图8-30所示。

步骤02 在右侧文本框中输入需要转换为语音的文本，单击上方的人物头像，然后单击下方列表框右侧的下三角按钮，因为输入的文本是中文，在列表中选择“Chinese”选项。在下方选择合适的语音，单击右侧的喇叭图标可以试听，如图8-31所示。

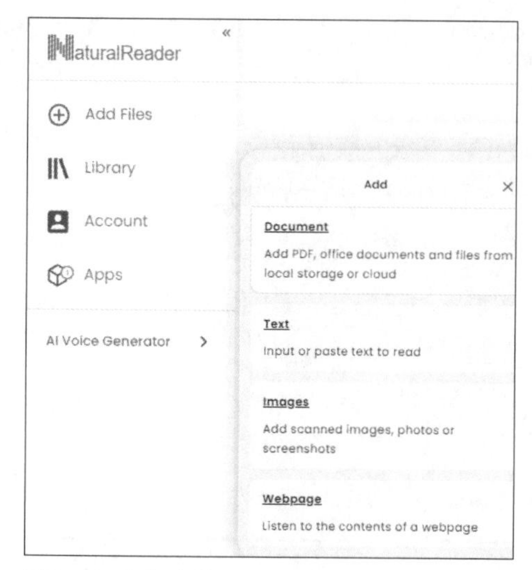

图 8-30　添加文本

图 8-31　单击喇叭图标试听

步骤03 选择完成后，可以单击播放图标，听完整的语音效果，如果语音效果合适，可以单击右上角的3个点图标，在列表中选择相应的选项进行下载，如图8-32所示。

步骤04 如果用户感觉声音效果不理想，可以单击左侧的“AI Voice Generator”（人工智能语音发生器）按钮，如图8-33所示。

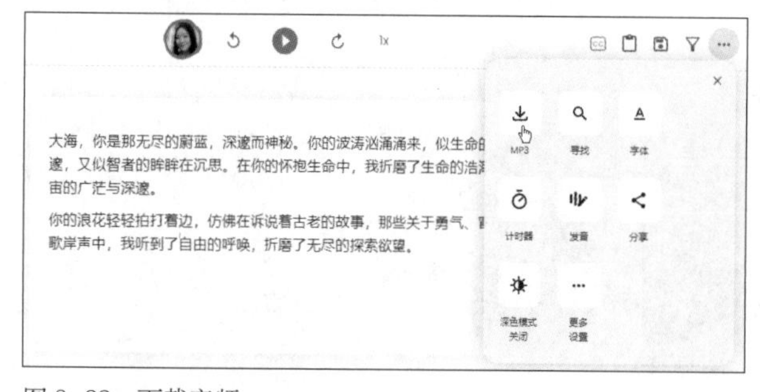

图 8-32　下载音频

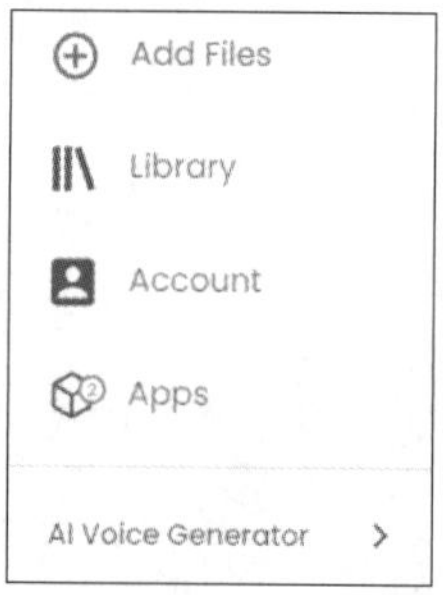

图 8-33　单击“AI Voice Generator”按钮

步骤05 进入下一页，单击“TRY AI VOICE GENERATOR NOW”按钮，如图8-34所示。

图 8-34　单击“TRY AI VOICE GENERATOR NOW”按钮

步骤06 再次添加文本，并在文本框中输入之前的文本，在左侧单击刚才选择的人声头像右侧的“Preview”下三角按钮，在列表中选择“Lyrical”（抒情的）选项，单击右下角“Create New”按钮，如图8-35所示。

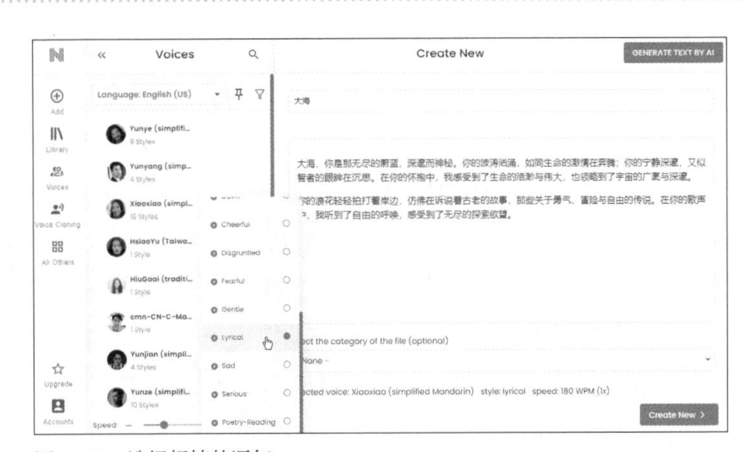

图 8-35　选择抒情的语气

步骤07 因为添加了两段文本，所以生成了两个语音片段。接下来Natural-Reader会以抒情的语气朗读这两段文本。如果还需要添加文本，单击“添加新文本”按钮，然后输入文本，即可自动生成语音，如图8-36所示。

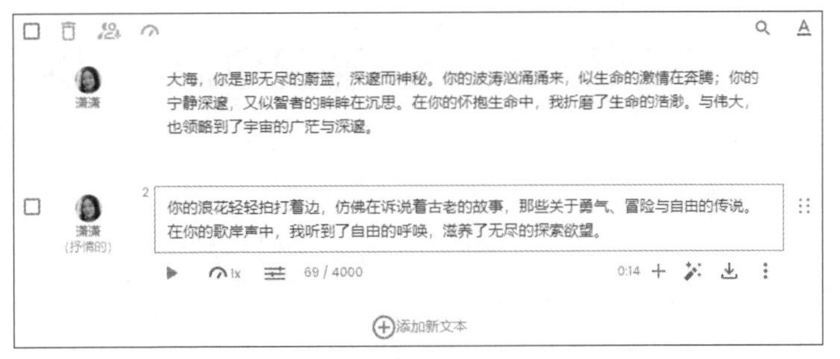

图 8-36　生成语音效果

实战演练：用讯飞智作进行智能配音

讯飞智作是由科大讯飞打造的一款基于人工智能技术的智能写作与音视频内容生产平台。讯飞智作提供AI文字转语音、语音合成、智能配音和AI虚拟主播等功能。其中的智能配音功能能够将用户输入的文字转换成语音，并且可以调整和修改换气、连续、停顿、单调和语速等。

本案例中将使用讯飞智作生成一段关于刘邦的纪录片的语音，下面介绍具体操作方法。

步骤01 在浏览器中进入讯飞智作的官网，注册并登录，在其首页中，将光标放在“讯飞配音”菜单按钮上，然后选择“AI配音>立即制作”命令，如下页图8-37所示。

步骤02 在下一页面中，用户可以直接在中间区域的输入框中输入需要转换成语音的文本，但是要控制字数不超过10000字。也可以导入文件，单击右上角的“导入文件”按钮，在打开的“提示”对话框中单击“确认”按钮，然后在打开的对话框中选择准备好的文件，单击“打开”按钮，如下页图8-38所示。

图 8-37　讯飞智作的首页

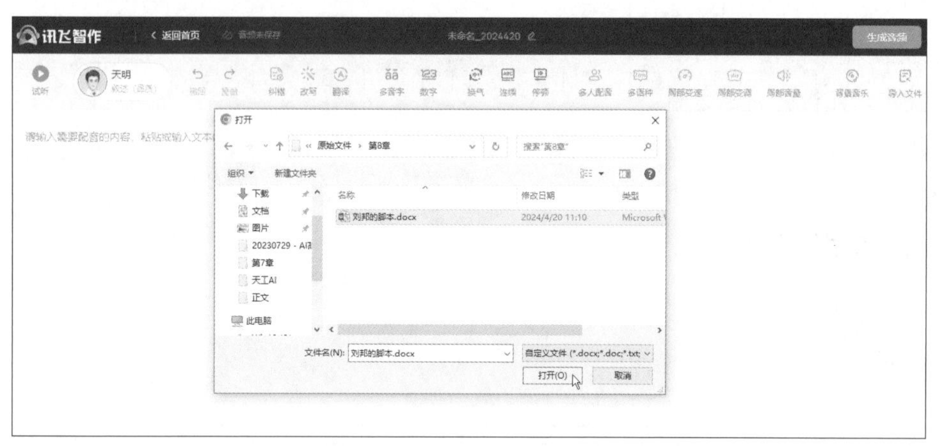

图 8-38　单击“打开”按钮

步骤03 将文件中的文本导入讯飞智作中，文本中包含了多音字，为了防止AI生成的语音出错，用户可以先确定读音。全选文本，单击“多音字”按钮，在打开的面板中用红色标记多音字，然后单击该字，在下方选择正确的语音，如图8-39所示。

步骤04 将光标定位在第3句“长期稳定”文本后，然后单击“换气”按钮，朗读时就会在此处换气，如图8-40所示。

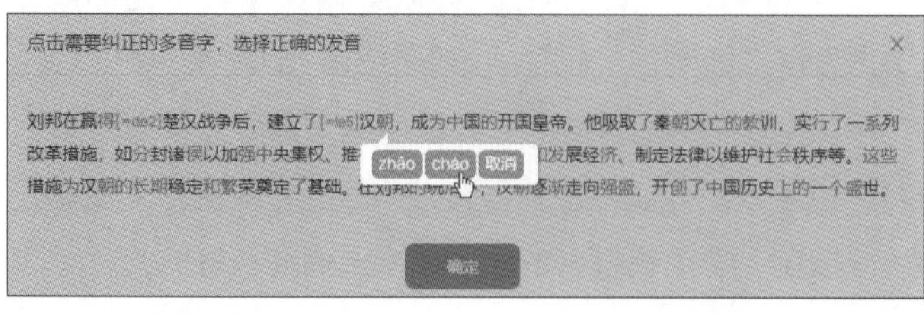

图 8-39　确认多音字的读音

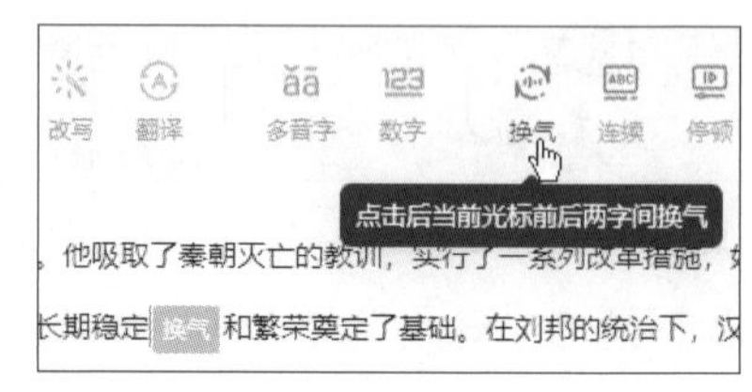

图 8-40　添加换气

步骤05 将光标定位在第2句“推行休养生息政策以恢复”文本后，单击“停顿”按钮，在列表中选择“0.5秒”选项，读到此处时就会有0.5秒的停顿，如图8-41所示。

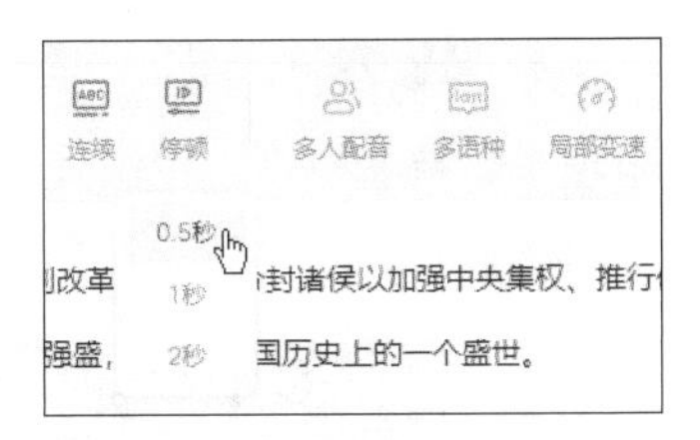

图 8-41 添加停顿

步骤06 选择需要加强音量来突出的文本，单击“局部音量”按钮，然后调整滑块，单击“确认”按钮，即可调整局部音量，如图8-42所示。

步骤07 单击“背景音乐”按钮，在打开的面板中选择合适的音乐作为背景，单击“使用”按钮即可添加音乐，如图8-43所示。

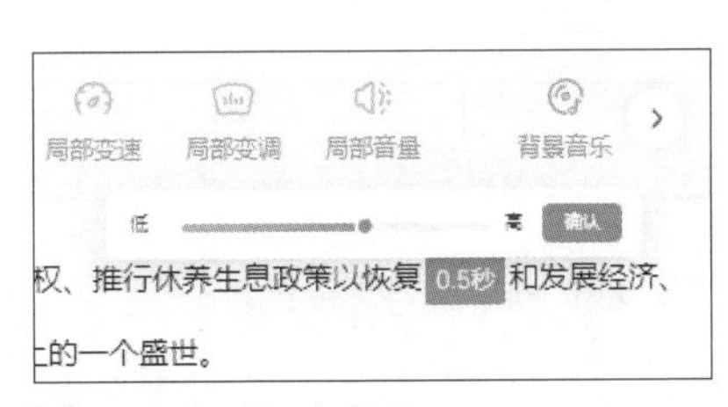

图 8-42 调整局部音量

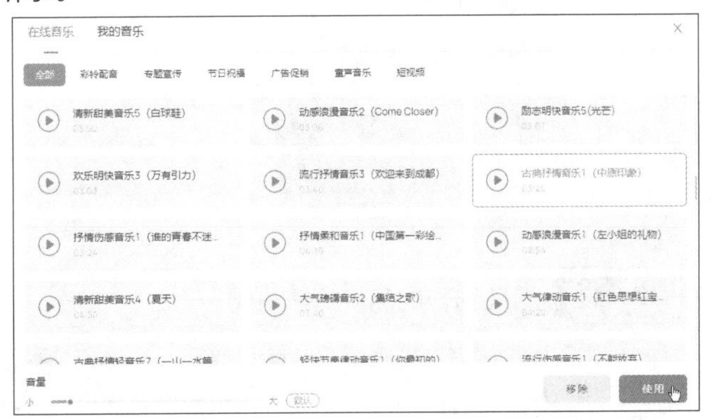

图 8-43 选择背景音乐

提示 讯飞智作的读数字功能

在文本中如果包含数字，例如“2024”，可以选中数字，单击“数字”按钮。列表中包含“读数字”和“读数值”两个选项，选择“读数字”选项“2024”会读“二零二四”；选择“读数值”选项“2024”会读“二千零二十四”。

步骤08 单击主播头像，在打开的面板中选择适合记录片的主播。本案例中选择“关山”主播，在右侧选择“纪录片（品质）”，再设置“主播语速”“主播语调”和“音量增益”的相关参数，最后单击“使用”按钮，如图8-44所示。

图 8-44 设置主播的相关参数

步骤09 单击“试听”按钮，如果刚才的设置有不合适之处，用户可以对其进行调整。如果对语音满意，则单击右上角的“生成音频”按钮，在打开的“作品命名”中设置音频的名称和格式，单击“确认”按钮，即可生成音频，如图8-45所示。

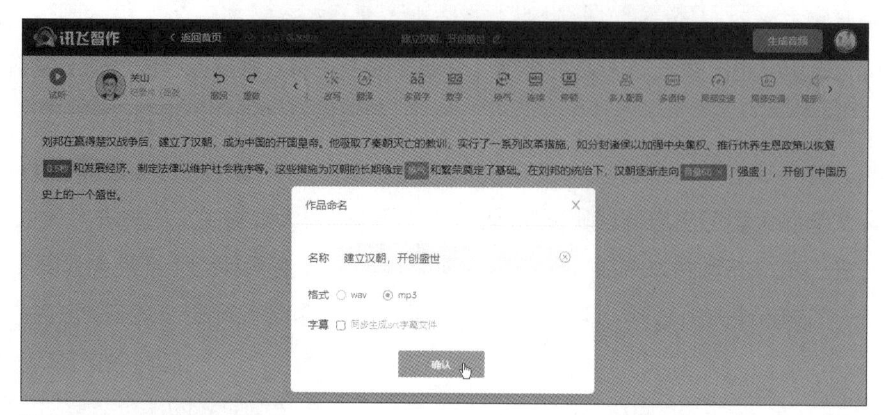

图 8-45　生成音频

提 示　讯飞智作的配音其他功能

讯飞智作的配音功能很强大，除了本案例介绍的“数字”“换气”“停顿”“局部音量”和“背景音乐”功能外，还有“纠错”“改写”“翻译”“连续”“多人配音”“多语种”“局部变速”等功能。

讯飞智作除了本节介绍的智能配音功能，还可以生成视频，而且生成视频的方式有很多，例如推文转视频、Word转视频和PPT生成视频。

8.5　视频制作的智能工具

视频制作的智能工具是近年来快速发展的一种技术应用，它们基于先进的计算机视觉、自然语言处理和机器学习技术，能够自动化或半自动化地生成视频内容。

本节将介绍三款生成视频的智能工具，分别为Stable Video、一帧秒创和D-ID。

8.5.1　Stable Video简介

Stable Video是由美国的开源人工智能公司Stability AI开发的。Stable Video是一款功能强大的视频编辑工具，它提供了丰富的视频编辑功能和特效，使用户可以轻松制作出专业级别的视频作品。

在实际应用中，Stable Video展现了广泛的适用性。用户可以利用它将创意文字描述转换成视频，为社交媒体、博客或视频平台创造独特的视觉内容。

Stable Video的操作界面简洁明了，用户可以通过简单的点击和拖拽操作完成视频编辑。该工具支持多种分辨率和帧率的输出，能够满足用户在不同场景下的需求。此外，Stable Video还采用了先进的图片识别和稳定算法技术，能够有效地消除画面抖动，使视频效果更加平滑、自然。Stable Video还能为用户提供高效、便捷的视频制作解决方案。

使用Stable Video，首先要在浏览器中进入Stable Video官网，注册并登录，其首页如图8-46所示。

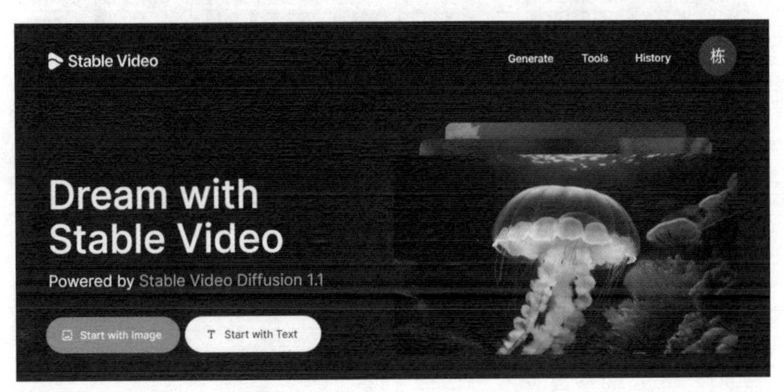

图 8-46 Stable Video 的首页

实战演练：让Stable Video根据图片生成视频

本案例中将根据图片生成视频，上传一张小鸡的图片，Stable Video会自动识别图片中的主体并生成4秒的视频。下面介绍具体操作方法。

步骤01 在Stable Video的首页中单击“Start with Image”按钮，进入由图片生成视频页面，单击中间的“Select an image”链接，在打开的对话框中选择“小鸡.jpg”，单击“打开”按钮，如图8-47所示。

图 8-47 上传图片

步骤02 在页面的下方设置摄像机的运动，单击“Orbit”按钮，设置摄像机围绕小鸡进行旋转运动，然后单击“Generate”按钮，如图8-48所示。

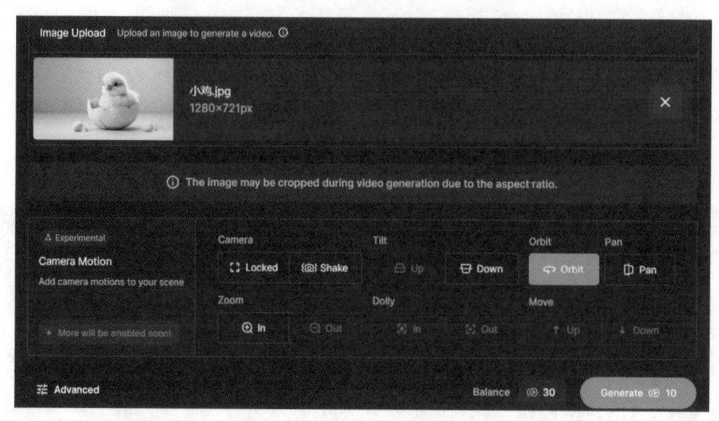

图 8-48　设置摄像机旋转运动

步骤03 Stable Video会根据用户的设置生成4秒的视频，播放视频查看效果，会看到摄像机先向右移动，小鸡位于画布的中心，并且其头部在不停地运动，如图8-49所示。

从生成的视频可见Stable Video的摄像机运动效果比较理想，但也有细节上的问题，例如，小鸡在扭动头部时，它的眼睛和嘴巴会变形。接下来学习根据文本生成视频的操作方法。

图 8-49　查看视频效果

实战演练：让Stable Video根据文本生成视频

Stable Video除了可以通过图片生成视频外，还可以根据文本生成视频。下面将介绍如何生成一个穿裙子的女孩坐云朵上看书的梦幻视频。

步骤01 在Stable Video的首页中单击“Start with Text”按钮，进入文本生成视频页面，在输入框中输入提示词“A girl in a dress is sitting on a cloud and reading a book.”。单击“Style”下的三角按钮，在列表中选择“Fantasy Art”，单击“Generate”按钮，如下页图8-50所示。

步骤02 Stable Video根据提示词和设置的风格，先生成了4张图片，在用户选择一张图片后，Stable Video会根据该图片生成视频，本案例中选择右上角的图片，如图8-51所示。

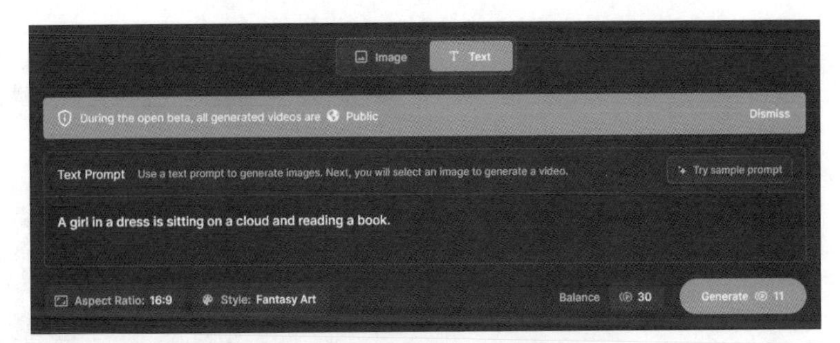

图 8-50　输入提示词并设置视频的风格

图 8-51　生成的 4 张图片

提示　Stable Video出现的手脚问题

Stable Video和很多AI绘画工具一样，在处理人的手脚时会出现问题。在生成的4幅图片的左上图片中，人物的手指和脚指都变形了，而且出现了第6个手指头；右上图片中的手脚也有变形；左下图片中的人物出现了4个脚指头和6个手指头；右下图片出现了手指变形问题。

步骤03 在下方设置摄像机的运动，单击“Down”按钮，再单击“Proceed”按钮，Stable Video就会选择图片生成视频，如图8-52所示。

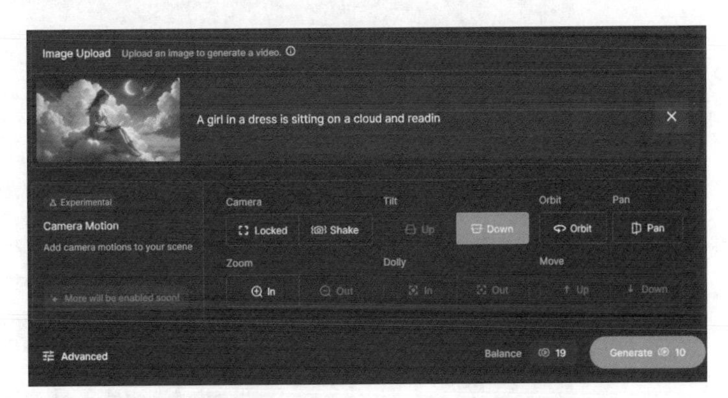

图 8-52　设置摄像机的运动

步骤04 片刻会即可生成视频，并且摄像机由上向下缓慢运动，人物的手脚有轻微动作，如图8-53所示。

图 8-53　查看生成视频的效果

8.5.2　一帧秒创简介

一帧秒创是基于新壹视频大模型以及一帧AIGC智能引擎内容生成平台，为创作者和机构提供AI生成服务，包括文字续写、文字转语音、文生图、图文转视频等创作服务的软件，一帧秒创通过对文案、素材、AI语音、字幕等进行智能分析，快速成片，零门槛创作视频。

一帧秒创拥有AI视频文案撰写功能，用户只需输入文案的关键词，选择行文风格与文本长度，便能快速生成所需的文案。此外，用户还可以根据AI撰写的文案进行补充、润色、精简和取标题等操作，从而打造出更符合个人需求的视频内容。

要使用一帧秒创进行创作，首先在浏览器中打开一帧秒创的官网，注册登录后，在其官网首页单击右上角的“进入工作台”按钮，进入一帧秒创的工作台，如图8-54所示。由首页可见一帧秒创有很多功能，包括图文转视频、数字人播报、AI帮写等，本节将主要介绍图文转视频的功能。

图 8-54　一帧秒创的工作台

实战演练：用一帧秒创创建视频

了解了一帧秒创的功能应用后， 接下来以通过方案生成视频为例，介绍该工具的具体应用。

步骤01 在一帧秒创工作台中单击“图文转视频”按钮，通过文案生成视频，然后输入生成视频的标题和相关内容，如图8-55所示。单击正文下方的“润色”按钮，就可以对输入的正文内容进行润色，如图8-56所示。

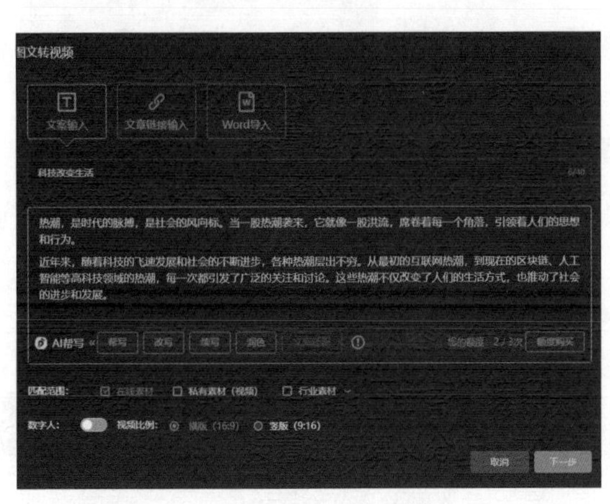

图 8-55 输入生成视频的相关内容

图 8-56 润色正文

步骤02 保持视频比例为“横版（16：9）”，单击“下一步”按钮，进入“编辑文稿”页面，用户还可以对标题和内容进行编辑并对视频分类，如图8-57所示。此时，正文已经被分解为若干个部分，单击“下一步”按钮。

步骤03 接着进行语义分析、文件配音并生成字幕，最后生成与分析文本对应数量的视频片段。在左侧选择对应的文本，在右侧预览视频效果，如图8-58所示。

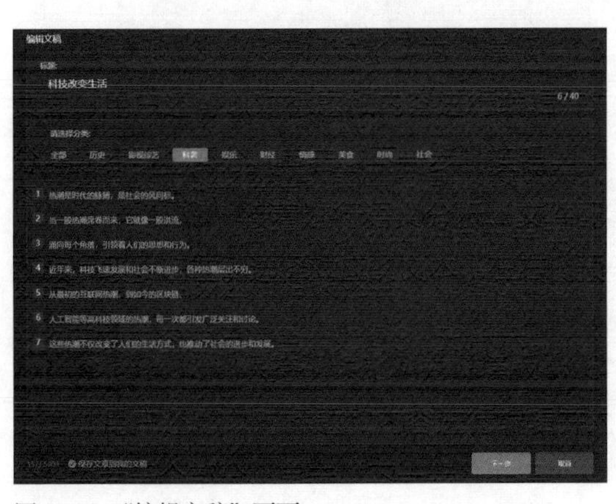

图 8-57 “编辑文稿”页面

图 8-58 选择文本并预览视频效果

步骤04 如果用户对生成的视频不满意，可以在右下角单击“替换”按钮，在下一页面预览在线视频素材，如果没有合适的素材，就单击右上角的“本地上传”按钮。在打开的“打开”对话框中选择准备好的视频素材，如图8-59所示。

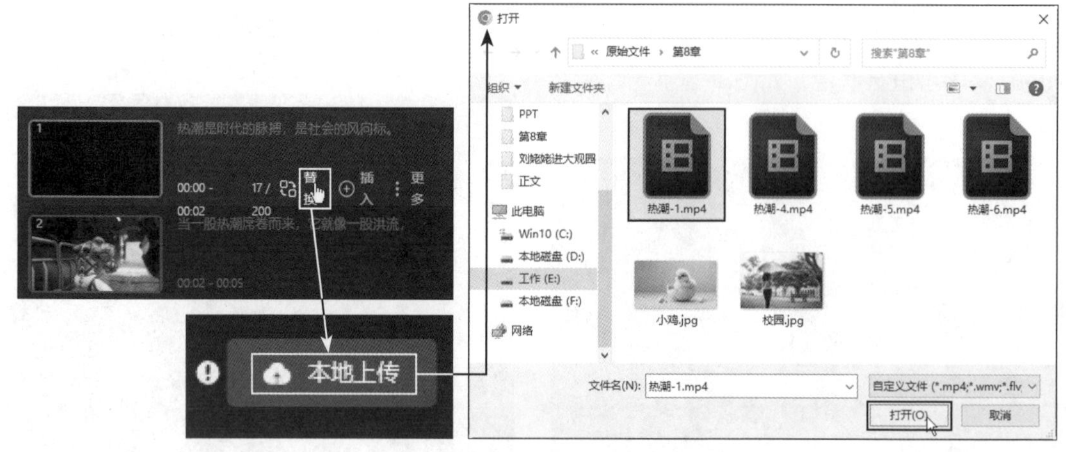

图 8-59　上传本地视频素材

提 示　一帧秒创的图文转视频的方式

一帧秒创的图文转视频功能包括3种方式，分别为文案输入、文章链接输入和Word导入。

步骤05 片刻后即可将选中的视频素材上传到“我的素材”中，然后在右侧会自动添加语音和字幕。可以拖动滑块选择需要的素材片段，如果用户对视频效果比较满意，单击“使用”按钮，即可完成视频的替换，如图8-60所示。然后可以用相同的方法替换其他视频素材。

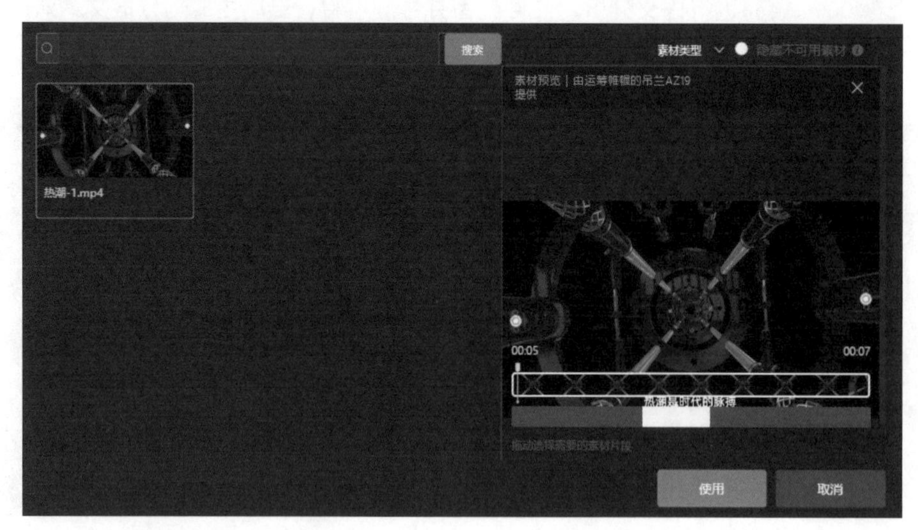

图 8-60　替换视频素材

步骤06 单击视频上方的麦克的图标，在左侧显示了“AI配音”面板，根据配音的要求筛选出配音。在筛选的结果中试听配音效果，再单击下方的“使用”按钮选择配音，如图8-61所示。

图 8-61 选择配音

步骤07 在最左侧中切换至“音乐”选项，在打开的列表中试听背景音乐，如果用户对其效果满意，单击“使用”按钮即可添加音乐，如图8-62所示。

步骤08 在最左侧中切换至“字幕”选项，在“预设风格”区域选择合适的字幕效果，还可以在“自定义”中进一步设置字体、字号、字形和字幕的位置，最后单击“保存”按钮，如图8-63所示。

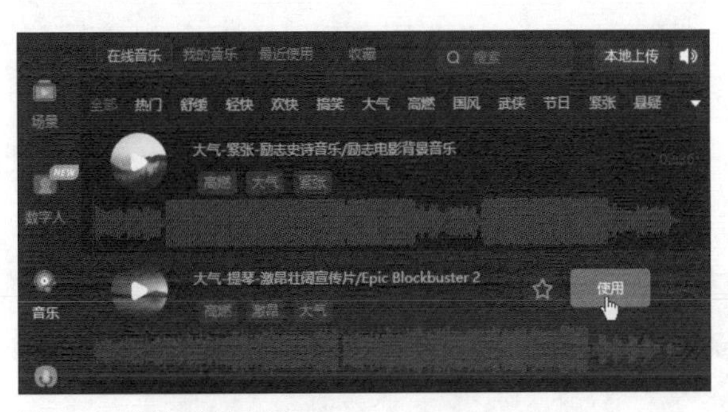

图 8-62 添加背景音乐

图 8-63 设置字幕

步骤09 单击右上角的“预览”按钮，如果用户对生成的视频比较满意，就单击右上角的“生成视频”按钮。在“生成视频”页面，单击“编辑封面”按钮可从视频中选择画面，将其设置为视频封面，单击“上传视频封面”按钮，从打开的对话框中选择准备好的图片作为封面。根据自己的要求设置封面后，单击“生成视频”按钮，即可生成创建的视频，如下页图8-64所示。

图8-64　生成视频

提示　AI帮写

输入正文内容后，用户可以使用AI帮写，对输入的正文进行改写、续写和润色。

8.5.3　D-ID简介

D-ID是一个强大的AI视频创作生成工具，它融合了AI绘画、AI配音和AI数字人功能，使得用户能够利用一张照片生成AI数字人视频。D-ID提供了多种功能，如使用现有照片或插图生成逼真的面孔，还支持GPT—3文本生成、文本到图片的功能，并为数字人的声音提供多种语言和口音选择。

要使用D-ID，首先要打开浏览器，进入D-ID官网，单击右上角的“Log in”按钮，进行注册并登录，入其首页如图8-65所示。

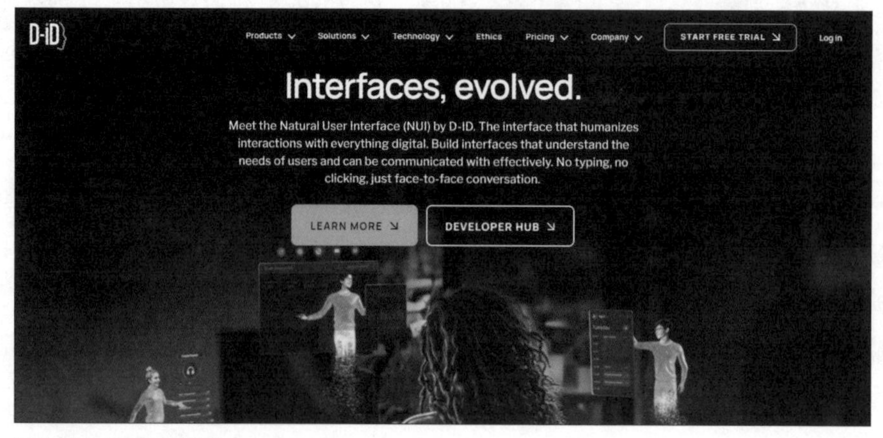

图8-65　D-ID的首页

实战演练：使用D-ID生成真人讲座视频

本案例中将以人工智能讲座的开场白为例，介绍如何使用D-ID生成一段模拟真人讲座的视频，下面介绍具体的操作方法。

步骤01 从浏览器中进入D-ID官网，注册并登录后，单击右上角的“Create”按钮，在列表中选择“Agent New”选项。创建一个代理人，在“Standard”下方D-ID提供的头像中选择一个，单击“Next”按钮，如图8-66所示。如果需要上传自己的头像或指定某人的头像时，单击“Upload”按钮，在对话框中选择要上传的头像即可。

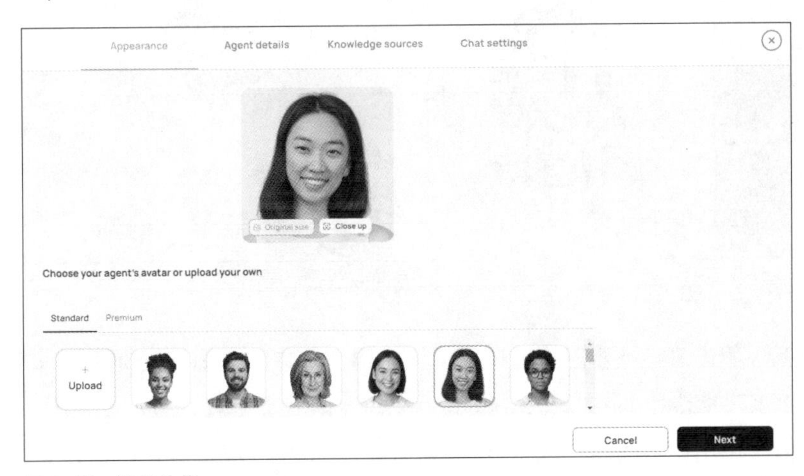

图 8-66　选择头像

步骤02 在下一页面中设置代理人的信息，例如姓名、语言、声音和简单的描述，单击“Next”按钮，如图8-67所示。

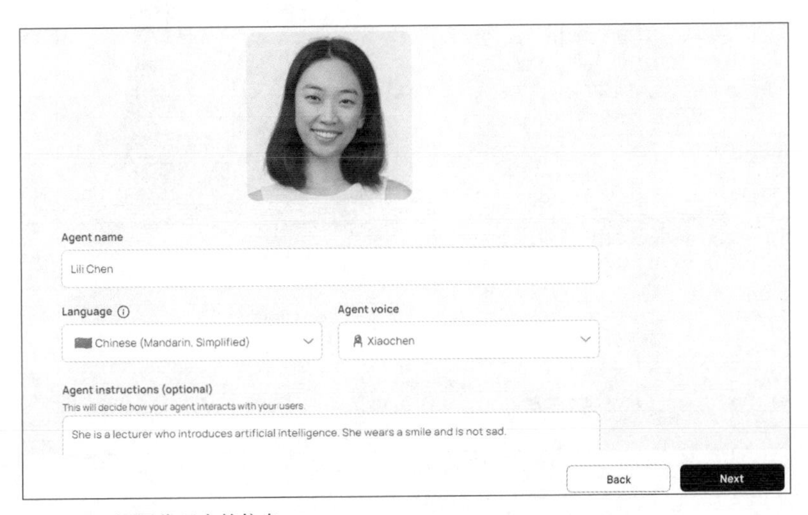

图 8-67　设置代理人的信息

步骤03 根据提示设置一些简单的信息后，即可完成AI头像的设置，在“Agents”中显示了设置的AI头像，如图8-68所示。

步骤04 再单击右上角的“Create”按钮，在列表中选择“Video”选项，在页面中选择要设置的AI人物，在右侧输入文本内容，设置语言为中文，再设置声音，如图8-69所示。

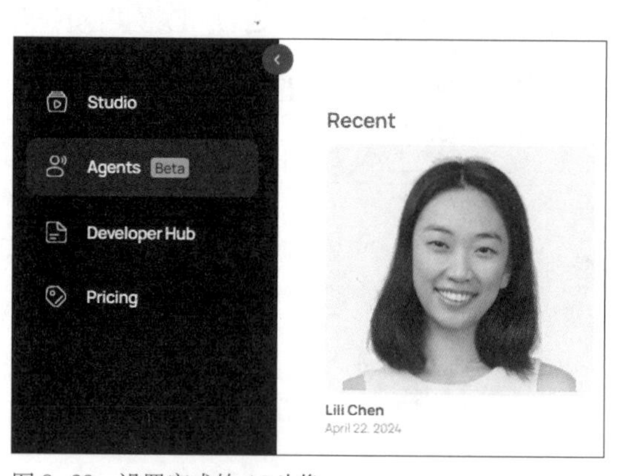

图 8-68　设置完成的 AI 头像

图 8-69　添加文本内容

步骤05 单击文本下方的播放按钮，试听语音效果，然后将光标定位在需要停顿的位置，单击下方的时钟图标，即可在此处添加0.5秒的停顿，如图8-70所示。

步骤06 单击右上角的“Generate Video”按钮，接下来D-ID会计算生成这个视频需要多少学分，然后单击“Generate”按钮生成视频，如图8-71所示。

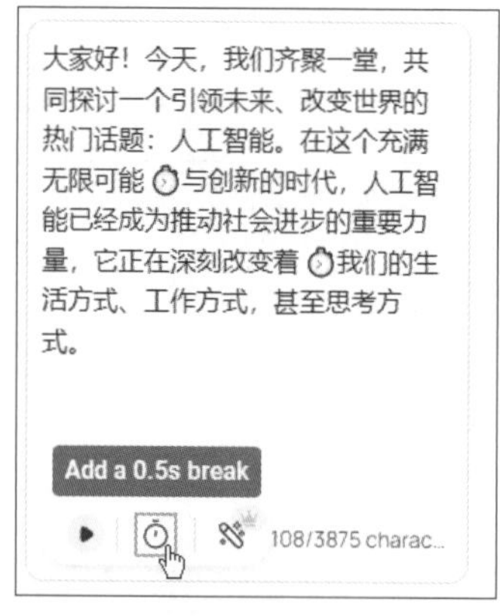

图 8-70　添加停顿

图 8-71　生成视频

提 示　试听时人物头像是静止的

使用D-ID生成视频之前，单击播放图标试听声音效果时，用户所选的AI头像是静止的。这并不是出现了错误码，只有生成视频后，AI头像才会说话且有面部表情。

步骤07 片刻后即可在“Studio”中生成AI人物说话的视频，单击“Download”按钮将视频下载到指定的位置，如图8-72所示。

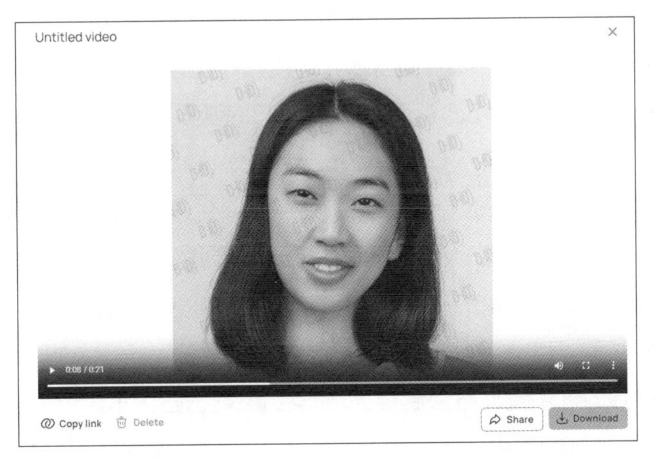

图 8-72　下载视频

提示 **视频的水印**

本案例注册的是“Trial”用户，制作出来的视频会全屏显示水印；如果注册“Lite”用户（4.7美元/月），则会在视频的左下角显示“D-ID”水印；如果注册“Pro”用户（16美元/月），则会在视频的左下角显示“AI”水印；如果注册“Advanced”用户（108美元/月），用户可以自定义水印。

8.6　Sora的诞生：AI视频技术的革命之旅

Sora是美国人工智能研究公司OpenAI发布的人工智能文生视频大模型（但OpenAI并未单纯将其视为视频模型，而是作为“世界模拟器”），该模型于2024年2月15日（美国当地时间）正式对外发布。

Sora通过接收简单的文本指令，就能生成长达60秒钟的视频，其中包含多角度镜头切换、复杂的视频场景、生动的角色表情等。因为Sora目前处在内测阶段，所以本节将主要介绍Sora的概念、技术特点、工作原理、功能和弱点。

8.6.1　Sora的概念

Sora这一名称源于日文“空”（そら sora），即天空之意，以示其无限的创造潜力。其背后技术是在OpenAI的文本到图像生成模型DALL—E的基础上开发而成的。

美国当地时间2024年2月15日，OpenAI正式发布文生视频模型Sora，并发布了48个文生视频案例和技术报告，正式入局视频生成领域。Sora可以根据用户的文本提示创建时长最长为60秒钟的逼真视频，“碾压”了行业内目前时长大概只有平均4秒钟的视频生成长度。

Sora模型了解物体在物理世界中的存在方式，可以深度模拟真实物理世界，能生成具有多个角色、包含特定运动的复杂场景。Sora继承了DALL—E 3的画质和遵循指令的能力，能理解用户在提示中提出的要求。例如，在Sora中输入“Photorealistic closeup video of two pirate ships battling each other as they sail inside a cup of coffee”提示词，生成视频中的一帧如图8-73所示。

以上提示词的中文含义为“逼真的特写视频，展示两艘海盗船在一杯咖啡内航行时互相争斗的情况”。Sora能根据提示词生成很逼真的视频，而且视频中的两艘海盗船会随着咖啡的涌动而运动，这充分体现了Sora的理解提示词和遵循指令生成视频的能力。

Sora给需要制作视频的艺术家、电影制片人或学生带来了无限可能，这是OpenAI“教AI理解和模拟运动中的物理世界”计划的其中一步，也标志着人工智能在理解真实世界场景并与之互动的能力方面实现了飞跃。

电影、广告、动画制作等行业可以利用Sora快速产出预览或初步版本的内容，能节省大量的制作时间和成本。同时，Sora的多模态特性使得视频内容的创作更加灵活，用户可以更容易地实现创意想法。Sora可以用于制作电影预告片、音乐视频、游戏预告等，并提供更加丰富和吸引人的视觉体验。

在OpenAI官网发布的樱花街道视频，说明Sora可以把握三维空间，以及三维空间中的几何和物理之间的互动，如图8-74所示。

图 8-73　两艘海盗船在咖啡里航行

图 8-74　发布的樱花街道视频中的一帧

8.6.2　Sora的技术特点和工作原理

OpenAI公司发布的文生视频大模型Sora引发了全球关注，让科技界为之惊叹。本节将介绍Sora的技术特点和工作原理。

（1）技术特点

Sora不仅在核心技术和性能方面具有出色的表现，而且还具有优秀的兼容性和扩展性，能为用户提供一款高效、稳定、可靠和灵活的数据处理和分析解决方案。

①核心技术　Sora的核心技术主要在于先进的机器学习算法和高效处理分析数据的能力。无论是在商业决策、科学研究还是其他领域，Sora的核心技术都能够为用户提供有力的支持。

Sora采用了最前沿的机器学习算法和数据挖掘技术，包括深度学习、神经网络、决策树和聚类分析等。这些算法能够自动学习和改进，处理各种类型和规模的数据。通过对大量的历史数据进行分析，Sora能够识别隐藏的模式和趋势，从而提供有深度的数据分析和预测。

Sora不仅可以进行基本的数据统计和报告生成，还能进行更复杂的数据分析，如趋势分析、预测建模和关联规则挖掘等。Sora强大的预测能力可以帮助企业做出更明智的决策，并优化业务流程，提高效率和盈利能力。此外，Sora还能为用户提供个性化的数据分析方案，满足不同行业和应用场景的需求。

Sora在数据处理方面同样表现出色。Sora充分利用了多线程和并行计算技术，这种技术能够将复杂的数据处理任务分解成多个小任务，并在多个处理器或线程上同时执行。这种高效的并行处理能力不仅提升了系统的整体性能，还大大提高了用户的工作效率。

除了多线程和并行计算技术，Sora还采用了优化的系统架构和高性能的数据库管理系统，以确保数据的快速访问和高效存储。

②性能　Sora的性能主要体现在快速响应和稳定可靠上。

Sora具备强大的计算能力和优化的数据处理机制，能够实时处理大规模数据，并在毫秒级别内响应查询和分析请求。这对于需要实时反馈和快速决策的应用场景，如金融交易、实时监控或者在线广告投放等，具有重要的意义。

Sora经过严格的测试和优化，不仅在算法和性能方面有着出色的表现，还具有高度的稳定性和可靠性。在高负载、大数据量或者长时间运行的情况下，Sora都能保持良好的运行状态，不容易出现系统崩溃或故障的情况，为用户提供了稳定、可靠的使用体验。

③兼容性　Sora在兼容性方面也表现出色。首先，Sora支持多种操作系统，包括Windows、MacOS和Linux等。这意味着无论用户使用的是哪种操作系统，都可以轻松安装和使用Sora，无需担心兼容性问题。

为了进一步提高Sora的灵活性和可扩展性，它提供了开放的API接口，允许用户和开发人员可以轻松地与其他系统和应用进行集成。这不仅有助于实现数据的无缝交换和共享，还为用户提供了更多的自定义和扩展选项，从而更好地适应特定的业务需求和应用场景。

（2）工作原理

Sora的工作原理主要基于扩散模型，这是一个源自统计物理学的概念。该模型利用一系列随机过程逐步将数据转换成随机噪声，然后通过逆过程学习如何从噪声中恢复原始数据。下面介绍Sora的工作原理。

首先，Sora将训练的视频分割成碎片，并将其作为基本单位，利用Visual encoder对输入的视频进行编码，也就是将分割的碎片压缩成低维向量，并从中提取一系列碎片发送给Transformer，如图8-75所示。

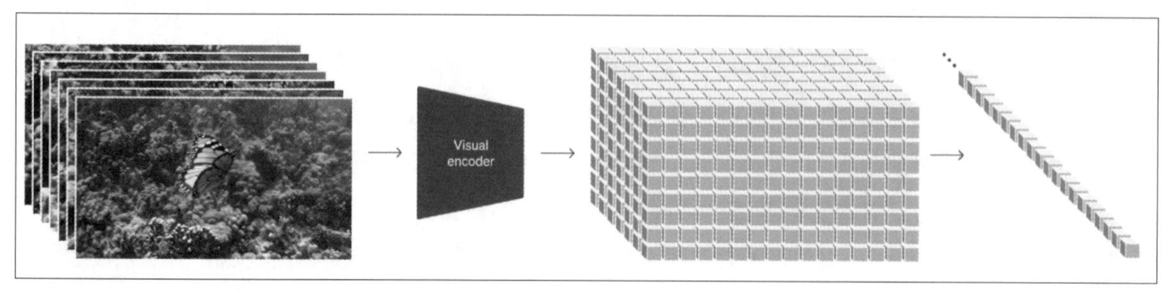

图 8-75　分割碎片至发送给 Transformer 的过程

实际生成视频时，Sora用扩散模型逐步去噪并还原成视频，如图8-76所示。Sora使用的是类似于GPT模型的变换器架构，这使得它能够处理更广泛的视觉数据，包括不同的持续时间、分辨率和宽高比。Sora还使用了DALL—E 3中的重述技术，为视觉训练数据生成高度描述性的字幕，从而使模型能够更忠实地遵循用户在生成视频中的文本指令。

图 8-76　还原视频

在此过程中，扩散模型也可以有效地缩放为视频模型。下面，将展示在训练过程中具有固定种子和输入的视频样本的比较效果，会发现随着训练计算的增加，样本质量也显著提高。在图8-77中的左侧为基础计算的效果，画面的内容不容易分辨；中间为4倍计算的效果，画面比较模糊，细节处理不够真实；右侧为32倍计算的效果，画面质量较好，运动状态表现得也很好。

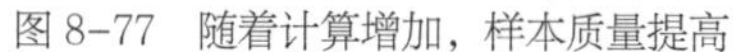

图 8-77　随着计算增加，样本质量提高

8.6.3 Sora的功能和弱点

Sora是一款功能强大的技术产品，其核心功能是将文本描述转化为高质量的动态视频内容。用户只需输入简短的描述性提示，Sora便能迅速将这些想法转化为生动且富有细节的视频。Sora是一个复杂的系统，其存在的弱点可能涉及技术实现的局限性、对特定类型内容的处理难度、计算资源的需求等方面。本节将介绍Sora的功能及其弱点。

（1）Sora的功能

Sora是一款多功能的人工智能工具，主要功能包括4个，分别为文本转视频、复杂场景和角色生成、生成多镜头和静态图片动态化。

①文本转视频　Sora是一个AI模型，可以根据文本指令创建现实且富有想象力的场景，其主要功能是从文本中创建视频。Sora可以生成长达一分钟的视频，同时保持视觉质量，并遵守用户的提示。这意味着Sora生成的视频能承载更多的信息，并且内容更为丰富，甚至达到了许多短视频平台发布内容的要求

图8-78是Sora生成的59秒钟视频中的一帧，生成该视频的提示词（翻译成中文）为“一位时尚女性走在充满温暖霓虹灯和动画城市标牌的东京街道上。她穿着黑色皮夹克、红色长裙和黑色靴子，拎着黑色钱包。她戴着太阳镜，涂着红色口红。她走路自信又随意。街道潮湿且反光，在彩色灯光的照射下形成镜面效果。许多行人走来走去。”

视频中的周围环境、灯光、路面上水的反射，以及人物特写的表现效果都很好，而且实现了连贯的场景切换。

②复杂场景和角色生成　Sora能够生成具有多个角色和特定类型的运动，以及主体和背景中具有准确细节的复杂场景。该模型不仅了解用户提出的要求，还了解生成视频中的物体在物理世界中的存在方式。图8-79为镜头跟随着白色越野车在山路上奔驰。

图 8-78　街头漫步的时尚女性

图 8-79　越野车在山路上奔驰

整个视频中的画面都很真实且连贯，汽车后面的灰尘、崎岖的小路、路边的草地和树，种种细节表现得都很清晰。

③生成多镜头　Sora还可以在单个生成的视频中创建多个镜头，可以在同一视频中保持角色和视觉风格的准确度。

图8-80为赛博朋克背景下机器人生活故事的视频，其前面是正面的仰视镜头效果，接着切换为侧面俯视镜头效果。

④静态图片动态化　Sora不仅能够从文本指令中生成视频，还具备根据静态图片生成视频的能力。该能力能够让图片内容动起来，并关注细节部分，使得生成的视频更加生动逼真。这一功能在动画制作、广告设计等领域具有广阔的应用前景。

（2）Sora的弱点

Sora作为一款先进的文生视频大模型，尽管在视频生成领域展现出了强大的能力，但仍然存在一些弱点。在某些情况下，Sora可能无法准确模拟物理现象，如物体的运动轨迹、光影变化等。这可能导致生成的视频在某些细节上显得不自然或不符合物理规律。例如，一个人咬了一口饼干，但之后饼干可能没有被咬的痕迹。

Sora在模拟真实世界的物理现象方面仍存在一定的局限性。例如，在一些演示视频中，Sora生成的场景或动作存在明显的物理不一致性，如物体运动不自然现象。Sora还可能混淆提示的空间细节，例如混淆左右，如图8-81所示。该视频的提示词为“Step-printing scene of a person running, cinematic film shot in 35mm”，中文含义是“用35毫米胶片拍摄一个人跑步的逐帧场景”。

观看使用Sora生成的一个人跑步的视频，用户会发现Sora不但混淆了左右，而且在跑步时，人的身体出现了不连贯的动作。

图 8-80　多镜头视频

图 8-81　Sora 出现混淆左右的问题

目前的文图生成器对数字还不够敏感，比如生成的一些手会出现有6根手指的错误。Sora也是如此，在生成的五只灰狼幼崽嬉戏的视频中，会在场景中自发生成狼崽。下页图8-82中，左侧视频2秒钟的画面中有3只狼崽，而右侧视频4秒钟的画面中又凭空多出了两只狼崽。

图 8-82 在数量上出现问题

在视频中交互物体时，Sora也会出现错误，例如，物体没有完成交互，出现的悬空移动的奇怪现象。图8-83中Sora未能将椅子建模为刚性物体，导致物理交互不准确。而该视频的提示词为“Archeologists discover a generic plastic chair in the desert, excavating and dusting it with great care”，中文含义为“考古学家在沙漠中发现了一把普通的塑料椅子，他们小心翼翼地挖掘并除尘”。

在模拟复杂场景的物理规律时，Sora可能会遇到困难，会无法理解特定事件的因果关系。例如，一个老奶奶产生了吹蜡烛的动作，但蜡烛没有任何变化，如图8-84所示。

图 8-83 交互不准确的现象

图 8-84 Sora 无法理解因果关系

第 9 章 AI 智能辅助编程

AI工具在智能辅助编程方面发挥着越来越重要的作用。这些工具利用计算机编程技术，与人工智能技术相结合，使机器具备类似人类的思维和学习能力，从而能够自主地进行问题解决、决策和创新。

AI编程工具提供了多种智能化辅助功能，如代码补全、错误提示和建议等。它们基于大数据和机器学习技术，能够分析代码结构和上下文，并快速提供帮助和建议，让开发人员更快地解决问题和作出决策。

学习一门编程语言并非一日之功，这让很多没有编程基础的办公人士望而却步。现在有了AI智能辅助编程工具，能让没有编程基础的人也可以享受编程带来的便利。本节将主要介绍两种AI工具，包括通义灵码和代码小浣熊，它们都可以通过对话的方式理解自然语言，从而生成指定的编程语言。而且这两种AI工具还有代码解释、优化和添加注释等功能。

9.1 配置编程环境

配置编程环境是为了确保代码编写和运行的顺利进行，是提高开发效率和代码质量的关键步骤。AI编程辅助工具可以帮助用户编写代码，但代码的运行则需要用户自己来运行。因此，在编写代码前用户有必要掌握配置编程环境的知识。

本章主要介绍使用Python和VBA编写代码的方法，因此本节将介绍如何配置Python和VBA的编程环境。

9.1.1 配置Python编程环境

Python的编程环境主要由3部分组成，包括解释器、代码编辑器和模块。从Python官网下载的安装包包含了以上3部分。

Python是一种跨平台的编程语言，可以在不同的操作系统中运行，比如Windows、Linux、macOS等。Windows是主流的个人计算机操作系统，因此本节将在Windows中配置Python环境。下面介绍具体操作方法。

步骤01 在浏览器中打开Python官网的安装包页面，根据操作系统的类型下载安装包，单击下载页面中推荐的Python 3.12.3版本，如图9-1所示。

步骤02 安装包下载完成后，双击安装包，在弹出的对话框中勾选“Add python.exe to PATH”复选框，单击“Install Now”按钮，如图9-2所示。自动安装完成后如果“Setup was successful”，则表示安装成功。

图 9-1 下载 Python 安装包

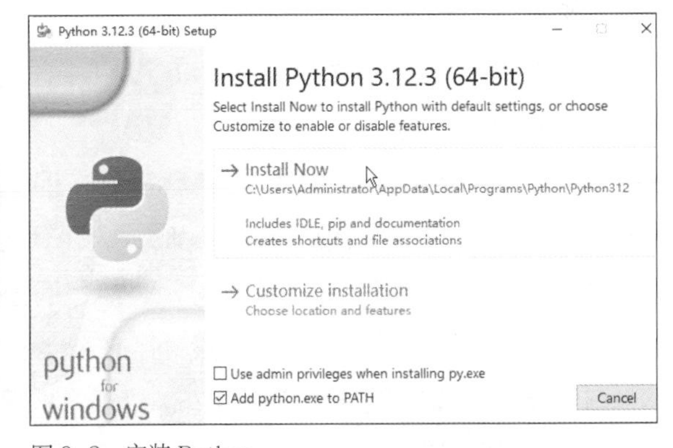

图 9-2 安装 Python

提示 下载Python时的注意事项

在下载Python安装包时需要注意操作系统的版本，目前，其最新版本无法在Windows 7或更早版本的操作系统上使用。所以请确保用户下载时的计算机操作系统为Windows 10版本，或者在下载页面中找到适合Windows 7版本的对应安装包。

步骤03 接下来验证Python是否安装成功。在Windows系统下，按Win+R组合键，在打开的“运行”对话框中输入“cmd”，单击“确定”按钮，如图9-3所示。

步骤04 打开命令提示符窗口后输入“python”命令，按Enter键，在下方要是显示了安装Python的版本号等信息，则说明Python安装成功，如图9-4所示。

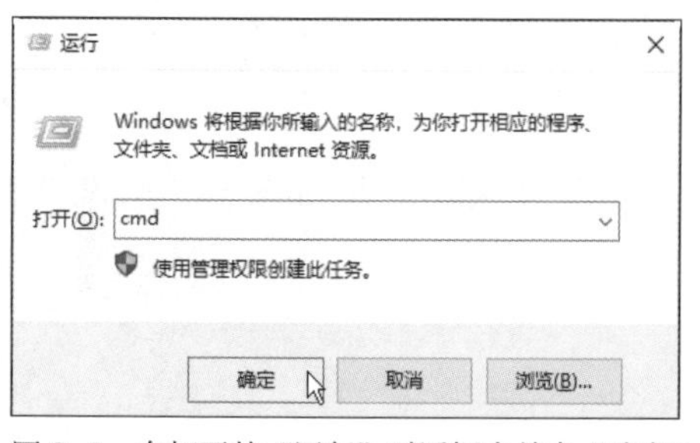

图9-3　在打开的“运行”对话框中单击“确定”按钮

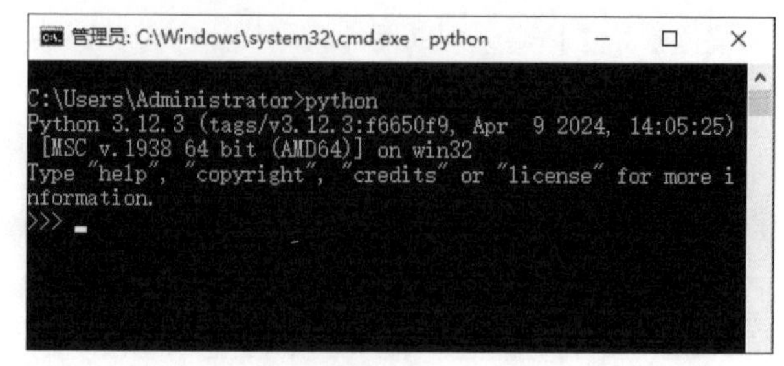

图9-4　打开命令提示符窗口验证

步骤05 在命令提示符窗口中继续输入“print(“你好！AI”)”命令，然后按Enter键，在下方会显示“你好！AI”文本，这是通过Python打印的文本，如图9-5所示。

```
管理员: C:\Windows\system32\cmd.exe - python
(c) 2020 Microsoft Corporation. 保留所有权利。

C:\Users\Administrator>python
Python 3.12.3 (tags/v3.12.3:f6650f9, Apr  9 2024, 14:05:25) [MSC v.1938 64 bit (AMD64)]
 on win32
Type "help", "copyright", "credits" or "license" for more information.
>>> print("你好！AI")
你好！AI
>>>
```

图9-5　打印指定文本

9.1.2　配置VBA编程环境

VBA的编程环境集成在各个Office组件中，具体的设置方法可以参考“4.6.1　编写和运行VBA程序”中的相关内容。

用户在Office组件中编写VBA代码后，保存文件时需要将其保存为“Excel启用宏的工作簿(.xlsm)”类型。主要原因是存储代码时，VBA代码是嵌入在Excel文件中的，而不是作为外部文件存在。当保存一个启用了宏的工作簿时，VBA代码和相关的项目（如用户表单、模块等）都被保存在该文件内。“.xlsm”文件类型是专门设计用来包含这种嵌入式的VBA代码。

启用宏的工作簿允许用户利用VBA代码来扩展Excel的功能，这些功能包括自动化任务、创建自定义函数、操作工作表和数据、创建用户界面等。保存为“.xlsm”格式确保了这些功能在文件重新打开时仍然可用。

新版本的Office中，为了增强安全性，默认情况下是禁止宏的，于是当使用VBA代码时，会提示用户启用宏。因此，用户在使用VBA代码之前可以先启用宏。单击“文件”标签，在列表中选择“选项”选项，在“Excel选项”对话框中的“信任中心”面板中，单击“信任中心设置”按钮。在打开的“信任中心”对话框中的“宏设置”面板中，选择“启用所有宏”单选按钮，如图9-6所示。

图 9-6　启用宏

9.2　通义灵码全能助手

通义灵码是一款基于阿里云通义代码大模型打造的智能编码助手，该产品于2023年10月31日在云栖大会上正式对外发布。这款产品具备多种强大的功能，旨在帮助用户更加高效、准确地完成编程任务。

通义灵码的核心功能包括行级/函数级实时续写、自然语言生成代码、单元测试生成、代码注释生成、代码解释等。其中，行级/函数级实时续写功能可以根据上下文和当前语法，自动预测和生成建议代码，使用户能够更快速地完成编码任务。自然语言生成代码功能则允许用户通过自然语言描述所需功能，然后直接生成相应的代码和注释，极大地提高了编程的便捷性。

通义灵码支持多种主流编程语言，包括Java、Python、Go、C/C++、JavaScript、TypeScript、PHP、Ruby、Rust和Scala等。作为一款基于通义大模型的智能编码辅助工具，通义灵码兼容主流的集成开发环境（IDE），例如Visual Studio Code和JetBrains IDEs。

添加通义灵码插件

通义灵码是作为插件使用的，在使用开发环境编写代码时使用起来比较方便，下面以Visual Studio Code为例介绍添加通义灵码的方法。

步骤01 首先，在Visual Studio Code的官网下载适合Windows的安装包，然后进行安装。打开Visual Studio Code，单击左侧的“扩展”按钮，在右侧搜索框中输入“tongyi”，在列表中的“TONGYI Lingma”的右侧单击“安装”按钮，如图9-7所示。

步骤02 安装完成后，还需要进行注册。单击右下角的通义灵码图标，在上方会显示“通义灵码状态”，在其列表中选择“登录/注册”选项，如图9-8所示。

图 9-7 安装通义灵码

图 9-8 登录注册

步骤03 然后在浏览器中会打开“阿里云的登录”界面，使用阿里云APP、支付宝或者钉钉扫描二维码登录，如图9-9所示。之后绑定手机号即可完成登录。单击左侧通义灵码的图标，即可打开与通义灵码的对话页面，完成通义灵码插件的安装，如图9-10所示。

步骤04 本章使用的是Python编程语言，所以使用Visual Studio Code新建文件时要保存为“.py”格式的文件。单击“文件”按钮，选择“新建文本文件”命令，如图9-11所示。

图 9-9 登录界面

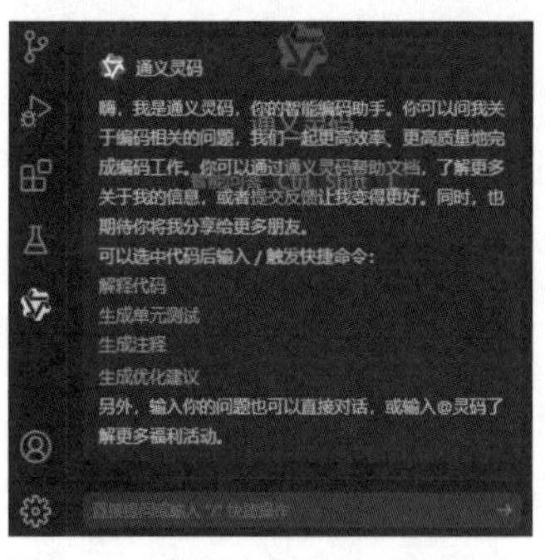

图 9-10 与通义灵码的对话页面

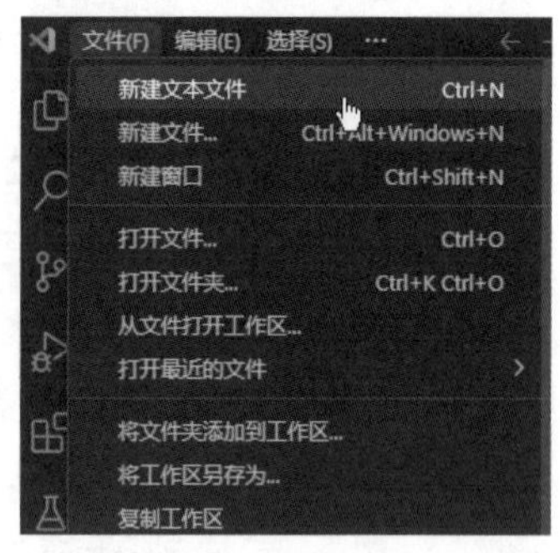

图 9-11 选择“新建文本文件”命令

步骤05 新建一个文本文件，按Ctrl+S组合键打开“另存为”对话框，设置“保存类型”为python格式，输入文件名，然后单击“保存”按钮，如图9-12所示。

图 9-12 在对话框中进行相关设置

实战演练：用通义灵码生成代码

通义灵码包含很多强大的功能，例如自然语言生成代码、行/函数级实时续写、单元测试生成、代码优化等。本案例中将通过自然语言生成代码功能和行/函数级实时续写代码功能，来体验一秒生成代码的便捷。下面以生成正弦图和余弦图为例介绍具体操作方法。

步骤01 在通义灵码对话页面的输入框中输入提示词“你好！请使用Python生成正弦图和余弦图，并显示在打开的窗口中”，按Enter键，如图9-13所示。

步骤02 通义灵码会自动根据输入的提示词生成代码，代码中的注释是比较完整的，并会在下方显示关于代码的解释，如图9-14所示。

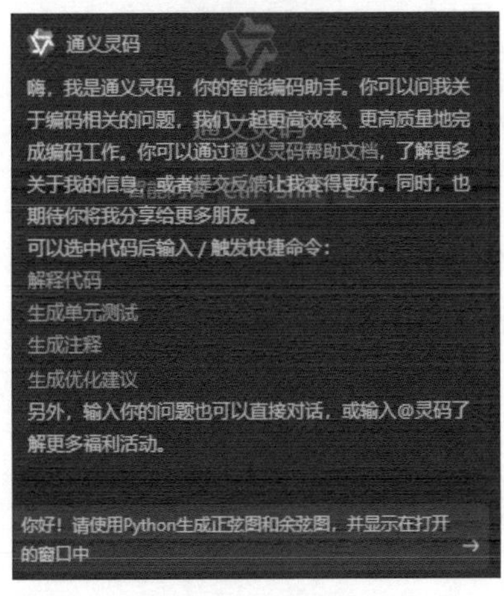

图 9-13 输入提示词

图 9-14 生成代码

步骤03 这段代码需要用户导入matplotlib包，如果不导入该包，运行生成的代码就会出现错误。按Win+R组合键，在打开的“运行”对话框中输入“cmd”，单击“确定”按钮，如图9-15所示。

步骤04 在打开的命令提示符窗口中输入“pip install matplotlib”命令，按Enter键，如图9-16所示。

图 9-15 单击“确定”按钮

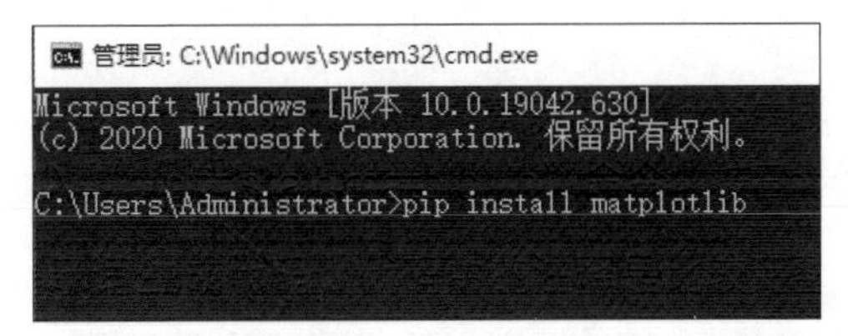

图 9-16 输入命令

步骤05 安装完成后，运行代码。单击通义灵码生成代码右上角的“复制”按钮，并将代码粘贴到之前创建的“plot.py”文件中，如图9-17所示。按Ctrl+F5组合键运行代码。

步骤06 代码运行后，会生成蓝色的正弦图和余弦图，如图9-18所示。

```
import matplotlib.pyplot as plt
import numpy as np

# 定义x轴范围，例如从0到2π，步长为0.01
x = np.linspace(0, 2*np.pi, 1000)

# 计算对应的正弦值和余弦值
sin_values = np.sin(x)
cos_values = np.cos(x)

# 创建一个新的图形窗口
plt.figure(figsize=(8, 4))

# 绘制正弦图
plt.subplot(1, 2, 1)  # 参数表示：1行2列的子图布局，当前绘制第一个子图
plt.plot(x, sin_values, label='Sine')
plt.title('Sine Function')
plt.xlabel('x (radians)')
plt.ylabel('y')
plt.legend()

# 绘制余弦图
```

图 9-17　复制并粘贴代码

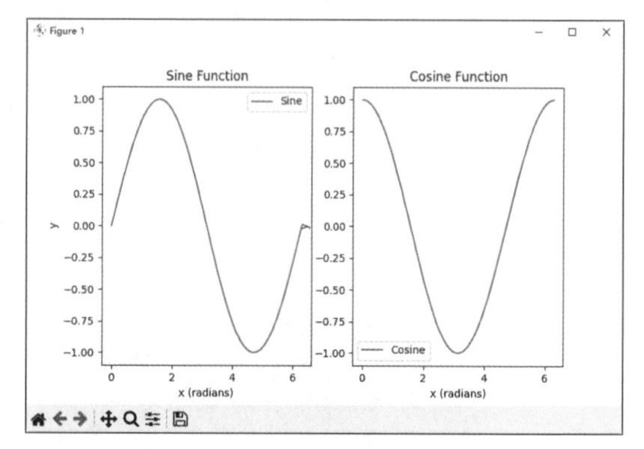

图 9-18　生成的效果

步骤07 接下来修改代码，首先将光标定位在最后一行，此处使用行/函数级实时续写代码功能。将光标定位到“# 创建一个新的图形窗口”注释的上行，输入“# 正弦图用红色线段，余弦图用蓝色线段”，输入完成后按Enter键，通义灵码会自动生成一行代码。这行代码的作用是将正弦线段设置为红色，单击“接受”按钮或者按Tab键输入代码，如图9-19所示。

步骤08 按Enter键后，会自动生成一行将余弦图线段设置为蓝色的代码，如图9-20所示。

```
cos_values = np.cos(x)
plt.plot(x, sin_values, color='red', label='Sine')
# 创建一个新的图形窗口
plt.figure(figsize=(8, 4))
```

图 9-19　自动生成代码后单击“接受”按钮

图 9-20　自动生另一行代码

步骤09 按Ctrl+F5组合键后，在打开的窗口中会显示按要求生成的图表，如图9-21所示。

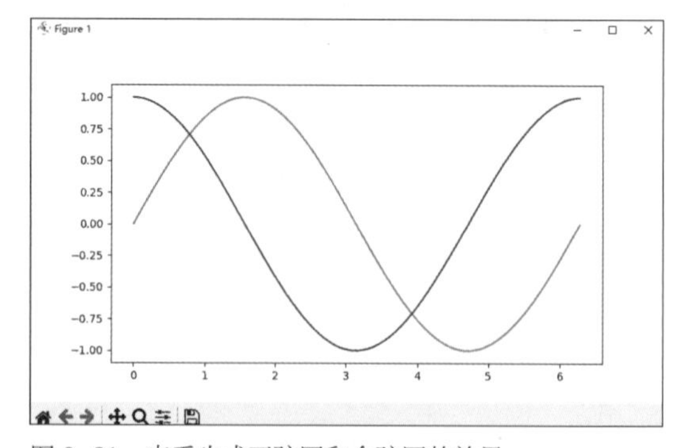

图 9-21　查看生成正弦图和余弦图的效果

实战演练：用通义灵码理解和优化代码

通义灵码除了上一实战演练中介绍的自然语言生成代码功能和行/函数级实时续写功能外，还可以实现代码优化、解释代码和生成注释。本案例中将输入一段具有计算功能的代码，该代码可以实现用户输入两个数的加、减、乘、除运算，然后使用通义灵码对部分代码进行优化、解释并适当添加注释。

步骤01 在Visual Studio Code中新建文本文件，并保存为Python格式，然后将其命名为“text.py”，在网上找一段代码并复制到该文件中，如图9-22所示。

步骤02 在代码片段的上方显示了通义灵码的图标，单击第1行上方的通义灵码图标，在列表中选择“生成优化建议”选项，如图9-23所示。

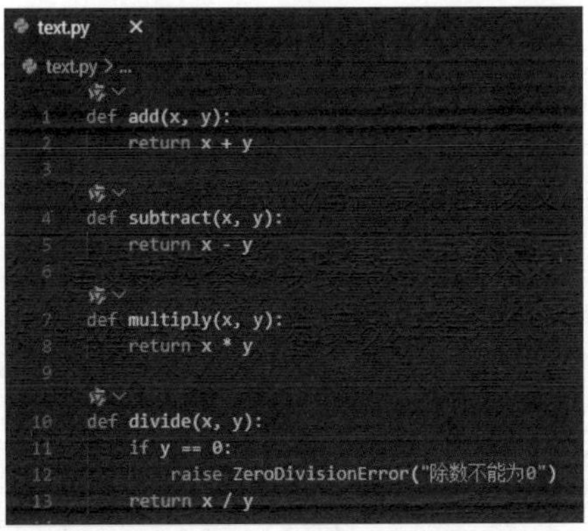

text.py
text.py > ...
def add(x, y):
return x + y
def subtract(x, y):
return x - y
def multiply(x, y):
return x * y
def divide(x, y):
if y == 0:
raise ZeroDivisionError("除数不能为0")
return x / y

图 9-22 复制代码

选择快捷指令：
解释代码
生成单元测试
生成优化建议
生成注释

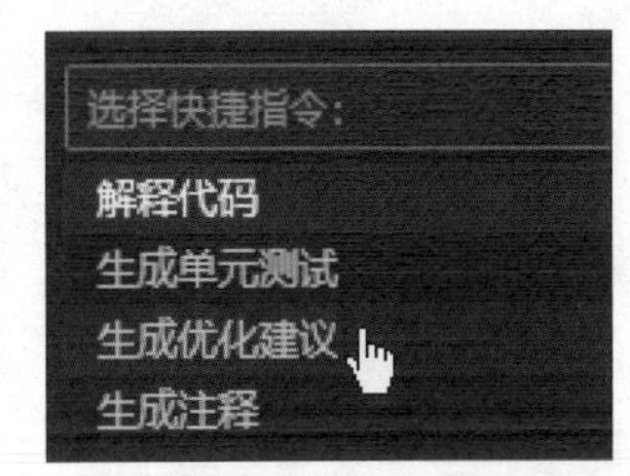

图 9-23 选择“生成优化建议”选项

步骤03 通义灵码会对该段代码进行分析，显示该段代码的潜在问题与风险、优化建议、和优化后的代码等内容，如图9-24所示。

通义灵码
潜在问题与风险提示
优化建议
python
def safe_add(*args):

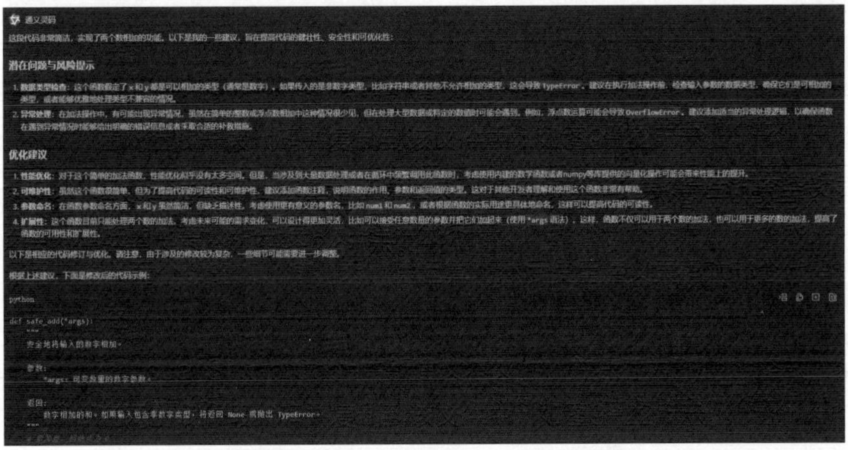

图 9-24 通义灵码对代码的分析结果

步骤04 单击第4行上方的通义灵码图标，在列表中选择“解释代码”选项，通义灵码会解释该函数的功能、各变量的含义、返回值等，如图9-25所示。生成注释的操作方法和本操作类似。

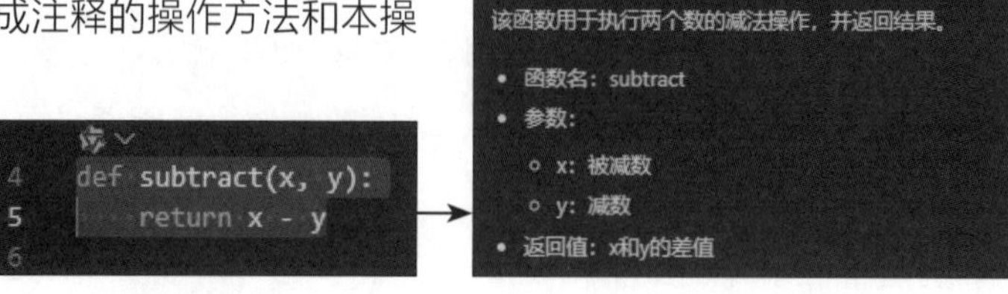

图 9-25　解释代码

步骤05 如果在代码上方没有通义灵码图标，用户可以选择需要编辑的代码片段，然后通过和通义灵码对话的方式添加代码注释。选中第24行到第26行代码，在输入框中输入提示词“请为选中的代码添加注释”，按Enter键。通义灵码就会对选中的代码添加注释，用户可以进行复制并替换原代码，如图9-26所示。

```
通义灵码
python
# 获取用户输入的第一个浮点数
num1 = float(input("请输入第一个数: "))

# 获取用户输入的第二个浮点数
num2 = float(input("请输入第二个数: "))

# 获取用户输入的运算符（支持加、减、乘、除）
operator = input("请输入运算符(+, -, *, /): ")

在这段已添加注释的代码中，每一行都通过注释详细解释了该行的目的和功能，以便其他阅读者更好地理解代码逻辑。
```

```
16 operations = {
17     '+': add,
18     '-': subtract,
19     '*': multiply,
20     '/': divide
21 }
24 num1 = float(input("请输入第一个数: "))
25 num2 = float(input("请输入第二个数: "))
26 operator = input("请输入运算符(+, -, *, /): ")
29 result = operations[operator](num1, num2)
```

图 9-26　添加注释

提示　通过对话的方式让AI工具生成代码

生成代码时，用户也可以使用ChatGPT和文心一言这种能对话的AI工具生成代码。这些AI工具可以根据需求生成代码，也可以为指定的代码进行解释、优化和添加注释，此处不再介绍，可参考本书中第4章的相关内容。

实战演练：用通义灵码助力VBA编程

Office VBA编程语言的应用很局限，仅能在Office中使用，因此很多AI编程工具都不支持VBA编程。但是通义灵码支持进200种编程语言，其中就包括VBA编程语言。本案例中将以Excel为例，使用通义灵码对数据进行计算，然后将指定的数据区域保存为PDF格式。下面介绍具体操作方法。

步骤01 打开“销量统计表.xlsx”工作簿，切换至“家电年销售表”工作表，接下来在F2：G9单元格区域中计算出数据。原始文件如图9-27所示。

	A	B	C	D	E	F	G
1	品牌	产品类型	销量		产品类型	销量	排名
2	海尔	家庭影音	6452		冰箱		
3	TCL	冰箱	11393		厨房小电		
4	志高	冰箱	9359		电视		
5	康佳	电视	12099		家庭影音		
6	康佳	燃气灶	13781		空调		
7	康佳	空调	6955		燃气灶		
8	创维	洗衣机	12999		热水器		
9	TCL	电视	12169		洗衣机		
10	海信	空调	9886				
11	TCL	厨房小电	8109				

图 9-27　原始文件

步骤02 打开Visual Studio Code，新建一个文本文件，按Ctrl+S组合键，在打开的“另存为”对话框中设置“保存类型”为“Visual Basic”，然后将该文本文件命名为“VBA-test.vb”，单击“保存”按钮，如图9-28所示。

图 9-28　单击“保存”按钮保存文本文件

步骤03 打开通义灵码的对话页面，在输入框中输入：你好！请生成Office VBA代码，实现以下要求：在“年销量统计表.xlsx”工作簿中的“家电年销售表”工作表中，B列和E列为“产品名称”；C列和F列为“销量”；G列为“排名”。如下页图9-29所示。现在需要根据E2：E9单元格区域中的产品类型从数据区域B2：C57单元格区域中查找到对应的所有数据，并进行求和，然后将结果显示在F2：F9单元格区域中。在G2：G9单元格区域根据F2：F9单元格区域中的数据进行排名。

步骤04 按Enter键，通义灵码能理解提示词，生成VBA代码，并在最后介绍代码的功能。图9-30展示了代码的部分内容。

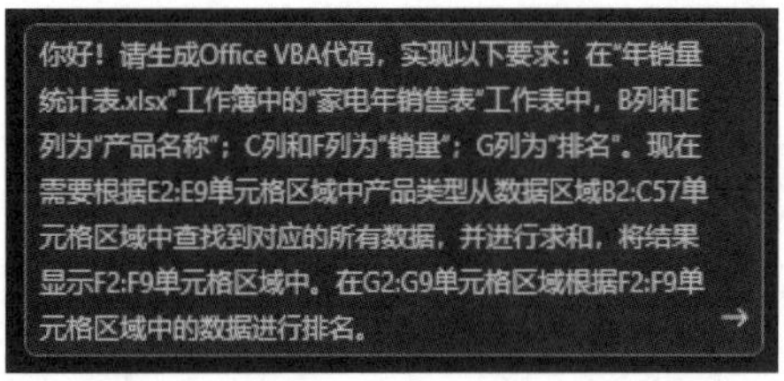

你好！请生成Office VBA代码，实现以下要求：在"年销量统计表.xlsx"工作簿中的"家电年销售表"工作表中，B列和E列为"产品名称"；C列和F列为"销量"；G列为"排名"。现在需要根据E2:E9单元格区域中产品类型从数据区域B2:C57单元格区域中查找到对应的所有数据，并进行求和，将结果显示F2:F9单元格区域中。在G2:G9单元格区域根据F2:F9单元格区域中的数据进行排名。

图 9-29　输入提示词

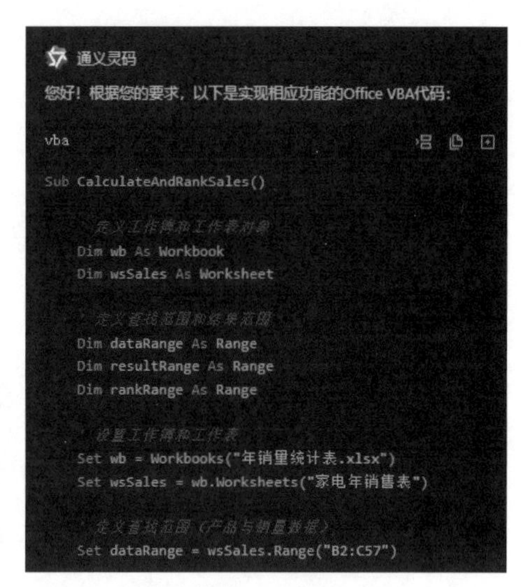

图 9-30　生成的部分 VBA 代码

步骤05 在"年销量统计表.xlsx"工作簿中切换至"开发工具"选项卡，单击Visual Basic按钮，打开VBE。插入新的模块，复制通义灵码生成的代码并粘贴到模块中，运行代码，如图9-31所示。

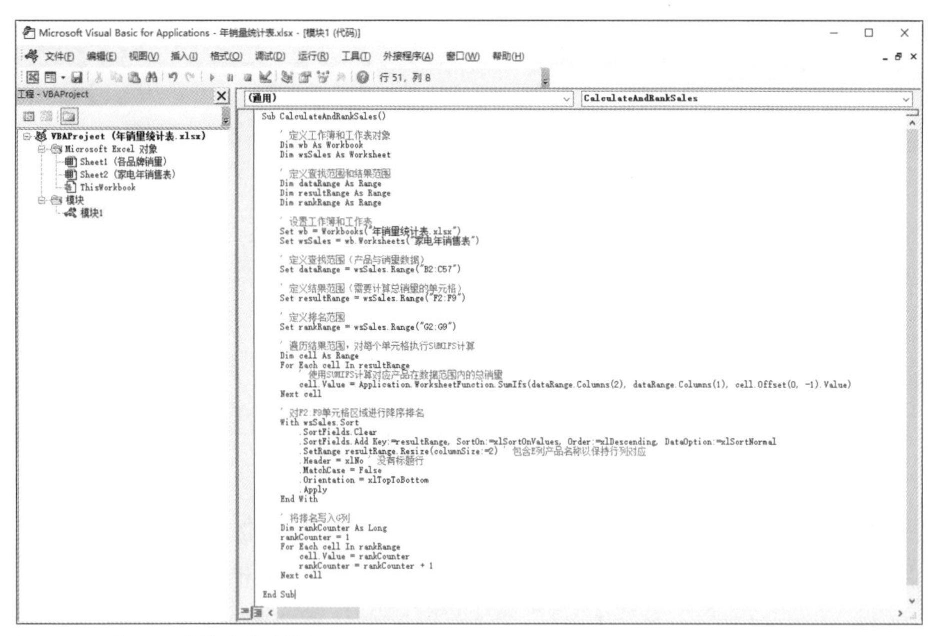

图 9-31　在 VBE 中粘贴生成的代码

步骤06 运行代码后，查看计算的数据，会发现排名是按升序进行排列的，而且销量的数据也有错误，如下页图9-32所示。

步骤07 查看代码，会发现通义灵码使用了SUMIFS函数计算出每种产品的销量，该操作是正确的。但是在排名之前就对F2：F9单元格中的数据进行排序是不正确的，会导致排序后的数据不是E列对应产品的销量，如图9-33所示。

E	F	G
产品类型	销量	排名
冰箱	78645	1
厨房小电	78164	2
电视	76751	3
家庭影音	69341	4
空调	68209	5
燃气灶	68099	6
热水器	67352	7
洗衣机	67287	8

图 9-32　查看结果

```
' 对F2:F9单元格区域进行降序排名
With wsSales.Sort
    .SortFields.Clear
    .SortFields.Add Key:=resultRange, SortOn:=xlSortOnValues, Order:=xlDescending, DataOption:=xlSortNormal
    .SetRange resultRange.Resize(columnSize:=2) ' 包含E列产品名称以保持行列对应
    .Header = xlNo ' 没有标题行
    .MatchCase = False
    .Orientation = xlTopToBottom
    .Apply
End With

' 将排名写入G列
Dim rankCounter As Long
rankCounter = 1
For Each cell In rankRange
    cell.Value = rankCounter
    rankCounter = rankCounter + 1
Next cell
```

图 9-33　代码有误

步骤08 在输入框中输入提示词“代码出现一个问题，不需要对F2：F9单元格中数据进排序，然后对其进行排名。请修改一下代码”，按Enter键。删除模块中的所有代码，将生成的代码复制并粘贴到模块中，再次运行代码并查看结果，如图9-34所示。

步骤09 修改后的F2：F9单元格区域的数据正确的，但是排名还存在问题。继续输入提示词“以上代码计算F列数量是正确的，但排名出现问题。排名的要求是：例如F2单元格中数据在F2：F9单元格区域中由高到低排名是几，并在G2单元格中显示几”，该提示词更细致地描述了代码，再次将生成的代码复制到模块并运行，会发现排名也是正确的了，如图9-35所示。

	A	B	C	D	E	F	G
1	品牌	产品类型	销量		产品类型	销量	排名
2	海尔	家庭影音	6452		冰箱	76751	78643
3	TCL	冰箱	11393		厨房小电	67352	78639
4	志高	冰箱	9359		电视	78645	78645
5	康佳	电视	12099		家庭影音	67287	78638
6	康佳	燃气灶	13781		空调	68099	78640
7	康佳	空调	6955		燃气灶	78164	78644
8	创维	洗衣机	12999		热水器	69341	78642
9	TCL	电视	12169		洗衣机	68209	78641
10	海信	空调	9886				
11	TCL	厨房小电	8109				
12	海尔	燃气灶	12412				
13	长虹	家庭影音	11721				

图 9-34　查看结果

	A	B	C	D	E	F	G
1	品牌	产品类型	销量		产品类型	销量	排名
2	海尔	家庭影音	6452		冰箱	76751	3
3	TCL	冰箱	11393		厨房小电	67352	7
4	志高	冰箱	9359		电视	78645	1
5	康佳	电视	12099		家庭影音	67287	8
6	康佳	燃气灶	13781		空调	68099	6
7	康佳	空调	6955		燃气灶	78164	2
8	创维	洗衣机	12999		热水器	69341	4
9	TCL	电视	12169		洗衣机	68209	5
10	海信	空调	9886				
11	TCL	厨房小电	8109				
12	海尔	燃气灶	12412				
13	长虹	家庭影音	11721				

图 9-35　查看结果

步骤10 最后还需要将E1：G9单元格区域中的数据以PDF格式保存在计算机桌面上。继续输入提示词“请在计算数据和排名的代码里添加代码，要求：将E1：G9单元格区域的数据保存为PDF格式，并保存在桌面”，然后按Enter键。将生成的代码复制并粘贴到VBE的代码中，运行代码，会计算出F2：G9单元格区域中的数值，还会在桌面生成PDF文件，并命名为“年销量统计”，打开后的页面如下页图9-36所示。

图 9-36　查看 PDF 格式文件

9.3　代码小浣熊助力编程

在第5章中介绍了使用办公小浣熊根据Excel数据生成柱形图表的方法，本节将使用代码小浣熊助力编程。代码小浣熊在2023年12月7日正式开放公测，旨在帮助开发者提升编程效率。代码小浣熊具备代码生成与补全、代码翻译、代码重构、代码纠错、代码问答等诸多功能，能够满足用户对代码编写、数据分析、编程学习等需求。

代码小浣熊支持超过30种主流编程语言，包括Python、Java、JavaScript、C、Go、SQL等，也支持Visual Studio Code开发环境。和通义灵码一样是作为插件集成到Visual Studio Code中，并通过对话的方式生成代码。

要使用代码小浣熊，首先在浏览器中进入“小浣熊家族”的官网，单击“代码小浣熊”，在打开的页面单击“立即体验”按钮，在“立即体验”区域单击“Visual Studio Code”按钮，如图9-37所示。

图 9-37　“立即体验”区域

在打开的页面中单击“安装”按钮，并根据提示打开Visual Studio Code，接着在Visual Studio Code中安装Raccoon，如图9-38所示。最后再注册并登录即可体验代码小浣熊带来的便利。

图 9-38　安装代码小浣熊

实战演练：代码小浣熊助力Python制作猜数字游戏

本案例中将使用代码小浣熊在Python中完成制作猜数字的游戏。计算机会随机生成一个数字并让用户猜，同时会提示该数的数值大小。用户也可以将需求输入给代码小浣熊，它能自动生成游戏的整个代码。本案例将通过输入注释让代码小浣熊帮助用户生成代码，这样可以根据用户的逻辑来制作游戏。下面介绍具体的操作方法。

步骤01 打开Visual Studio Code，新建文本文件，并保存为Python格式，然后将其命名为“guess.py”。在该文本文件中的第1行输入注释，按Enter键，会显示一行代码，按Tab键或单击“接受”按钮确认输入该行代码，如图9-39所示。

步骤02 接下来会提示生成1到100的随机数，如图9-40所示。

图 9-39　输入注释后显示代码

图 9-40　提示生成随机数

步骤03 输入注释“设置最大尝试次数”，代码小浣熊默认最大次数为5次，本案例中将数字“5”修改为“7”。接下来继续输入注释“提示用户开始游戏”，确认输入代码，代码小浣熊会根据代码的含义自动生成下方代码，按Tab键确认。例如，生成第9行代码后，会根据第7行设置的最大尝试次数生成第10行代码，如下页图9-41所示。

步骤04 按Enter键后，在下方会生成循环代码，并判断用户的猜对和猜错两种情况，如图9-42所示。

```
8  # 提示用户开始游戏
9  print("欢迎来到数字猜猜看！")
10 print("你有{}次机会猜对。".format(max_attempts))
```

图 9-41　根据之前的代码生成代码

```
8  # 提示用户开始游戏
9  print("欢迎来到数字猜猜看！")
10 print("你有{}次机会猜对。".format(max_attempts))
11 for attempts in range(max_attempts):
       # 提示用户输入一个数字
       user_input = int(input("请输入一个整数: "))
       # 检查用户是否猜对了随机数
       if user_input == random_number:
           print("恭喜您猜对了！")
           break
       else:
           # 如果没有猜对，提示用户继续尝试
           print("很遗憾，您猜错了。")
           if attempts < max_attempts - 1:
               print("您还有{}次机会。".format(max_attempts - 1 - attempts))
           else:
               print("您已经用完了所有机会，游戏结束。")
```

图 9-42　生成循环代码

步骤05 接着对代码进行修改，在“设置最大尝试次数”注释的下行添加“attempts = 0”代码。接下来再修改if语句中的代码，在修改的过程中代码小浣熊也会根据上下文显示提示的代码。最终代码如图9-43所示。

步骤06 保存代码，按Ctrl+F5组合键运行代码，在下方的“终端”面板中根据提示输入数字，就会提示输入的数字是大或小和还剩几次机会，如图9-44所示。

```
guess.py > ...
1  #导入随机数模块
2  import random
3  # 生成1-100的随机数
4  random_number = random.randint(1, 100)
5
6  # 设置最大尝试次数
7  attempts = 0
8  max_attempts = 7
9  # 提示用户开始游戏
10 print("欢迎来到数字猜猜看！")
11 print("你有{}次机会猜对。".format(max_attempts))
12 for attempts in range(max_attempts):
13     # 提示用户输入数字
14     user_input = int(input("请输入一个整数: "))
15     # 检查用户是否猜对了随机数
16     if user_input == random_number:
17         print("恭喜您猜对了！")
18         break
19     else:
20         # 如果没有猜对，提示用户继续尝试
21         print("很遗憾，您猜错了。")
22         if user_input < random_number:
23             print("您的答案较小。")
24         else:
25             print("您的答案较大。")
26         # 更新尝试次数
27         attempts += 1
28         # 打印还剩余的尝试次数
29         print("您还有{}次机会。".format(max_attempts - attempts))
30
31     if attempts == max_attempts:
32         print("您已经用完了所有机会，游戏结束。")
33         print("正确的答案是: ", random_number)
34
```

图 9-43　修改后的代码

```
高效办公：ChatGPT+AutoGPT让Office办公更简单\实例文件\原
欢迎来到数字猜猜看！
你有7次机会猜对。
请输入一个整数：50
很遗憾，您猜错了。
您的答案较小。
您还有6次机会。
请输入一个整数：70
很遗憾，您猜错了。
您的答案较小。
您还有5次机会。
请输入一个整数：80
很遗憾，您猜错了。
您的答案较小。
您还有4次机会。
请输入一个整数：90
很遗憾，您猜错了。
您的答案较大。
您还有3次机会。
请输入一个整数：85
很遗憾，您猜错了。
您的答案较大。
您还有2次机会。
请输入一个整数：83
很遗憾，您猜错了。
您的答案较小。
您还有1次机会。
请输入一个整数：84
恭喜您猜对了！
PS E:\工作\20230729 - AI高效办公：ChatGPT+AutoGPT让Offi
```

图 9-44　运行代码

第 10 章 AI 工具实战综合应用

本章将通对一个综合性案例讲解如何将AI工具应用到工作中并提高工作效率。营销策划人员在推广产品时，首先要对该产品进行市场调查，接着为产品起一个符合产品的易记的名字，再举办一场新产品发布会，在此之前还需要撰写发布会报告、产品的PPT，最后为该产品制作海报。在本章中就要用AI工具将推广产品的流程表现出来。

本综合案例要使用的AI工具包括文心一言、文心一格、Kimi、remove.bg、ChatPPT和canva。本章的案例内容如下。

◎ 撰写产品的调查问卷

◎ 头脑风暴并为产品起创意名称

◎ 撰写产品发布会报告并生成PPT

◎ 制作手机版的电子宣传海报

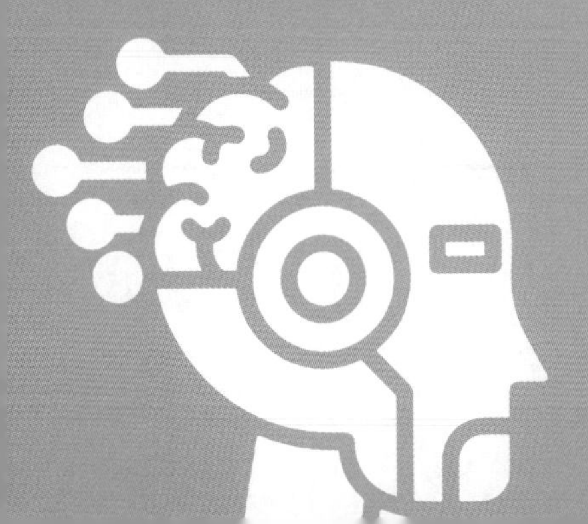

10.1　撰写产品的调查问卷

产品调查问卷在市场营销和产品开发过程中扮演着至关重要的角色。通过产品调查问卷，企业可以深入了解消费者对产品的需求、期望和偏好。这有助于企业发现市场的潜在机会，调整产品定位，以及开发更符合消费者需求的新产品或服务。

本节将以扫地机器人为例，介绍使用文心一言生成调查问卷的方法。

步骤01 打开文心一言，在输入框中输入提示词，让其生成一份关于扫地机器人的调查问卷。文心一言生成的问卷部分内容如图10-1所示。

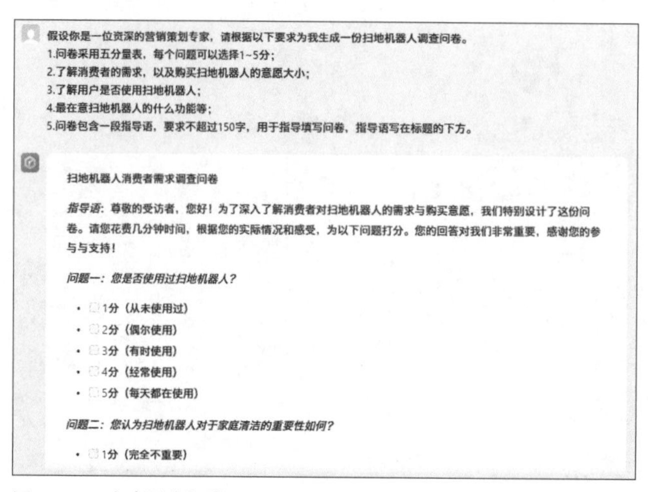

图10-1　生成调查问卷

步骤02 继续输入提示词，要求在调查问卷中添加指定的问题，文心一言会根据该问题合理地将其进行调整，再添加到问卷中并形成选项，如图10-2所示。

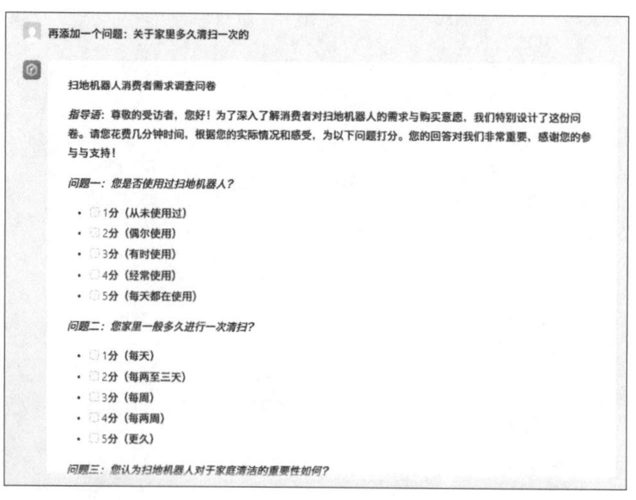

图10-2　追加问题

10.2 为产品取创意名称

营销策划部门人员对头脑风暴都不陌生，只要开会，就要绞尽脑汁地想创意。但使用AI工具却只需要简单的输入，就能生成创意内容。下面介绍具体操作方法。

步骤01 在文心一言的输入框中输入提示词，让其为产品生成6个名称，如图10-3所示。如果没有合适的名称可以重新生成。

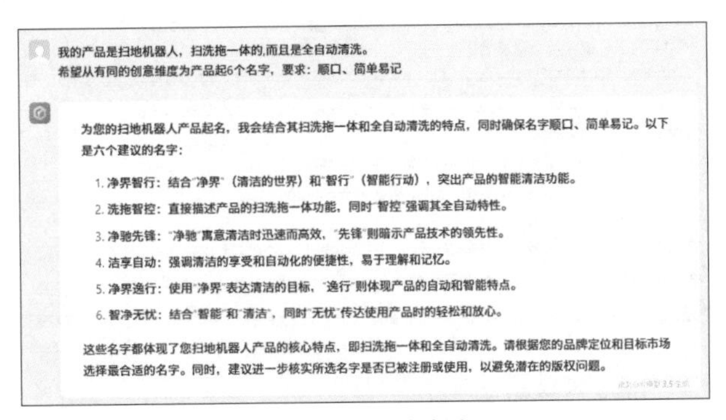

图 10-3 为产品生成 6 个不同的创意名称

步骤02 本案例中选择"智净无忧"这个名称，然后让文心一言根据这个名称再生成3个名称，以供选择，如图10-4所示。

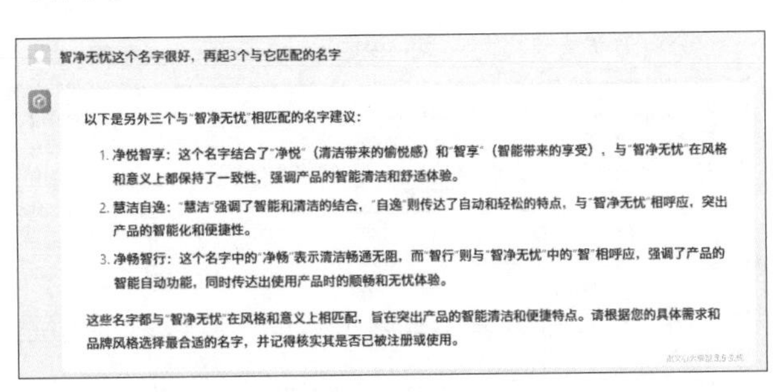

图 10-4 基于指定名称再生成 3 个名称

步骤03 接着，让文心一言基于名称"净畅智行"生成3个英文名称，这是为了满足通过中文和英文同时传播的要求，如图10-5所示。

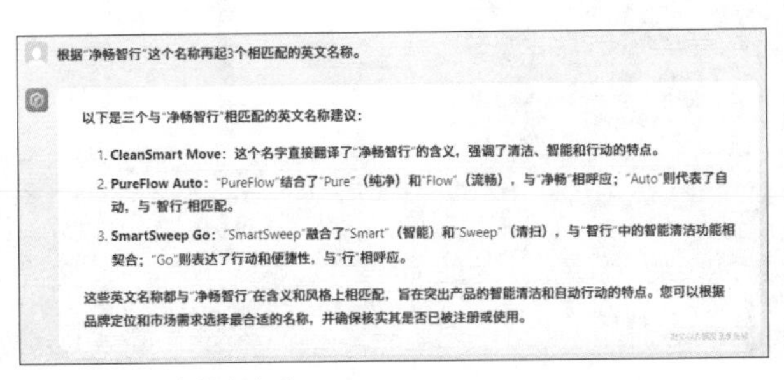

图 10-5 生成英文名称

步骤04 接下来根据用户所选择的中文和英文名称来设置产品的标志，首先生成几个创意思路，如图10-6所示。

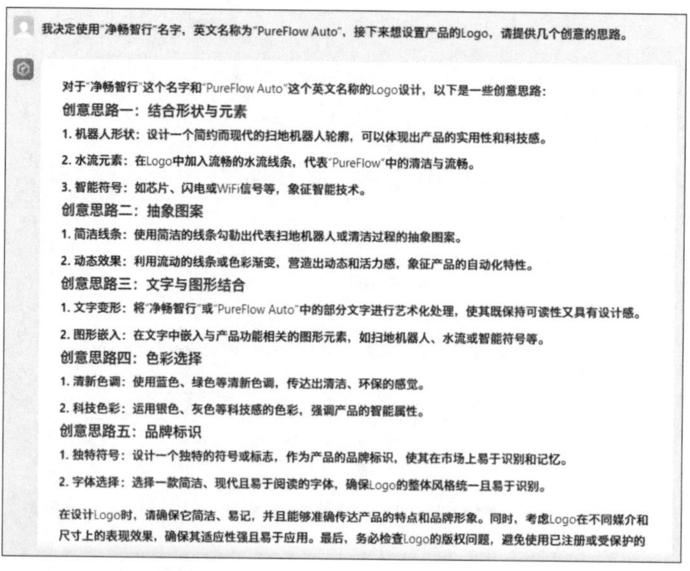

图 10-6　生成的创意思路

步骤05 接着根据“创意思路三”生成文心一格的提示词，如图10-7所示。

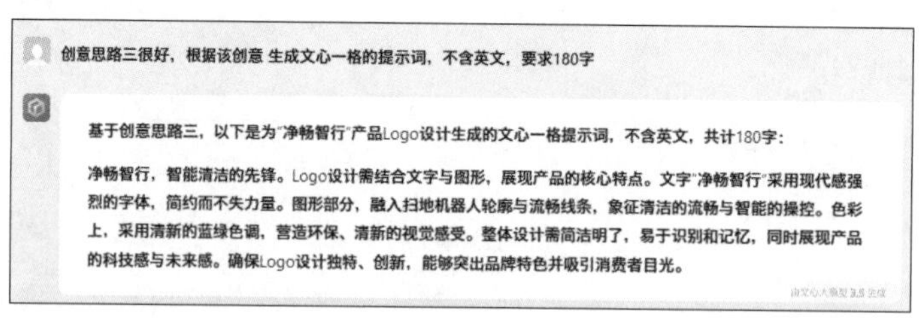

图 10-7　生成文心一格提示词

步骤06 打开文心一格，在其输入框中输入提示词，并设置“画面类型”为“艺术创想”，“比例”为“方图”，然后文心一格会生成两张图片，效果如图10-8所示。

图 10-8　生成的两张图片

步骤07 接下来去除图片的背景。打开remove.bg官网，单击“上传图片”按钮，在打开的对话框中选择生成的图片，单击“确定”按钮，然后remove.bg就会自动删除所选图片的背景，删除背景后的图片效果如图10-9所示。

步骤08 单击“擦除/恢复”按钮，确保“擦除”为选中状态，将标志下方的文字擦除，效果如图10-10所示。

图 10-9 删除背景后的图片效果

图 10-10 擦除文字后的图片效果

10.3 撰写产品发布会报告并生成PPT

产品发布会报告要对发布会内容、新产品或新技术进行全面介绍，这有助于向公众、媒体、合作伙伴和投资者等传递产品的核心信息，包括产品特点、优势、定位等，提升产品知名度。下面让文心一言继续撰写关于扫地机器人的发布会报告并生成PPT。

步骤01 在文心一言中的输入框中输入提示词，提示词要简单概述发布时间、地点，以及产品的名称和功能，按Enter键后即可生成内容，如图10-11所示。

未蓝文化公司将于2024年5月1日19时于报告厅举行新产品发布会，主要介绍新产品“净畅智行”扫地机器人。功能包括扫洗拖一体、自动清洗、自动烘干等。请撰写该产品的发布会报告。

未蓝文化公司“净畅智行”扫地机器人新产品发布会报告

一、会议概况

日期：2024年5月1日

时间：19:00

地点：报告厅

本次发布会由未蓝文化公司主办，旨在向公众、媒体、合作伙伴及投资者介绍公司最新研发的扫地机器人产品——“净畅智行”。发布会现场气氛热烈，与会者众多，展现了未蓝文化公司在智能家居领域的强大影响力和市场期待。

二、产品介绍

“净畅智行”扫地机器人是未蓝文化公司经过长期研发，结合市场需求和技术创新推出的一款智能家居产品。该产品集扫洗拖一体、自动清洗、自动烘干等多项功能于一身，旨在为用户提供更加便捷、高效的家居清洁体验。

1. 扫洗拖一体：采用先进的清洁技术，实现扫地、拖地、清洗一步到位，大大节省了用户的时间和精力。
2. 自动清洗：内置智能清洗系统，能够在完成清洁任务后自动进行清洗，无需用户手动操作，方便快捷。
3. 自动烘干：配备烘干功能，清洗完毕后自动烘干拖布，有效防止细菌滋生，保障家居环境的健康与卫生。

此外，“净畅智行”扫地机器人还拥有智能导航、避障、自动充电等功能，能够轻松应对各种复杂家居环境，为用户提供更加智能、高效的清洁服务。

三、市场定位与目标用户

“净畅智行”扫地机器人主要定位于中高端市场，面向追求高品质生活的年轻家庭、繁忙的职场人士以及对智能家居有需求的消费者。通过提供高效、便捷的清洁解决方案，满足用户对家居环境舒适度和健康度的追求。

四、产品优势与竞争分析

“净畅智行”扫地机器人相比市场上的同类产品具有以下明显优势：

1. 功能全面：集多种清洁功能于一身，满足用户多样化的清洁需求。
2. 智能化程度高：具备智能导航、避障、自动清洗和烘干等功能，为用户带来更加轻松、便捷的使用体验。
3. 品质卓越：采用高品质材料和先进工艺制造，确保产品的稳定性和耐用性。

在竞争激烈的市场环境中，“净畅智行”扫地机器人凭借其独特的功能和卓越的品质，有望在市场中脱颖而出，成为消费者首选的智能家居清洁产品。

五、合作与展望

未蓝文化公司期待与各界合作伙伴共同推动“净畅智行”扫地机器人的市场推广和应用。公司将积极寻求与电商平台、家电连锁店等销售渠道的合作，以扩大产品覆盖面和市场占有率。同时，未蓝文化公司也将继续加大研发投入，不断优化产品性能，提升用户体验，为消费者带来更多创新、高品质的智能家居产品。

六、总结

本次“净畅智行”扫地机器人新产品发布会取得了圆满成功。未蓝文化公司通过此次发布会向公众展示了公司在智能家居领域的创新实力和市场潜力。未来，公司将继续秉承创新、品质、服务的理念，致力于为消费者提供更加优质、智能的家居产品，推动智能家居行业的发展。

图 10-11 查看生成效果

步骤02 再让文心一言生成产品发布会的标题，要求每个标题都能突出重点，如图10-12所示。本案例中选择第3个标题，然后将生成的报告保存到Word文档中。

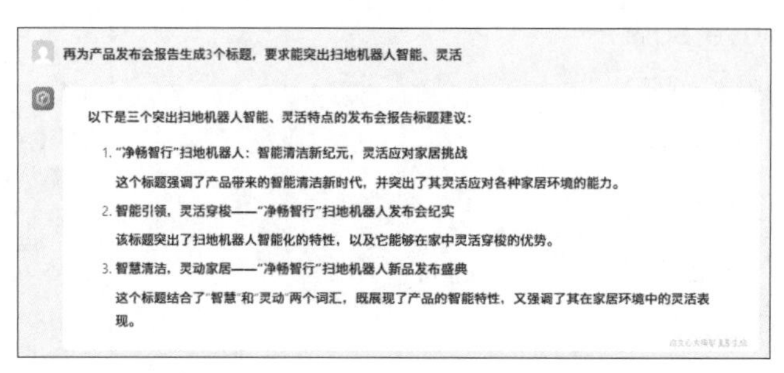

图 10-12　生成标题

步骤03 打开Kimi官网，上传生成的产品发布会报告的Word文件，Kimi会自动整理该文件的核心内容，如图10-13所示。

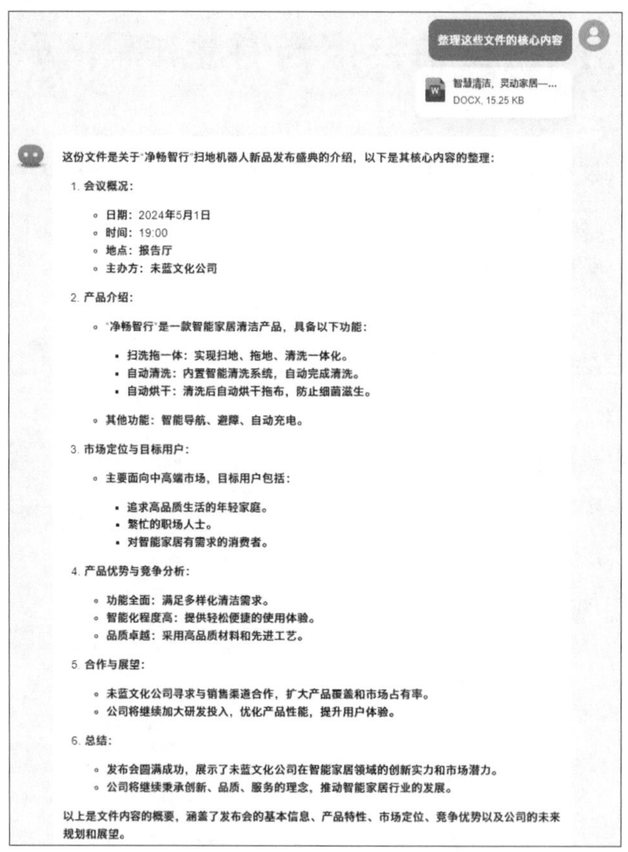

图 10-13　提取发布会报告的核心内容

步骤04 接下来使用ChatPPT根据Kimi整理的核心内容生成PPT。打开PowerPoint应用程序，切换至“ChatPPT”选项卡，单击“AI创作”选项组中“ChatPPT”按钮，在打开的列表中选择“Word”选项，如下页图10-14所示。

步骤05 然后ChatPPT会出现显示选择或上传Word文件的界面，单击“上传本地文件”按钮，如图10-15所示。

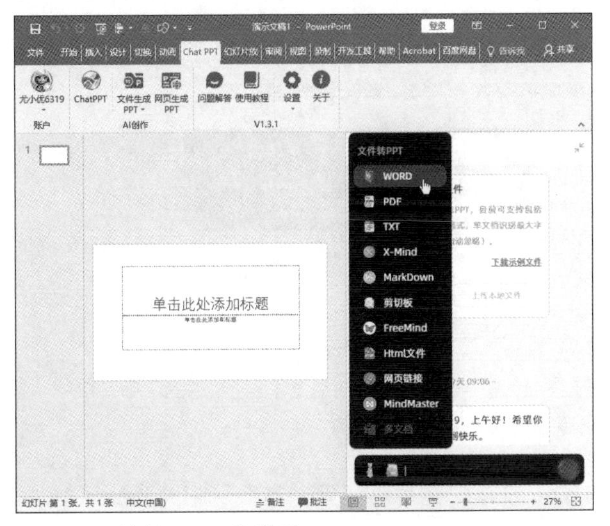

图 10-14　选择“Word”选项

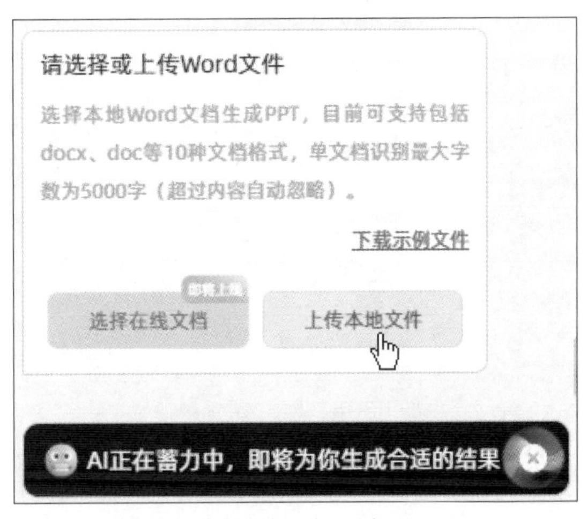

图 10-15　单击“上传本地文件”按钮

步骤06 选择参考内容类型，单击“清晰大纲结构内容”按钮。ChatPPT会提示选择生成内容的方式，单击“不更改原文内容”按钮，如图10-16所示。

步骤07 ChatPPT会自动生成标题，单击“确认”按钮，接下来会根据上传的文件生成PPT的大纲，图10-17中展示了部分大纲。

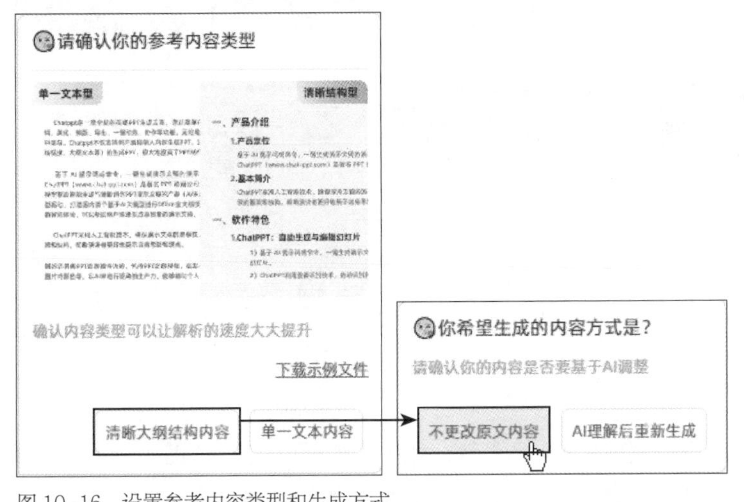

图 10-16　设置参考内容类型和生成方式

图 10-17　PPT 大纲的部分内容

步骤08 用户可以打开上传的Word文件，参考生成的大纲进行修改，对大纲内容满意后，单击“使用”按钮。选择生成PPT的主题风格，选中后单击“使用”按钮，如下页图10-18所示。

步骤09 选择图片和图标的生成模式，“快速模式”使用AI预设图库中的图片，其特点是速度快；“尝鲜模式”是AI根据语义实时生成，其特点是质量好。本案例中使用“尝鲜模式”，如下页图10-19所示。

图 10-18 选择主题风格

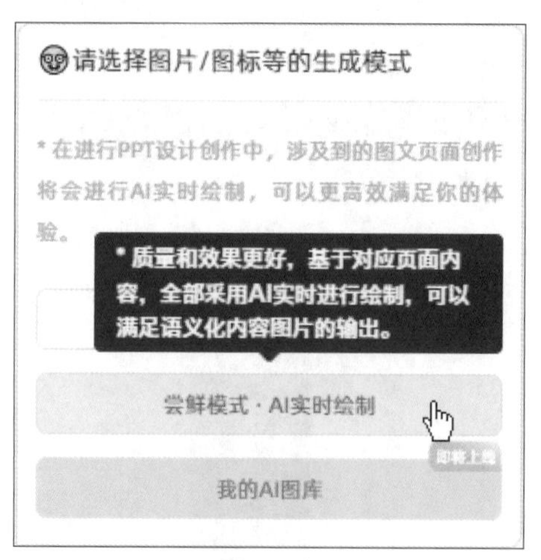

图 10-19 确认图片生成方式

步骤10 ChatPPT会逐页生成幻灯片，并输入文本、图片等元素，本案例中共生成了16页PPT，最终效果如图10-20所示。

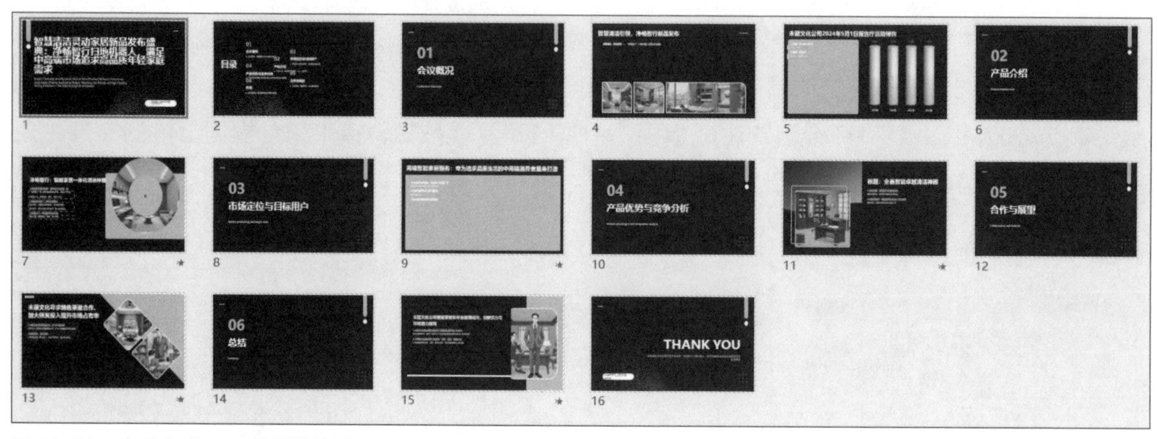

图 10-20 查看生成 PPT 的最终效果

接下来会提示是否为PPT生成备注，单击“需要”按钮。然后提示是否要生成演示动画，单击“需要”按钮。该PPT生成完成后，每张幻灯片的备注框中都添加了备注内容，并且添加了动画效果，此处就不进行展示了。

最后，用户还能根据具体的需求对生成的PPT进行修改，例如，本案例的PPT首页中的标题文字过多，需要进行删减；目录页的排版错乱，需要调整；内容页还需要充实内容等。

提 示 **更改PPT的主题色**

要改PPT的主题色时，在ChatPPT的对话框中输入“将主题色更改为某种主题色”的要求。ChatPPT会让我们确认是否参照之前生成PPT的主题风格，确认后，ChatPPT会自动将PPT更改为指定的主题颜色。

10.4　制作手机版的电子宣传海报

要制作手机版的电子宣传海报，首先使用remove.bg在线抠取主体扫地机器人，然后使用文心一格创建插画的背景图片，最后使用canva制作海报。前面的章节中没有关于Canva的内容，在本节中将逐步介绍如何使用Canva设计海报。Canva是一个在线平面设计工具，其功能强大。本节将制作手机版的电子宣传海报，要使用canva适当添加动画的效果，下面介绍具体操作方法。

步骤01 打开remove.bg的官网，单击“上传图片”按钮，在打开的对话框选择准备好的图片“扫地机.jpg”，remove.bg就会自动删除背景，下载图片并保存，如图10-21所示。

图 10-21　使用 remove.bg 删除背景

步骤02 打开文心一格，选择“海报”，在页面中设置“排版布局”，在两个输入框中对应输入主体提示词和背景提示词，点击“立即生成”按钮即可生成海报的背景图片，如图10-22所示。

图 10-22　使用文心一言生成海报背景

步骤03 在浏览器中打开canva的官网，注册并登录，然后在首页将光标悬停在“手机海报”上方，单击“创建空白画布”，如图10-23所示。

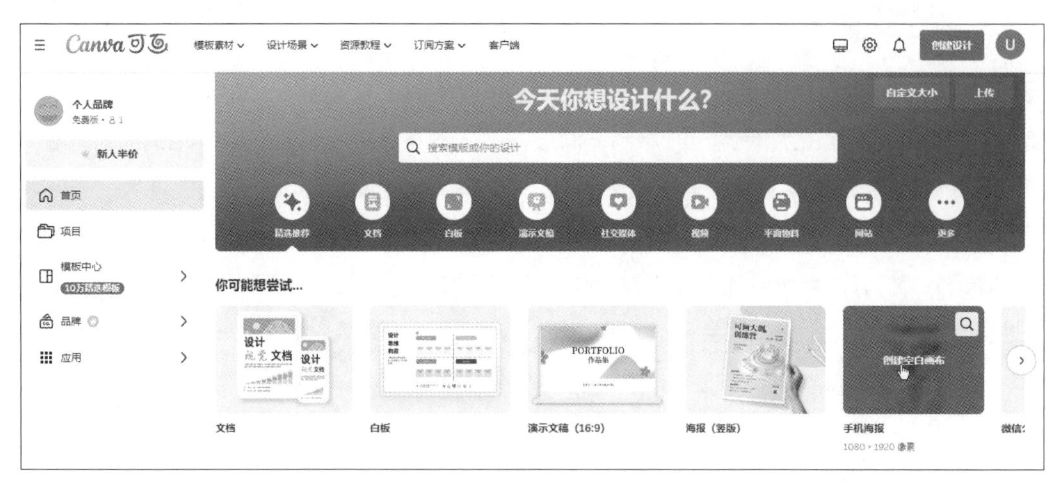

图 10-23　创建手机海报的画布

步骤04 在新打开的页面中单击“文件”按钮，在列表中选择“导入文件”选项，根据操作导入在步骤01和步骤02中创建的图片。在左侧切换至“上传”，查看导入的图片，如图10-24所示。

步骤05 将背景图片和扫地机器人图片拖入画布中并调整它们的大小和位置。使背景图片充满整个画面，扫地机器人位于画面的下方中间位置，如图10-25所示。

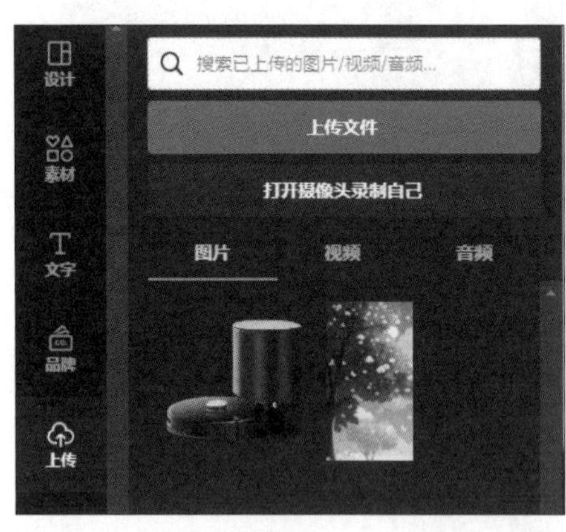

图 10-24　导入图片素材

图 10-25　向画布中添加图片并调整位置和大小

步骤06 选择背景图片，单击“动画”按钮，在左侧添加“图片上升”的动画效果，如下页图10-26所示。用相同的方法为扫地机器人图片添加“浮入”的动画效果，如下页图10-27所示。

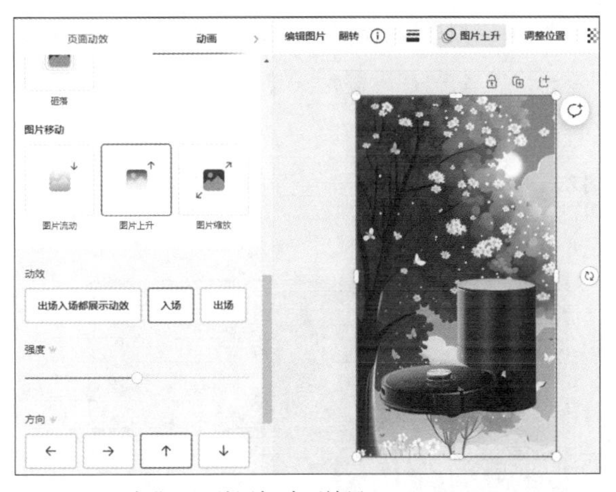

图 10-26　为背景图片添加动画效果

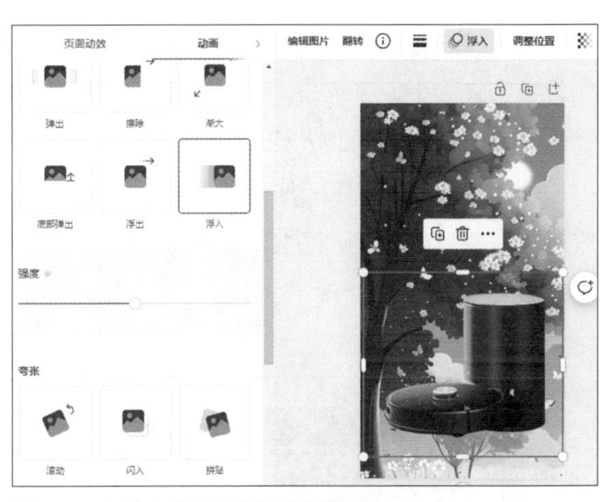

图 10-27　为主体图片添加动画效果

步骤07 选择背景图片，单击上方的“编辑图片”按钮，在左侧单击“模糊”特效。使用笔刷将背景部分区域虚化，在“模糊”区域设置“笔刷大小”为30、“强度”为6，然后用笔刷涂抹来进行虚化背景的操作，如图10-28所示。

步骤08 在左侧切换至“素材”区域，添加气球的贴纸，并调整其大小和位置，如图10-29所示。在“素材”区域有很多类型的素材，例如形状、插画、贴纸、图片、视频等，用户可以根据需要添加素材。

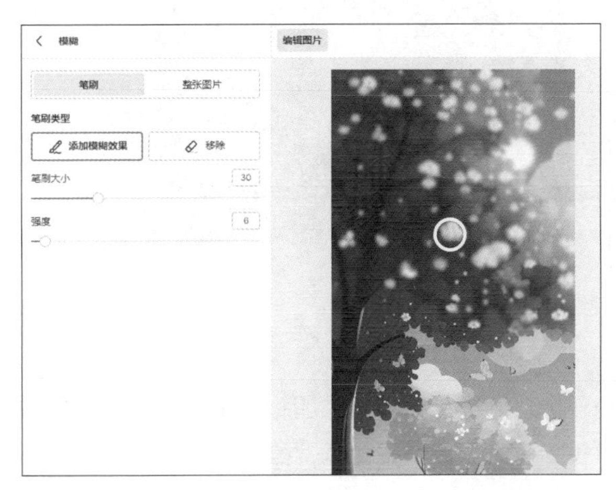

图 10-28　虚化背景

图 10-29　添加素材

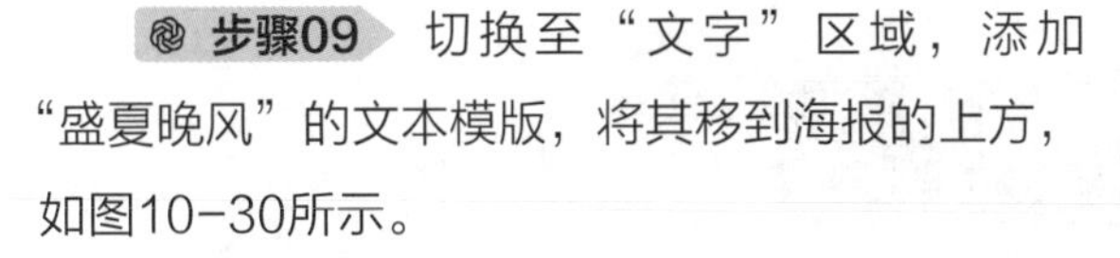

步骤09 切换至“文字”区域，添加“盛夏晚风”的文本模版，将其移到海报的上方，如图10-30所示。

步骤10 选中添加的文字，其将修改为“净畅智行”和英文“PureFlow Auto”，如下页图10-31所示。

图 10-30　添加文本模版

步骤11 在“文字”区域单击“添加文本框”按钮，在画面中创建文本框，通过其上方的按钮设置字体大小、字体、间距等。用相同的方法再创建一个文本框并设置相关格式，最后在文本框中输入文本内容，如图10-32所示。

步骤12 选择添加的文本框，单击“创建副本”按钮，将其移到合适的位置并修改文本内容，海报的最终效果如图10-33所示。

图 10-31　修改文字

图 10-32　添加文本框并输入内容

图 10-33　查看海报的最终效果

步骤13 用导入图片的方法导入准备好的mp3格式的音频，将其添加到画布中，在下方会显示时间轴，canva能根据创建海报的时长自动截取等长的音频作为背景音乐，如图10-34所示。最后单击右上角的“导出”按钮，选择“下载”选项，将其保存为MP4格式。

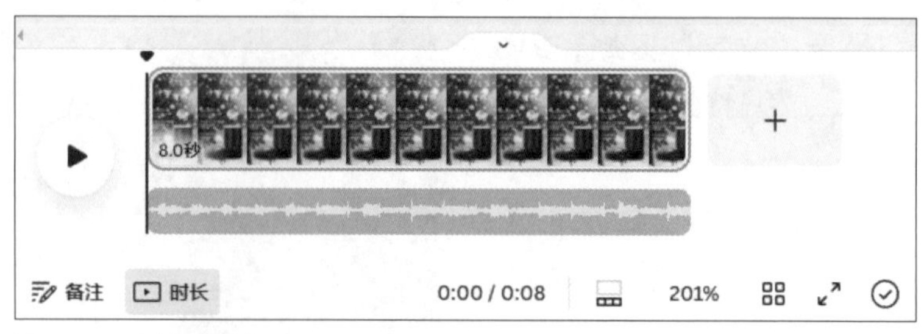

图 10-34　添加背景音乐